原子力用炭素・黒鉛材料

― 基礎と応用 ―

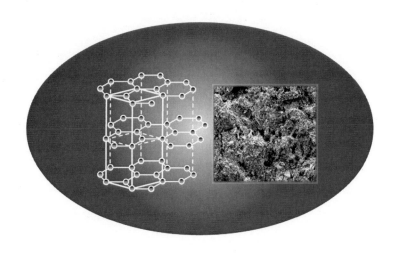

奥　達雄・丸山　忠司・石原　正博　共著

三恵社

まえがき

　近年全世界的なエネルギー需要の増大とともに地球温暖化による環境破壊が懸念され、その対応として再生可能エネルギーの開発と併せて原子力発電が有力な手段に位置付けられている。その中で、CO_2排出の少ない高効率の原子力発電と併せて水素製造を含めた多様な産業利用が見込まれ、かつ固有の安全性を有する高温ガス炉に対して各国の注目が集まっている。

　我が国では1960年代後半から製鉄への熱利用を目指して高温ガス冷却炉の研究が始まり、その後研究用の高温ガス炉建設が決まり、1998年には高温工学試験研究炉（HTTR）が初臨界に達した。設計から建設に至る20年以上の間、HTTRの主要な構造材料について当時高温ガス炉の建設運転の経験を有していた英国、米国、ドイツの様々な黒鉛に関する技術情報を参考にしながら、必要な諸特性に関するデータを取得しつつ、国産の高強度微粒等方性黒鉛を開発してきた。そして、2004年には950℃の出口温度を達成し、2010年には50日間の連続運転を行った。今後は、引き続き高温ガス炉に必要な技術データを取得するとともに、温室効果ガス放出の低減とエネルギー資源の供給安定性の立場から、第4世代炉としての超高温ガス冷却炉の開発研究を国際協力の下で進めることとしている。

　一方海外においては、中国では清華大学で研究用高温ガス炉HTR-10が建設され、その成果をもとに現在実証炉HTR-PMが建設中である。また、米国では電力と水素製造、および高温熱利用が可能となる高温ガス炉建設を目的とした次世代原子力プラント計画を進めており、その他韓国、カザフスタン、インド他いくつかの国でも高温ガス炉の開発計画が検討されている。

　我が国はHTTRの開発・建設・運転の経験を持っていることから、高温ガス炉に関する研究、開発、製造に関する技術的ノウハウを保持している数少ない国の一つである。しかしながら、原子力用炭素・黒鉛に関する全貌を記述した成書は国内では見られない。国外ではR. E. Nightingaleによる成書ほか一つ二つ見受けられるが、多くはハンドブ

ックや総説、特定分野の専門書として刊行されている。また、原子炉黒鉛構造設計にかかわる諸問題などまで網羅した成書は見られない。原子力への応用を考えた場合、黒鉛構造物の設計に必要な寿命評価を含む構造健全性評価に関わる特性・課題点などの情報が必要不可欠である。このような視点からの炭素・黒鉛に関する成書は、今後の我が国における高温ガス炉の研究開発に必須の教材と考えられる。

以上の観点から、著者らは炭素・黒鉛の原子力への応用を念頭に専門課程の学生、初歩の研究者を対象に成書の執筆を計画した。内容は、高温ガス炉ならびに原子力用炭素・黒鉛材料としての基礎的な事項から原子炉の構造健全性評価など、黒鉛構造物の設計に必要な寿命評価を含む特性・課題点なども含めて、高温ガス炉の研究開発に必須の事項の教材に役立つようにと考えた。また、本書は照射損傷や特性変化のメカニズムなど基礎的内容も含んでいるため、核融合炉開発などにおける炭素・黒鉛材料の応用に際しても役立つものと考える。

本書の主な執筆担当は第 1 章（奥）、第 2 章（石原）、第 3、4、5 章（丸山）、第 6 章（奥）、第 7 章（奥、石原）、第 8 章（奥）、第 9 章（石原、丸山）、第 10 章（丸山、奥）、第 11 章（石原）、第 12 章（奥）、第 13 章(石原)、第 14 章（奥、石原）である。専門課程の大学生、大学院生、技術者、研究者及び原子力用炭素・黒鉛に関する諸課題の全容を知りたいと望む人にも役立つよう配慮したつもりである。本書が参考書籍の一つとして役立つことを願っている。

最後に、本書をまとめるにあたり、米国オークリッジ国立研究所 Timothy D. Burchell 博士から破壊靱性や照射クリープに関する最新の論文を紹介いただいた。ここに、深く感謝の意を表する。

2017 年 12 月

著者一同

目　　次

まえがき-- i

第 1 章　核分裂・核融合反応と炭素・黒鉛材料
1.1　核分裂反応--- 1
1.2　核融合反応--- 3
1.3　原子炉-- 4
　1.3.1　概要--- 4
　1.3.2　中性子減速・反射材、冷却材および遮蔽材-------- 7
　1.3.3　高温ガス炉と炭素・黒鉛材料--------------------- 8
第 1 章の参考文献--- 9

第 2 章　高温ガス炉での炭素・黒鉛材料の利用
2.1　高温ガス炉開発の概要-------------------------------- 10
2.2　高温ガス炉の構造------------------------------------ 11
2.3　高温ガス炉用炭素・黒鉛の使用条件-------------------- 14
2.4　高温ガス炉用炭素・黒鉛に要求される条件-------------- 16
第 2 章の参考文献--- 18

第 3 章　炭素・黒鉛の製法の概要
3.1　人造黒鉛--- 19
　3.1.1　フィラー-- 19
　3.1.2　バインダー-- 20
　3.1.3　製造工程-- 20
3.2　熱分解炭素・黒鉛------------------------------------ 23
　3.2.1　熱分解炭素-- 23
　3.2.2　高配向性黒鉛------------------------------------ 23
　3.2.3　ダイヤモンド---------------------------------- 23
3.3　無定形炭素とガラス状炭素-------------------------- 24
第 3 章の参考文献--- 25

第4章 炭素材料と黒鉛材料

- 4.1 黒鉛の結晶構造 ---------- 26
- 4.2 黒鉛の結晶化度 ---------- 27
- 4.3 黒鉛材料の組織 ---------- 28
  - 4.3.1 気孔とマイクロクラック ---------- 28
  - 4.3.2 黒鉛材料の異方性 ---------- 29
- 第4章の参考文献 ---------- 32

第5章 炭素・黒鉛材料の物理的性質

- 5.1 融点 ---------- 33
- 5.2 熱容量 ---------- 33
  - 5.2.1 熱容量の定義と関係式 ---------- 33
  - 5.2.2 熱容量の理論 ---------- 34
  - 5.2.3 熱容量の温度依存性 ---------- 36
- 5.3 熱膨張 ---------- 38
  - 5.3.1 熱膨張係数 ---------- 38
  - 5.3.2 結晶の非調和性と熱膨張 ---------- 38
  - 5.3.3 黒鉛結晶の熱膨張係数 ---------- 40
- 5.4 熱伝導 ---------- 42
  - 5.4.1 熱伝導度と熱拡散率 ---------- 42
  - 5.4.2 熱伝導のメカニズム ---------- 43
  - 5.4.3 原子力用黒鉛の熱伝導度 ---------- 45
- 第5章の参考文献 ---------- 47

第6章 炭素・黒鉛材料の化学的性質

- 6.1 概要 ---------- 48
- 6.2 炭素材料のガス化反応 ---------- 48
- 6.3 反応機構の温度依存性 ---------- 50
- 6.4 酸化重量減 ---------- 52
- 6.5 酸化による機械的性質の変化 ---------- 53
- 6.6 放射線酸化 ---------- 56
  - 6.6.1 炭酸ガス冷却炉の場合 ---------- 57

  6.6.2 ヘリウムガス冷却炉の場合 ---------------------------------- 58
 第6章の参考文献 -- 59

第7章 炭素・黒鉛材料の機械的性質
 7.1 弾性定数 -- 60
  7.1.1 黒鉛単結晶の弾性定数 ---------------------------------- 60
  7.1.2 多結晶黒鉛材料の弾性定数 ------------------------------ 62
  7.1.3 弾性定数の測定値 -------------------------------------- 63
  7.1.4 ヤング率に及ぼす付加応力と温度の影響 ------------ 64
 7.2 応力―ひずみ関係 -- 65
 7.3 引張・圧縮・曲げ破壊特性 ---------------------------------- 67
  7.3.1 黒鉛結晶の破壊 -- 67
  7.3.2 強度のばらつきの評価 -------------------------------- 68
  7.3.3 高温強度 -- 70
  7.3.4 吸着ガスの影響 -------------------------------------- 71
 7.4 多軸応力下の破壊特性 -------------------------------------- 72
 7.5 破壊力学特性 -- 72
  7.5.1 破壊靱性 -- 73
  7.5.2 微細構造を考慮した破壊モデル ---------------------- 77
 7.6 クリープ特性 -- 81
 7.7 疲労特性 -- 82
  7.7.1 静疲労と動疲労 -------------------------------------- 82
  7.7.2 き裂進展特性と疲労寿命 ------------------------------ 85
 第7章の参考文献 -- 86

第8章 照射損傷の基礎
 8.1 概要 -- 89
 8.2 放射線と物質との相互作用 ---------------------------------- 90
  8.2.1 放射線粒子の種類 ------------------------------------ 90
  8.2.2 荷電粒子との相互作用 -------------------------------- 90
  8.2.3 γ線との相互作用 ---------------------------------- 91
  8.2.4 中性子との相互作用 ---------------------------------- 91

8.2.5 PKA の平均エネルギーの比較 91
8.3 はじき出し損傷 92
　8.3.1 DPA 92
　8.3.2 K-P モデルによる試算 93
　8.3.3 NRT モデルによる試算 94
8.4 DPA と中性子照射量との関係 95
第8章の参考文献 97

第9章 照射技術

9.1 世界の材料照射炉の概要 98
9.2 照射装置と照射方法 99
　9.2.1 温度制御キャプセル照射装置 100
　9.2.2 照射量制御キャプセル 102
　9.2.3 水力ラビット照射装置 105
　9.2.4 バスケット型キャプセル 107
9.3 照射量の測定 108
　9.3.1 放射化を利用した検出器 108
　9.3.2 自己出力型検出器(SPND) 108
9.4 照射温度の測定 111
　9.4.1 熱電対 111
　9.4.2 温度モニター 111
第9章の参考文献 120

第10章 原子炉使用条件下での炭素・黒鉛の各種特性変化

10.1 照射欠陥 123
10.2 黒鉛の照射による寸法変化 126
　10.2.1 黒鉛結晶 126
　10.2.2 原子力用黒鉛 127
　10.2.3 C/C複合材料 129
10.3 熱的性質 131
　10.3.1 蓄積エネルギー 131
　10.3.2 熱膨張 140

10.3.3　熱伝導 -- 140
　10.4　機械的性質 --- 144
　　　10.4.1　弾性定数 -- 144
　　　10.4.2　応力-ひずみ関係 -------------------------------------- 146
　　　10.4.3　引張・圧縮・曲げ破壊特性 ------------------------ 147
　　　10.4.4　破壊力学特性 -- 149
　　　10.4.5　疲労特性 -- 151
　　　10.4.6　照射クリープ特性 ------------------------------------ 152
　第 10 章の参考文献 --- 159

第 11 章　原子炉用炭素・黒鉛材料の構造設計上の課題
　11.1　構造設計基準 -- 161
　　　11.1.1　破壊基準 -- 161
　　　11.1.2　応力制限 -- 166
　11.2　発生応力の解析・評価 -- 177
　　　11.2.1　炭素・黒鉛構造物に適用する構成方程式 -------- 177
　　　11.2.2　有限要素法による応力解析 -------------------------- 181
　　　11.2.3　構造設計基準で要求される応力成分の評価 ----- 186
　　　11.2.4　炭素・黒鉛構造物特有の応力解析・評価 -------- 189
　11.3　黒鉛構造設計基準の例 -- 194
　　　11.3.1　原子炉の運転状態 -------------------------------------- 194
　　　11.3.2　構造物の分類 --- 195
　　　11.3.3　材料の規定 -- 196
　　　11.3.4　応力分類 --- 197
　　　11.3.5　膜応力、ポイント応力及び全応力の制限 -------- 197
　　　11.3.6　破壊基準 -- 201
　　　11.3.7　疲労破壊 -- 202
　　　11.3.8　その他の制限 --- 204
　第 11 章の参考文献 -- 208

第 12 章　高温ガス炉用炭素・黒鉛材料の選定法
　12.1　基本的考え方 --- 209

12.2 炉心構造物用黒鉛材料の選定-------------------------------- 210
12.3 炉心支持／炉床部構造物用炭素・黒鉛材料の選定------ 214
第 12 章の参考文献-- 214

第 13 章 C/C 複合材料の原子力分野への応用
13.1 概要-- 215
13.2 高温ガス炉での利用-- 216
 13.2.1 C/C 複合材料の高温ガス炉へのニーズ------------ 216
 13.2.2 高温ガス炉用 C/C 複合材料の研究開発----------- 216
 13.2.3 高温ガス炉用 C/C 複合材料開発の課題------------ 223
13.3 核融合炉での利用-- 224
 13.3.1 C/C 複合材料の核融合炉へのニーズ-------------- 224
 13.3.2 核融合炉用 C/C 複合材料の研究開発------------- 226
 13.3.3 核融合炉用 C/C 複合材料開発の課題------------- 231
第 13 章の参考文献-- 232

第 14 章 原子炉用黒鉛の使用後廃棄処理技術
14.1 概要-- 234
14.2 黒鉛の放射能-- 234
 14.2.1 概要-- 234
 14.2.2 残留放射能とその減衰-------------------------- 235
 14.2.3 気相への放射能放出---------------------------- 238
 14.2.4 液体への放射能浸出---------------------------- 239
14.3 廃棄処理技術-- 240
 14.3.1 焼却処理-------------------------------------- 240
 14.3.2 熱分解及び水蒸気改質-------------------------- 241
 14.3.3 埋設処分-------------------------------------- 242
第 14 章の参考文献-- 245
索引-- 248

1. 核分裂・核融合反応と炭素・黒鉛材料

1.1 核分裂反応(Nuclear Fission Reaction)

　原子核とその構成要素である素粒子（中性子や陽子など）との衝突によっておこる現象を核反応といい、その中で、ウランのような重い原子核に対する中性子の衝突・吸収により、不安定な原子核を経て、原子核が二つ以上の小さな原子核に分裂していく現象を核分裂反応という。核分裂反応の前後では、質量の総和が結合エネルギーの総和の差に対応する分だけ減少する。これが質量欠損であり、減少した質量(Δm)に相当するエネルギー(ΔE)が放出される。それは、アインシュタインによる質量-エネルギー等価則

$$\Delta E = \Delta m c^2 \tag{1.1-1}$$

により表される。ここで、c は光速である。核分裂反応で生成するエネルギーは、化学反応で生じるエネルギーの約 100 万倍である。

　ウラン-235 に中性子が衝突すると、ウランの原子核が 2 個以上に分裂し、同時に平均 2.4 個の中性子を生成する。1 個のウランの核分裂あたりに発生する中性子の平均数は、原子核の種類と衝突する中性子のエネルギーの両方に依存し、衝突する中性子のエネルギーとともに増加することが知られている[HN-03]。中性子がウラン-235 に衝突し、核分裂反応を起こす確率（反応断面積に比例する）は、衝突する入射中性子のエネルギーにおよそ逆比例する。

20℃における熱平衡エネルギーkT（0.025eVに相当）程度のエネルギーを持つ中性子を熱中性子という。熱中性子のウラン-235に対する核分裂反応断面積は大きく、その核分裂反応で発生する中性子のエネルギーは平均2MeV程度であり、これを高速中性子（およそ0.1MeV以上の中性子）という。この高速中性子を、中性子減速効果の大きい物質（水、黒鉛など）に衝突させ、エネルギーを上記の熱エネルギー程度まで減少させる。その結果、核分裂反応が連鎖的に起こるようにできる。このように核分裂反応が連鎖的に持続することを核分裂連鎖反応という。熱中性子の生成を保持しつつ核分裂反応を人工的に制御することによって原子炉が構成される。熱中性子による核分裂反応をもとにした原子炉を熱中性子炉という。

　核分裂反応によって生成する高速中性子のエネルギーを水、黒鉛などの材料によって低下させ、熱中性子に変える。このように中性子のエネルギーを低下させるために用いられる材料が減速材(Neutron moderator)であり、また中性子が炉心から漏洩するのを減らすために用いられるのが反射材(Neutron reflector)である。つまり、中性子の速度を減少させるのに効率の良い材料が減速材として用いられ、また中性子を反射する能力の高い材料が反射材として使用される（1.3-2参照）。

　核分裂反応は核反応の一種である。さらに、中性子、陽子、電子、γ線などの放射線と原子核との相互作用によって生ずる核変換反応、熱中性子による材料の放射化などの現象も核反応の一種である。

　ウランの核分裂では、40種類以上の核分裂法があり、その際80種類以上の核種が生成される。たとえば、ウラン-235と熱中性子の反応では、一例としてバリウム-141とクリプトン-92および3個の中性子と同時にエネルギーが生成される。これを式で表すと次のようになる。

$$^{235}_{92}U + ^{1}_{0}n \rightarrow ^{141}_{56}Ba + ^{92}_{36}Kr + 3^{1}_{0}n + 173 MeV \qquad (1.1\text{-}2)$$

この式の核反応の場合、中性子とすべての核種の質量を原子質量単位(a.m.u.)で表すと、それぞれ235.0439(^{235}U), 1.0087(^{1}n), 140.9144(^{141}Ba), 91.9262(^{92}Kr)であるから、左辺の質量の合計は236.0526(a.m.u.)となり、右辺の質量の合計は235.8667(a.m.u.)となる。すなわち、(1.1-2)式の核分裂反応によって0.1859(a.m.u.)だけ質量が減少したことになる。この減少した質量は上の式のようにエネルギーに変換され、その大きさは質量-エネルギー等価則、(1.1-1)式から173MeV

になると解される。これが1個の^{235}Uの核分裂反応による生成エネルギーである。このことは、核子1個あたりの結合エネルギーをそれぞれの核種について求めて、それぞれのエネルギー状態を計算すると、核分裂反応の結果、低い結合エネルギーの状態へ移り、反応前後の結合エネルギーの差が生成エネルギー173MeVであり、質量欠損からの結果と同じである。

(1.1-2)式以外の核分裂反応による各種核分裂生成物や中性子等からの生成エネルギーも上記の場合と同様に^{235}U 1個当たりおよそ200MeV前後になる。この生成エネルギーの内訳は、$^{141}_{56}Ba$や$^{92}_{36}Kr$などの核分裂生成物の運動エネルギーが約80%、残りは中性子の運動エネルギー、核分裂に伴うγ線のエネルギー、核分裂の崩壊に伴うβ線とγ線のエネルギー及びニュートリノのエネルギーなどである。このうちニュートリノのエネルギー以外は熱エネルギーとして取り出すことができる。

熱中性子炉の燃料となるウラン-235は天然ウランに0.7%含まれており、残りの99.3%はウラン-238である。ウラン-238は熱中性子炉で中性子を吸収し、β崩壊（半減期23.5分）し、ネプツニウム-239となり、さらにもう一度β崩壊（半減期2.35日）して、プルトニウム-239となる。プルトニウム-239は100keV以上のエネルギーの高速中性子との衝突で2～3個の高速中性子を放出し、核分裂連鎖反応が持続可能となる。このように高速中性子の核分裂反応をもとにした原子炉を高速中性子炉または単に高速炉という。プルトニウム-239は高速中性子炉の燃料である。また、トリウムの主成分であるトリウム-232は中性子を吸収し、β崩壊（半減期22.3分）し、プロトアクチニュウムとなる。もう一度β崩壊（半減期26.96日）してウラン-233になる。ウラン-233はプルトニウム-239と同様に高速中性子炉用の核燃料として使用できる有用な核種である。

1.2　核融合反応(Nuclear Fusion Reaction)

重水素(D)と重水素を高温（数億度以上）に保持するとプラズマ状態となり、核反応を生じる可能性がある。その場合、次式に示すように三重水素(T)と陽子を生じる反応とヘリウム-3と中性子を生じる反応の二つがある。

$$D + D \rightarrow T(1.01MeV) + p(3.03MeV) \qquad (1.2\text{-}1)$$
$$D + D \rightarrow {}^3He(0.82MeV) + n(2.45MeV) \qquad (1.2\text{-}2)$$

前者の反応では原子核の結合エネルギーに4.04MeVの差があり、後者の反応で

は 3.27MeV の差がある。核反応により、それに相当する分のエネルギーが放出される。このように原子核と原子核との結合によりエネルギーが放出される現象を核融合反応という。

水素原子核（陽子）と水素原子核（陽子）の核融合反応は太陽で起こっているもので、重水素、陽電子とニュートリノが生成する。また、一方、重水素（D）と三重水素（T）との核融合反応は、D-D 核融合反応よりも低いプラズマ温度（約１億度以上）で起こるといわれ、これまで、重点的に研究開発が進められてきた。重水素原子核と三重水素原子核との衝突融合によって高速中性子とヘリウム原子核が放出され、それらの運動エネルギーの総和が 17.6MeV となり、D、T 各 1 個あたりこのエネルギーが放出されることになる。これを式で表すと次のようになる。

$$^2_1H + ^3_1H \rightarrow ^4_2He(3.5MeV) + ^1_0n(14.1MeV) \qquad (1.2\text{-}3)$$

上式のカッコ内の数字はそれぞれの運動エネルギーである。上記の反応を実現するためには、数千万度以上の高温で原子核と電子をばらばらのプラズマ状態にすることが必要となり、核融合炉の実現に向け JT-60SA(核融合実験装置-建設中)、ITER（国際熱核融合実験炉-建設中）等による研究が続けられている。核融合実験装置では、高温の高純度プラズマを実現するのに黒鉛材料及び炭素繊維強化炭素（C-C）複合材料の使用が試みられ、プラズマの純度を保持する粒子制御のために利用された。しかし、最近プラズマに接する部分あるいは純度保持のためのダイバータに対して、タングステンあるいはタングステン化合物を主に利用する予定になっている。

1.3 原子炉(Nuclear Reactor)
1.3.1 概要

核分裂連鎖反応を人工的に安全に持続させ、制御する装置を核分裂型原子炉または単に原子炉という。原子炉の運転により、核分裂連鎖反応によって発生するエネルギーを連続的に取り出すことができる。核融合反応により生成するエネルギーを取り出すために、核融合反応を安全に持続・制御する装置を核融合炉という。核融合型原子炉すなわち核融合炉は現時点では実現していない。核分裂型原子炉には前節で述べたように、熱中性子炉と高速中性子炉（高速増殖炉または単に高速炉ともいう）がある。

各種核分裂型原子炉を表 1.3-1 に示す。軽水炉には沸騰水型軽水炉（BWR: Boiling Water Reactor）と加圧水型軽水炉（PWR: Pressurized Water Reactor）がある。前者は冷却水として 7.1MPa の軽水を用いるが、後者は 17.5MPa まで加圧した軽水を用いる。このため同じ出力で、PWR は BWR より小型にできて出力密度が大きいという特徴がある。現在、我が国にある発電用原子炉はこのいずれかである。黒鉛減速・ガス冷却炉(Graphite-moderated Gas-cooled Reactor)には炭酸ガスで冷却するタイプのものとヘリウムガスで冷却するタイプのものがある。ガス冷却炉は軽水炉に比べて同じ出力に対して出力密度が低いので、安全性は高いが、同じ出力に対し、そのサイズが大きくなるという特徴がある。

黒鉛減速炭酸ガス冷却炉は主に英国で製造・利用されており、減速材の酸化のため、ヘリウムガス冷却炉に比べて高温にできない。日本における最初の商用原子力発電所は英国製のコールダーホール型炭酸ガス冷却炉であり、東海村に建設・運転されていたが、現在、廃炉処理に入っている。

これに対して、ヘリウムガス冷却型高温炉(HTGR: High Temperature Gas-cooled Reactor)はヘリウムが化学的に不活性であることから 900℃以上の高温で運転できるため、発電への利用に加えて、水素製造、高温化学反応等への高温熱利用のほか低温まで無駄なく熱利用の可能性を持っている。日本の高温工学試験研究炉（HTTR: High Temperature engineering Test Reactor）および中国の HTR-10 がこのタイプの原子炉である。前者は黒鉛ブロックに燃料ペレット入り黒鉛スリーブを収納するいわゆるブロック燃料を使用するのに対して、後者は直径約 6cm の燃料球からなるペブルベッドによって炉心が構成されている。

黒鉛減速・軽水冷却炉(RBMK: Large Power Channel-type Reactor)は旧ソ連で開発利用されてきた原子炉であり、チェルノブイリ原発事故後他の同型炉は改良されて運転を継続している。重水減速炉には冷却材に重水を用いるものと軽水を用いるものがある。日本で作られた「ふげん」は軽水冷却型であり、2003 年まで 25 年間の運転を経て廃炉が決まっている。

高速炉は、高速中性子とプルトニウム 239 との核分裂反応を利用するので、減速材を必要としないのが特徴である。一方、冷却材にナトリウムを使用するので、空気、水との接触を避けることが必要になる。福井県にある「もんじゅ」はこのタイプの原子炉であるが、核燃料の増殖を目的としているので燃料として酸化ウランと酸化プルトニウムを利用している。この炉は最近廃炉にするこ

とが決まった。（表 1.3-1）

　次に、原子炉の炉心以外の部分に炭素材料が利用されている例について概要を説明する。軽水炉では、非常用ガス処理系及び再処理工場の換気空調系などにおいて、放射性ヨウ素を除去するためのフィルターとして活性炭素粉末が使用されている。

　また、沸騰水型軽水炉では、原子炉から放出される放射性希ガスの減衰処理のため、希ガスホールドアップ装置において活性炭が使用される。この装置の主要な構成部分は活性炭粉末を充填した吸着筒（チャコールベッド）である。放射性排ガスはこの中を吸着と脱着を繰り返しながら移動する。排気筒（煙突に達するまでの経過時間が直接大気中に放出するよりも長くなるように設計されている。

表 1.3-1　各種核分裂炉

原子炉の型	型式	減速材	冷却材	燃料	出入口温度/℃	圧力/MPa
軽水炉（LWR）	BWR	軽水	軽水	UO_2 /低濃縮U	286/278	7.1
	PWR	軽水	軽水	UO_2 /低濃縮U	325/289	17.5
黒鉛減速・ガス冷却炉	GCR/AGR	黒鉛	炭酸ガス	天然U/UO_2低濃縮U	630/300	4
	HTGR		ヘリウムガス		950/400	4
黒鉛減速・軽水冷却炉	RBMK	黒鉛	軽水		284/270	7
重水減速・重水冷却炉	CANDU	重水	重水	天然U	293/250	9
重水減速・軽水冷却炉	ATR		軽水	天然U-Pu	284/277	6.8
高速増殖炉	FBR	なし	Na	UO_2-PuO_2	529/397	0.075

AGR:Advanced Gas-cooled Reactor, CANDU:Canadian Deuterium Uranium Reactor
ATR:Advanced Thermal Reactor 新型転換炉, FBR:Fast Breeder Reactor

高速炉においては、炉心の周囲に遮蔽体、反射体として多量の黒鉛材料が利用されている。たとえば、高速実験炉「常陽」では、原子炉容器の外側で安全容器の内側に黒鉛遮蔽体ブロックが積まれている。

1.3.2 中性子減速・反射材、冷却材および遮蔽材

核分裂反応によって放出される中性子は、1回の核分裂あたり2－3個の高速中性子（平均2MeVのエネルギーをもつ）が生じる。これらの中性子はウラン-235と衝突しても核分裂反応を起こす確率が小さい。そこで、この高速中性子の速度を小さくし、20℃に相当する0.025eV（2200m/s）ぐらいまで減速すると核分裂連鎖反応を持続できる。そのため、中性子の速度を減速する効果の大きい材料が必要になる。

表 1.3-2　減速材の性能比較表[WEB-1]

減速材	減速能 $\xi \Sigma_s$/cm^{-1}	減速比 $\xi \Sigma_s/\Sigma_a$
H$_2$O	1.35	71
D$_2$O	0.179	5670
He	1.6×10^{-5}	83
Be	0.154	143
C	0.06	192

中性子の減速効果の大きさは、まず減速能の大きさによって表される。減速能は、中性子に対する原子核のマクロ散乱断面積、Σ_s（cm^{-1}）と中性子の衝突散乱におけるエネルギーの減少率の対数平均（ξ）との積（$\xi \Sigma_s$）によって定義される。この値が大きいほど減速材の性能は良い。しかし、その中でも中性子を吸収する確率すなわち、中性子吸収断面積（Σ_a）の小さいものほど減速材の性能が良いことになる。これは減速比、$\xi \Sigma_s/\Sigma_a$によって表される。ここで、Σ_aはマクロ吸収断面積である。減速材の性能は一般にこの減速比によって評価される。主な減速材についてこれらの値を表にしたものが表 1.3-2 である。（Σ はミクロ断面積σと単位体積中の原子数との積を表す）

最も性能の高い減速材は重水であり、次は炭素材料であることが分かる。軽水の減速能は大きいが、吸収が大きいため、減速比は小さくなる。また、減速した熱中性子をなるべく原子炉の中心部分に保持するために中性子の反射材を炉心の周辺に配置する。反射材に要求される特性は、中性子の散乱断面積が大きく、吸収断面積の比較的小さいことである。その要求を満たすものは重水、黒鉛、ベリリウムなどである。軽水は吸収断面積が大きいので、反射体として

最適ではないが、反射・遮蔽材として使うことが可能であり、実際に使用されている。

核分裂反応によって、核分裂片、中性子のほかにα線、β線、γ線などの放射線が多量に放出される。これらはそれぞれの放射線の透過性に応じて軽水、鉄鋼材料、コンクリートなどが放射線の遮蔽材として使用される。

炭素・黒鉛材料は表 1.3-1 と表 1.3-2 から分かるように中性子の減速材・反射材としての優れた特性及びその優れた耐熱性を生かして、主として黒鉛減速型の原子炉で多量に使用されている。特にヘリウムガス冷却型の高温ガス冷却炉は 900℃以上の高温ヘリウムガスを取り出すことができるので、水素製造などの高温熱利用が可能であり、さらに、固有の安全性が高いこともあり、発電と熱利用の両面で有望視されている。

1.3.3 高温ガス炉と炭素・黒鉛材料

冷却材としてヘリウムを用いる高温ガス炉には前述のように、燃料と構造によって二つのタイプがある。一つは、ドイツで開発された直径約 6cm の燃料球を黒鉛の反射体ブロックで囲んだペブル型の高温ガス炉である。もう一つは、米国及び日本で採用された燃料ペレットを含む黒鉛ブロックを積み上げたブロックタイプの高温ガス炉である。

高温ヘリウムガス冷却炉は、900℃以上の高温で運転され、冷却材喪失時でも炉心の温度上昇に対して核反応度が低下するため、炉心溶融の可能性がなく、多様な熱利用が可能となる特徴を持っている。高温ガス炉の構造としては、外部の格納容器、圧力容器と酸化ウラン燃料以外はほとんど炭素・黒鉛材料から構成されている。熱出力 30MW 程度の高温ガス炉でも 100 トン以上の炭素・黒鉛材料が必要となる。容器や支持構造物および配管用の材料には金属が使用される。

高温ヘリウムガス冷却型炉では、上記の主な二つのタイプともに炉心の燃料要素に近い部分の黒鉛材料とその周囲の黒鉛材料では、黒鉛材料に対する要求事項が違ってくる。すなわち、燃料要素の近くの黒鉛材料の寿命は、原子炉の運転中に受ける高速中性子の量に依存して決まる。温度勾配や中性子照射量とその勾配が大きければ、原子炉の寿命途中で、交換可能な構造にしなくてはならない。もし、そうでなければ、すなわち、温度勾配や中性子照射量とその勾

配がそれほど大きくなければ、原子炉の寿命中使用可能である。炉心から離れた周辺の黒鉛材料は炉心部とはやや異なる材料仕様となり、原子炉の寿命中使用可能である。黒鉛材料への要求事項、材料仕様の詳細、材料選定の方法などについては、第 2 章及び第 12 章で詳細に述べる。

第 1 章の参考文献

[AEPB-97]日本原子力産業会議（編）原子力ポケットブック 1997 年版（1997 年 5 月）pp.192-193.
[AS-95]安成弘 監修、原子力辞典編集委員会編「原子力辞典」日刊工業新聞社、1995.
[ATOM-11]原子力百科事典 ATOMICA(2011).(原子力全般にわたる情報を含む)
　　　　 http://www.eu-kogyokai.jp/wp-content/uploads/2016/03/Atomica.pdf.
[HH-07]林秀行、柳沢務、「高速炉の変遷と現状」日本原子力学会
　　　　 Vol.49,No.8(2007)pp.556-564.
[HM-77]長谷川正義・三島良績 監修「原子炉材料ハンドブック」日刊工業新聞社, 1977.
[HN-03]平川直弘、岩崎智彦、「原子炉物理入門」東北大学出版会, 2003.
[IN-86]井形直弘編「核融合炉材料」培風館、1986.
[SS-05]鈴木哲、上田良夫、「連載講座 よくわかる核融合炉のしくみ」日本原子力学会誌、
　　　　 Vol.47,No.4(2005)266-271.
[WEB-1]http://www.kz.tsukuba.ac.jp/~abe/ohp-nuclear/nuclear-06.pdf (2017).

2. 高温ガス炉での炭素・黒鉛材料の利用

2.1 高温ガス炉開発の概要

　高温ガス炉は、装荷する燃料の形式によって黒鉛ブロックに円筒状の燃料棒を装荷するブロック型炉と球状の燃料球を装荷するペブルベッド型炉に分けられる。

　図 2.1-1 に高温ガス炉の開発の歴史を示す。OECD と英国が 1960 年代に建設したブロック型の研究用実験炉（DRAGON 炉、熱出力 20MW）が最初に建設された高温ガス炉である。その後、ドイツにおいてペブルベッド型の実験炉（AVR 炉、熱出力 46MW）と原型炉（THTR-300 炉、熱出力 750MW）、米国においてブロック型の実験炉（Peach Bottom 炉、熱出力 115MW）と原型炉（Fort St. Vrain 炉、熱出力 842MW）がそれぞれ建設され、研究開発が進められてきた。

　さらに、発電効率向上を目指したガスタービン発電用モジュール型炉の設計、研究開発も行われたが、高温ガス炉建設の計画は相次いで中止に追込まれた。2003 年には中国の清華大学に建設されたペブル型の研究炉（HTR-10 炉、熱出力 10MW）が、原子炉出口温度 700℃を達成している。日本でも日本原子力研究開発機構のブロック型炉の高温工学試験研究炉（HTTR、熱出力 30MW）が 1998 年に初臨界を達成し、2004 年には原子炉出口冷却材温度 950℃を世界で初めて

第2章 高温ガス炉での炭素・黒鉛材料の利用

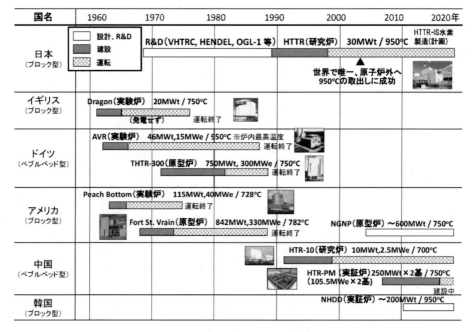

図 2.1-1　高温ガス炉開発の歴史

達成している。近年、米国の VHTR 建設計画、中国の実証炉 HTR-PM（熱出力 250MW×2 基）建設計画等が進められるとともに、日本、フランス、韓国等で高温ガス炉に関連した研究開発が進められている。

2.2 高温ガス炉の構造

　炭素・黒鉛材料は、中性子に対する減速・反射特性が優れているため、原子炉において中性子をある領域の内部空間に閉じ込めたり、外部への漏えいを防ぐ目的で使用されている。

　図 2.2-1 は、日本原子力研究開発機構で稼働中のヘリウムガス冷却の高温工学試験研究炉（HTTR；High Temperature engineering Test Reactor）の炉心構造を示したものである。原子炉圧力容器内中心部には燃料体ブロックが設置され、その上部、下部及び側部を可動反射体ブロック、さらにその側部を固定反射体ブロックが取り囲む構成である。

　原子炉出力は 30MW で、ヘリウムガスの炉心入口温度は約 400℃、出口の温

度は最高950℃である。熱交換した約400℃の低温側のヘリウムガスは、下端部にある二重管の内管と外管の環状流路を流れ原子炉圧力容器に入り、圧力容器内面を冷やしながら上昇し、圧力容器上部で下降流となる。

その後、ヘリウムガスは燃料体ブロックを冷やしながら高温となり、高温プレナムブロックとサポートポストで形成された高温プレナム部で混合され、二重管の内管を流れて熱交換器へと流れる構造である。

図 2.2-2 は、ブロック型高温ガス炉の燃料体の一例を示したものである。

4 重に被覆された直径約

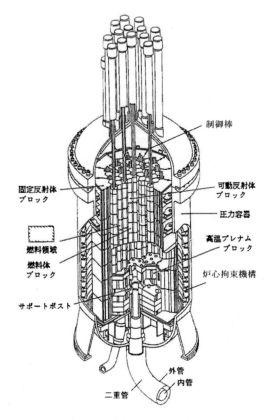

図 2.2-1　ブロック型高温ガス炉の例 [JAERI-89]

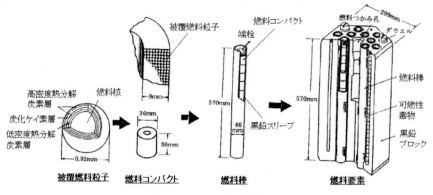

図 2.2-2　HTTR 用燃料

第2章　高温ガス炉での炭素・黒鉛材料の利用

920μmの被覆燃料粒子の燃料核は、直径600μmの二酸化ウランの球で、その外側に第1層として厚さ60μm、密度が1.1g/mm³の低密度熱分解炭素被覆が覆っている。さらにその外側の第2層には厚さ30μm、密度1.85g/mm³の高密度熱分解炭素、第3層には厚さ25μm密度3.19g/mm³の炭化ケイ素、最後に第4層には厚さ45μm密度1.85g/mm³の高密度熱分解炭素が被覆されている。

第1層の低密度の熱分解炭素は、アルゴンガスとアセチレン（C_2H_2）の混合ガスを吹き付けて熱分解させることにより、また、第2層と4層の高密度熱分解炭素は、アルゴンガスとプロピレン（C_3H_6）の混合ガスを吹き付けて蒸着させることにより被覆される。第3層のSiCは、メチルトリクロロシラン（CH_3SiCl_3）を熱分解させて蒸着させることにより被覆される。これら被覆工程では、原料ガスの供給速度、熱分解温度や蒸着速度などを制御しながら、熱分解炭素やSiCの密度、配向性などを制御して被覆粒子燃料が作られている。

この被覆粒子燃料を黒鉛粉末と混合し、黒鉛中に均一に分散させて焼き固めた中空形状の燃料コンパクトを黒鉛スリーブに挿入し、端栓で封印したものを燃料体黒鉛ブロックに装荷する。

燃料体と黒鉛スリーブの間には環状の空間が設けられ、この空間を冷却材ヘリウムガスが流れる。黒鉛ブロック上面には位置決め用の突起（ダウエル）、下面には穴（ソケット）が設け

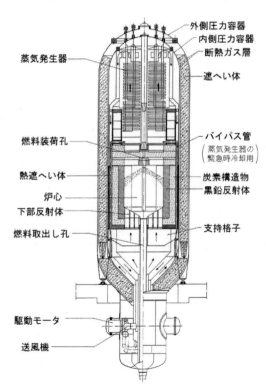

図 2.2-3　ペブルベッド型高温ガス炉の例 [IAEA-62]

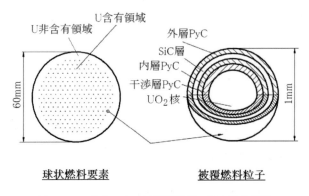

図 2.2-4 ペブルベッド型高温ガス炉の球状燃料

られ、これにより上下の燃料体ブロックが積層される。

　一方、ペブルベッド型高温ガス炉の炉心領域の断面図を図 2.2-3 に示す。

　ペブルベッドには、図 2.2-4 に示すように被覆燃料粒子を炭素マトリックス中に分散した外形 6cm の球状のボール型燃料(ペブル型燃料)が充填されている。被覆燃料粒子は、このペブル型燃料中の 4cm 球内に分散充填されている。図 2.2-3 において、球状燃料は炉心上部にある燃料装荷孔より装荷され、燃焼の進行にともない下部の燃料取出し孔から原子炉の外部へ取り出す構造となっている。

　炉心は上部、側部及び下部がいずれも炭素および黒鉛構造物からなっている。ヘリウムガスは高温ガス配管より流入して炉心周辺を上昇し、下降流となって炉内にある燃料球の間を抜けて高温配管の内管に流れる構造となっている。

2.3 高温ガス炉用炭素・黒鉛の使用条件

　黒鉛減速型ガス冷却炉では、上で述べたブロック型高温ガス炉とペブルベッド型高温ガス炉の違いにより炭素・黒鉛の使用条件が大きく異なっている。いずれにしても、ウラン燃料に構造的に近い部分が大きな中性子束と高い温度にさらされる。ただ、ブロック型炉の場合、燃料は黒鉛スリーブや燃料黒鉛ブロックなどに収納して使用し、設計上想定した照射量に達した時点で定期的に交換される。一方、ペブルベッド型炉の場合には、燃料球の近くにある上部および側部反射体は原子炉の寿命中交換を予定しない構造物であることから、高い中性子照射量を受けることになる。

第2章 高温ガス炉での炭素・黒鉛材料の利用

　黒鉛減速型高温ガス冷却炉における黒鉛材料がその使用寿命中に受ける中性子照射量と温度について、ブロック型炉とペブルベッド型炉の両者を比較して図 2.3-1 に示す。照射される温度は、ブロック型炉の方がペブルベッド型炉よりも高温で使用される。一方、照射量については、ペブルベッド型炉の方が高く、かつ、照射温度は低い条件になっていて、黒鉛材料の照射効果はより大きくなる可能性があることに注意が必要である。

　高温工学試験研究炉（HTTR）における黒鉛・炭素材料の運転時使用条件[TJ-91]を表 2.3-1 に示す。黒鉛スリーブや黒鉛ブロック、可動反射体は、いわゆる炉心黒鉛構造物であり、定期的な交換が予定されている。一方、固定反射体、高温プレナム部構造物および下端層黒鉛ブロックは、炉心支持黒鉛・炭素構造物であり、原子炉の寿命中使用できるように設計されている。表において事故時というのは、一次冷却系配管の破断により冷却能力が低下した状態をいう。すなわち、事故時においては、黒鉛スリーブと燃料黒鉛ブロックは、ヘリウムと空気の混合物中で1400℃に数時間程度さらされる可能性があることを意味する。

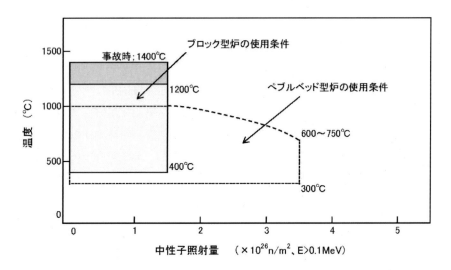

図 2.3-1 ブロック型炉とペブルベッド型炉における黒鉛材料の使用条件

表 2.3-1 HTTR における炭素・黒鉛材料の使用条件

構造物	設計寿命(年)	通常温度(℃)	高速中性子照射量(n/m^2)	事故時最高温度(℃)[*1]
黒鉛スリーブ黒鉛ブロック	3	400〜1200	$< 2 \times 10^{25}$	≒1400
可動反射体ブロック（上部、下部、側部）	3〜10	400〜1100	$< 1 \times 10^{25}$	≒1200
固定反射体ブロック	20	400〜850	$< 5 \times 10^{22}$	≒900
高温プレナム部構造物（黒鉛ブロック、ポスト）	20	850〜1000	$< 5 \times 10^{19}$	≒1100
炉床部断熱構造（プレナム下部ブロック、炭素ブロック）	20	450〜900	$< 2 \times 10^{18}$	≒950
炉床部断熱構造（下端黒鉛ブロック）	20	450〜500	$< 1 \times 10^{18}$	≒550

*1;[TJ-91]より抜粋

2.4 高温ガス炉用炭素・黒鉛に要求される条件

　米国材料試験協会（American Society for Testing and Materials、ASTM）では、原子力用黒鉛の規格を ASTM D7219-05 に定めている[ASTM-05]。表 2.4-1 に示すように化学的不純物の量により高純度黒鉛と低純度黒鉛に分けられる。これは黒鉛の耐酸化性の点（主に灰分量が目安とされる）、原子炉内で使用された時の放射化量の点及び原子炉の出力制御の点（中性子を吸収するホウ素当量が目安とされる）により区分けをしている。

　さらに、黒鉛材料の製法の違い（等方加圧成形、型込め成形、押し出し成形）、特性が等方性かどうかの違いから、表 2.4-2 に示すように 12 種類に分類されている。ここで、等方性黒鉛は熱膨張係数の異方比が 1.0〜1.1、準等方性黒鉛は異方比が 1.1〜1.15 と定められている。等方加圧成形高純度等方性黒鉛、押し出し成形高純度等方性黒鉛、型込め成形高純度等方性黒鉛及び型込め成形低純度準等方性黒鉛の代表的な特性を表 2.4-3 に示す。

一方、日本で建設された HTTR の炉心黒鉛構造物および炉心支持黒鉛・炭素構造物用材料の標準仕様を表 2.4-4 に示す。ここで、「燃料体・可動反射体黒鉛」及び「支持ポスト、シート黒鉛」は表 2.4-3 の等方加圧成形高純度等方性黒鉛、「炉心支持ブロック、固定反射体、炉床部ブロック黒鉛」は型込め成形低純度準等方性黒鉛に相当している。表 2.4-4 の仕様項目中、灰分濃度、ホウ素含有量、強度特性は特に重要な項目である。なお、炉床部断熱材は、高い断熱機能が要求されるため、1 次焼成炭素材料の中で熱伝導率の低い材料が使用されている。

表 2.4-1 化学的不純物からの分類[ASTM-05]

(単位；ppm)

		高純度黒鉛	低純度黒鉛
灰 分		最大 300	最大 1000
元素	Ca	<30	<100
	Co	<0.1	<0.3
	Fe	<30	<100
	Cs	<0.1	<0.3
	V	<50	<250
	Ti	<50	<150
	Li	<0.2	<0.6
	Sc	<0.1	<0.3
	Ta	<0.1	<0.3
ホウ素当量		最大 2	最大 10

表 2.4-2 原子力用黒鉛の分類[ASTM-05]

原子炉用黒鉛材料の分類			特　性			
製造法	化学的純度	特性	熱膨張係数の異方比 (α_{AG}/α_{WG})	灰分（最大）(ppm)	ホウ素当量（最大）(ppm)	かさ密度（最小）(g/cm³)
等方加圧成形	高純度	等方性	1.0～1.1	300	2	1.7
		準等方性	1.1～1.15	1000	10	1.7
	低純度	等方性	1.0～1.1	300	2	1.7
		準等方性	1.1～1.15	1000	10	1.7
型込め成形	高純度	等方性	1.0～1.1	300	2	1.7
		準等方性	1.1～1.15	1000	10	1.7
	低純度	等方性	1.0～1.1	300	2	1.7
		準等方性	1.1～1.15	1000	10	1.7
押し出し成形	高純度	等方性	1.0～1.1	300	2	1.7
		準等方性	1.1～1.15	1000	10	1.7
	低純度	等方性	1.0～1.1	300	2	1.7
		準等方性	1.1～1.15	1000	10	1.7

AG；粒子配向方向に対して垂直、WG；粒子配向方向に対して平行

表 2.4-3　原子力用黒鉛の特性[ASTM-05]

特性	等方加圧成形 高純度等方性黒鉛	押し出し成形 高純度等方性黒鉛	型込め成形 高純度等方性黒鉛	型込め成形 低純度準等方性黒鉛
熱伝導度　25℃、最小、AG　(W·m⁻¹·K⁻¹)	90	100	100	100
熱膨張係数 25～500℃、WG (×10⁻⁶℃⁻¹)	3.5～6.0	3.5～6.0	3.5～6.0	3.5～6.0
引張強度　最小、WG　(MPa)	22	15	15	15
曲げ強度　最小、WG　(MPa)	35	21	21	21
圧縮強度　最小、WG　(MPa)	65	45	45	45
動的ヤング率　最大、WG　(GPa)	15	15	15	15
動的ヤング率　最小、WG　(GPa)	8	8	8	8
破断ひずみ　最小、WG　(％)	0.3	0.2	0.2	0.2
破壊靱性値　最小、WG (MPa·m^(1/2))	0.8	1	1	1
ワイブル係数　WG	15	8	10	10

AG；粒子配向方向に対して垂直、WG；粒子配向方向に対して平行

表 2.4-4　HTTR 用黒鉛・炭素材料標準仕様

仕様項目	燃料体 可動反射体	炉心支持ブロック 固定反射体 炉床部ブロック	炉心支持ポスト 及びシート	炉床部断熱材[*2]
かさ密度（g/cm³）	約1.75g/cm³	約1.7g/cm³	約1.75g/cm³	―
ホウ素含有量(ppm)	1ppm以下	―	―	―
灰分	300ppm以下	1000ppm以下	300ppm以下	1000ppm以下
異方性因子[*1]	1.2以下	1.2以下	1.1以下	―
引張強度	150kg/cm²以上	90kg/cm²以上	240kg/cm²以上	―
曲げ強度	200kg/cm²以上	130kg/cm²以上	350kg/cm²以上	―
圧縮強度	450kg/cm²以上	350kg/cm²以上	650kg/cm²以上	400kg/cm2以上
耐用年数	3～10年	20年	20年	20年
（参考項目）				
熱伝導度（室温）	0.3cal/cm/s以上	0.2cal/cm/s以上	0.25cal/cm/s以上	0.03cal/cm/s以下
熱膨張係数（20-400℃）	4.5×10⁻⁶/C以下	4.5×10⁻⁶/C以下	4.5×10⁻⁶/C以下	*圧縮クリープ変形が小さいこと
ヤング率	約1×10⁵kg/cm²	約1×10⁵kg/cm²	約1×10⁵kg/cm²	

*1；400℃の熱膨張係数の垂直方向と平行方向の比（α_垂直／α_平行）
*2；使用温度は1200℃以下

第 2 章の参考文献

[ASTM-05] ASTM D7219-05, "Standard Specification for Isotropic and Near-isotropic Nuclear Graphites", 2005.
[JAERI-89] 日本原子力研究所、日本原子力研究所大洗研究所原子炉設置変更許可申請書-HTTR(高温工学試験研究炉)原子炉施設の設置-、平成元年 2 月(1989).
[TJ-91] 豊田ほか、日本原子力研究所 JAERI-M 91-102(1991).
[IAEA-62] Directory of Nuclear Reactors Vol. IV Power Reactors, IAEA (1962), p.275.

3. 炭素・黒鉛の製法の概要

3.1 人造黒鉛

　人造黒鉛は炭素原料粉末から成るフィラー（骨材）にバインダー（粘結材、結合材）を加えて加圧成形し、その後加熱焼成して黒鉛化させる、いわゆるバインダー・フィラー法により作られるのが一般的である。その中で、特に原子力分野で使用される炭素・黒鉛材料は、高密度、高強度、高純度、組織の均質性かつ等方性、大型製品などの特性が要求される。

3.1.1 フィラー

　人造黒鉛ではフィラー（骨材）として用いる炭素原料粉末は、黒鉛結晶の発達した天然黒鉛粉末、または加熱したとき容易に黒鉛化する易黒鉛化性石油コークス、石炭ピッチコークスなどが用いられる。
　天然黒鉛粉末としては、中国、ブラジル、マダガスカル、ジンバブエ等で産出する鱗状黒鉛があり、これは外観が鱗状あるいは鱗片状をしていて完全に近い黒鉛結晶組織を有している。一方、石油コークスと石炭ピッチコークスであるが、石油精製過程で得られる重質油を出発物質として 350〜550℃に加熱して無機物の炭素質材料に変換したものを石油コークスとよぶ。石炭コークスは、石炭を乾留（不活性雰囲気で熱分解）したときの残渣で、特にコールタールピッチを原料としているものはピッチコークスと呼ばれる。粘結炭を 1000℃以上

の高温で乾留するとガスやタールが系外に出て行き、残渣として高温コークスが得られる。石油コークスは通常石炭コークスよりも易黒鉛化性であって、同時に灰分、硫黄などの不純物の少ないものが得られる。

3.1.2 バインダー

　一般の炭素原料粉末は通常それ自身では互いに結合力を持たないので、フィラー粒子を結合するめにバインダー（結合材）としてコールタールピッチや石油系ピッチ、フェノール樹脂などが使用される。コールタールピッチ及び石油系ピッチはそれぞれ石炭の乾留や原油の蒸留の際に得られる液状タールや残渣油等を原料とし、これらを熱処理により重縮合することにより作られるもので、常温で固体状のものである。目的に応じてさらにタールやアントラセン等を添加し、熱処理を加えて軟化点を調整して粘結材や含浸材に用いる

　ピッチは化学的には多数の縮合多環芳香族の混合物で、350～450℃で熱処理するとメソフェーズを有する炭素質液晶が発達する。メソフェーズは偏光顕微鏡観察すると平面的な縮合多環芳香族が一定方向に積層していて異方性を有していることがわかる。この層状構造のため、高温で熱処理すると黒鉛化が進行し易いことからメソフェーズピッチは易黒鉛化性炭素であり、バインダー中のメソフェーズの組織構造（テクスチャー）は炭素材料の組織に大きな影響を及ぼす。

3.1.3 製造工程

　図 3.1-1 にはバインダー・フィラー法による高密度等方性黒鉛の製造工程の概略を示す。まず原料となるフィラー粒子を粉砕して粒度調整する。ここで、高密度、等方性、均質性などの要求を満たすためにフィラーコークスの微細化ならびに粒度調整が行われ、成形時の充填密度をできるだけ高くするよう配合や充填方法が工夫される。このように粒度調整したフィラー粒子にバインダーを加えて、150～160℃で混練する。こうすると試料は塊状になるので、これを粉砕しふるいにかけて粒度を調整し、押し出し成形、型に入れて圧縮する型込め成形、または冷間等方圧成形（Cold Isostatic Press :CIP）の方法によって成形体を作る。

　等方性黒鉛を作る場合にはゴム製の型に入れて静水圧プレスにより等方的に

加圧成形する冷間等方圧成形が用いられる。押し出し成形のように加圧が一方向から行われると黒鉛の六角基底面が加圧軸方向に対して垂直に並ぶ傾向が出てくる。そのため得られた黒鉛材料には異方性が生じる。こうして得られた生（グリーン）の成形体を焼成炉に入れ、800〜1000℃で焼成する。この際バインダーは炭素化されると同時にフィラー粒子が結合して成形体は主として炭素質材料から成る焼成品となる。

バインダーの炭素化過程では多量の揮発成分が放出され、バインダー成分ならびに焼成品は多孔質の炭素材料になる。そこで、これら気孔に再びピッチを含浸させた後再焼成して高密度化することが行われる。なお、黒鉛銘柄によってはピッチ再含浸を行わないものもある。その後焼成品は黒鉛化過程に移され、直接通電加熱することにより 2600〜3000℃までの熱処理が行われる。高温の熱処理をすることにより焼成品中の炭素質成分の結晶組織は黒鉛化が進み、黒鉛六角基底面を有する組織が広がると同時に基底面の重なりの規則性が増して、全体として黒鉛結晶の発達した組織となる[MH-89]。

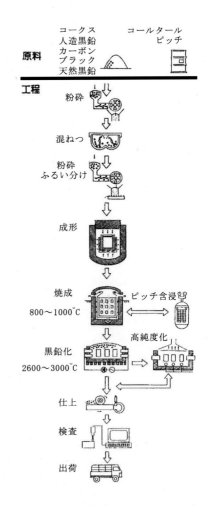

図 3.1-1 高密度等方性黒鉛の製造工程
　　　［東洋炭素（株）カタログより］

黒鉛材料中の不純物を除去して高純度化するためには不活性ガスをキャリアーとして塩素、フッ素を含むハロゲンガス雰囲気下 2000℃以上の温度で加熱処

理する。そうすると数 ppm 以下の灰分まで不純物が除去される。その後、機械加工により所定の寸法に仕上げて製品として出荷される。

図 3.1-2 は成形法による黒鉛組織の配向の模式図である。また、図 3.1-3 は高密度・等方性黒鉛と異方性黒鉛の外観と SEM 写真である。

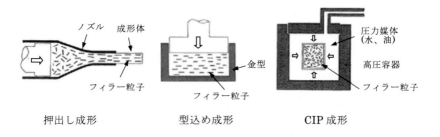

図 3.1-2 炭素原料粉末の成形法による黒鉛結晶の配向模式図「MA-96」

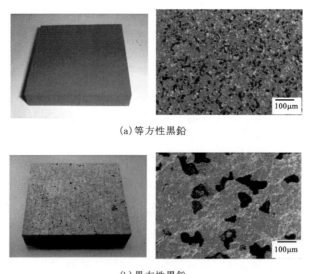

(a) 等方性黒鉛

(b) 異方性黒鉛

図 3.1-3 等方性黒鉛及び異方性黒鉛の外観及び SEM 組織写真［KE-13］

3.2 熱分解炭素・黒鉛
3.2.1 熱分解炭素

炭化水素を概ね 800℃以上に加熱すると分解して炭素を析出する。炭化水素ガスを固体表面に接触させて熱分解を気相中で行うと、熱分解炭素（Pyrolytic carbon）あるいは熱分解黒鉛（Pyrolytic graphite）と呼ばれる炭素被膜が蒸着生成される。工業的に熱分解炭素を製造するには、一般に 1200～2800℃ に加熱された基板上にメタン（CH_4）、エタン（C_2H_6）、アセチレン（C_2H_2）やプロピレン（C_3H_6）などを接触させるが、基板に蒸着するときの温度や気体の濃度、蒸着速度などを変えることにより、密度、黒鉛化度、配向性など種々の組織構造を持ったものが生成される。とくに、2100℃以上の高温でメタンなどの炭化水素を分解すると、炭素六角層面が基板表面にほぼ平行に乱層構造的に積み重なる。その結果、沈着面をみると表面は球面状の凸凹が生じているが、巨視的には大きな異方性を持つ黒鉛材料の組織が形成される。

原子力分野での熱分解炭素の代表的使用例としては、高温ガス炉の被覆粒子燃料の被覆材がある。日本原子力研究開発機構の高温工学試験研究炉 (HTTR) では直径 0.9 mm の TRISO 型被覆粒子燃料に、低密度熱分解炭素および高密度熱分解炭素が使われている（図 2.2-2 参照）。

3.2.2 高配向性黒鉛

熱分解炭素を 3000℃以上の高温に加熱し、300～500kg/cm^2 で加圧成形すると黒鉛の単結晶に近い構造を持つ高配向性熱分解黒鉛（HOPG:Highly-Oriented Pyrolitic Graphite）を作ることができる。HOPG は著しい異方性を有し、層面に平行方向に容易に剥離を生じるため構造材料としては使いにくいが、層面に平行方向では高い熱伝導度を有しているので高熱伝導性材料としては魅力ある材料である。また、黒鉛単結晶に近い良好な結晶性を有することから、X 線回折あるいは中性子回折測定では X 線や中性子のエネルギーを単色化するためのモノクロメーターとして使用される。

3.2.3 ダイヤモンド

ダイヤモンドも炭化水素の熱分解で作ることができる。例えば、モリブデンやシリコンなどの基板上に数%のメタンを水素に混入させた混合ガスを 700～

1000℃程度の温度で流すとダイヤモンド微結晶を生成させることができる。しかしこの方法では一般にメタンの分解速度が遅く、一方温度を上げて分解速度を速くすると熱分解黒鉛の析出割合が増加してくる。そのため、最近は減圧下（30～40 torr）での低温プラズマを用いたプラズマ CVD 法等により合成することも行われている。こうして作られるダイヤモンド薄膜は超硬工具の表面コーティングに応用することもあるが、膜状でしかも高純度で形成できるようになったことから半導体材料の高熱伝導基板としての開発も進んでいる。また、ダイヤモンドは熱伝導度が非常に高い値を有していると同時に誘電損失が小さな材料である。そのため、核融合炉では炉心プラズマの加熱に用いる高周波窓材料として大口径のダイヤモンド基板が使用される。

3.3 無定形炭素とガラス状炭素

　無定形炭素あるいは非晶質炭素と呼ばれるものは、黒鉛結晶子が未発達で網平面が小さく、面内に乱れて規則性がなく、部分的に上下方向に六角層面が平行に積み重なったいわゆる乱層構造（Turbostratic structure）になっている。完全な非晶質ではなくその基本は黒鉛と同じ六角層面からできている。X 線回折では幅広い（002）や（004）などの（00l）線および（100）、（110）などの（hk0）線だけが出現する。有機物を熱分解して炭素化するとこのような構造を取るが、これを 3000℃近く迄加熱すると黒鉛的な規則性が生じる。

　一方、ガラス状炭素（グラシーカーボン）は熱硬化樹脂、例えばフルフリルアルコール樹脂やフェノールホルムアルデヒド樹脂等を原料として成形体を作り、重合、熱硬化処理の後、炭素化及び黒鉛化させる。3000℃近くまでの熱処理を行っても明瞭な黒鉛の回折線を示さず、結晶子寸法がきわめて小さい乱層構造をしている。微細組織としては無配向性、すなわち等方的である。破断面がガラス状を呈し、肉厚の成形体を作ると亀裂が入り易く、そのため肉厚のものを作ることは難しい。ガラス状炭素は見かけ密度が 1.5 g/cm^3 以下とかなり小さな値にもかかわらず、開気孔率が非常に小さくガス不透過性である。

　ガラス状炭素の構造モデルには Jenkins-Kawamura [JK-72] と白石モデル[SM-84]が提案されているが、図 3.3-1 に示す白石モデルの構造はこの状況を定性的にうまく説明するように見える。ガラス状炭素の曲げ強さは非常に高い値を持ち高硬度である。機械的衝撃に弱く脆性材料になる。熱伝導度は黒鉛材料

よりも低いが耐酸化性に勝るなどもあり、炭素材料としてやや特殊ではあるが多方面での応用にも適している。

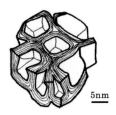

図 3.3-1 ガラス状炭素構造の白石モデル[SM-84]

第 3 章の参考文献

[JK-72] G. M. Jenkins, K. Kawamura and L.L. Ban: Proc. Roy. Soc. London, **A327** (1972) 501-517.
[KE-13] 國本英治、小西隆志、山路雅俊、「高温ガス炉プラント研究会」第 8 回定期講演会資料 (2013) p.32.
[MA-96] 三原章、「新・炭素材料入門」、炭素材料学会編 リアライズ社 (1996) p.105.
[MH-89] H. Marsh, "Introduction to Carbon Chemistry", Butterworth, 1989, p.8.
[SM-84] 白石稔、「改訂・炭素材料入門」、炭素材料学会編 (1984) p.33.

4. 炭素材料と黒鉛材料

4.1 黒鉛の結晶構造

　黒鉛結晶は六方晶の結晶構造をしており、軟らかくて電気伝導性があり、同じく炭素原子ただ一種類からなるダイヤモンドより熱力学的に安定である。電子的にはσ電子と呼ばれる $2s$、$2p_x$ および $2p_y$ の3個の電子の混成により sp^2 混成軌道を作り、平面上に互いに $120°$ の角度をなす共有結合を作り、炭素六角平面（基底面または層面）を形作っている。残った1つの $2p_z$ はπ電子と呼ばれ、基底面に配向しその軌道は基底面に添って互いに重なり合っている。このπ電子は基底面に添ってほぼ自由に動くことができるので、自由電子的に振る舞い、黒鉛の電気的性質に大きな役割を担っている。基底面内の炭素原子同士の C-C 結合はσとπによる1.5重結合で、約 6.3 eV の結合エネルギーを示すのに対し、上下に隣接する層間の結合は極めて弱いファン・デア・ワールス結合からなり、この六角平面の層構造が黒鉛結晶特有の物理的性質の極端な異方性を作り出している。

　黒鉛の結晶構造は図4.1-1に示すように六方晶系で単位格子には4個の原子が含まれる。層面内の原子間距離は 0.142 nm、面間距離は 0.335 nm である。六方晶系としての格子定数は a_0 = 0.246 nm, c_0 = 0.671 nm で、格子定数の値から計算される黒鉛結晶の理論密度は 2.27g/cm^3 である。

　黒鉛には六方晶系黒鉛のほか図4.1-2に示した菱面体晶系に属するものも存

在する。六方晶系では炭素原子の層面方向の積み重なりが ABABAB となっているが、この重なりが ABCABC の繰り返しになる場合があり、これが菱面体晶系である。天然黒鉛や人造黒鉛のなかには菱面体構造を約 5%程度含むものもある。菱面体構造は準安定相であり機械的磨砕によってもその比率を高めることができるようである。

なお、面心立方構造を持つダイヤモンドは 1 個の炭素原子の周りに 4 つの sp^3 混成軌道からなる強固な正四面体が基本構造になっていて、原子間距離は 0.154 nm、C-Cの結合エネルギーは 3.5 eV、密度は 3.53 g/cm^3 である。電気的には黒鉛とは異なり絶縁体である。

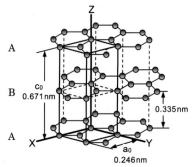

図 4.1-1　六方晶系黒鉛の結晶構造

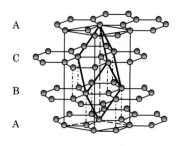

図 4.1-2　菱面体晶系黒鉛の結晶構造

4.2 黒鉛の結晶化度

　黒鉛材料の特性は、黒鉛化過程で形成される材料の微細組織に依存するが、特に黒鉛結晶の完全性が物理的ならびに化学的性質を大きく左右する。有機物を炭素化した場合、炭素六角層面は互いに平行に積み重なっているが層面の重なり方には規則性がなく乱層構造 (Turbostratic structure) と呼ばれる状態になっている。炭素化した材料を高温、特に 2000K 以上に加熱すると六角網面構造が成長するとともに黒鉛的な規則性が生じてくる。

　このように、炭素質材料を高温で熱処理すると結晶性の良くない炭素質部分は結晶構造が発達してきて結晶化度が上がる。実際の黒鉛材料では炭素六角網面は規則的に積層して積み重なった黒鉛構造と無秩序に積み重なった乱層構造が混在し、黒鉛化に伴い次第に規則性のある黒鉛構造に移行すると考えられている。そして、黒鉛化の割合または黒鉛化度は例えば次のように評価される。

　熱処理による人造黒鉛の組織変化を X 線回折で調べると、面内格子定数 a_0 は黒鉛単結晶のそれとあまり変わらないが、面間隔を表す d_{002} は熱処理によりか

なりの差が出て層面間隔が大きく変わる。一般に乱層構造を示す炭素材料の面間隔 d_{002} は黒鉛結晶のそれよりも大きく 0.344 nm とされており、高温に加熱されて黒鉛化が進むとその値は小さくなり黒鉛結晶の値の $c_0/2$ に近づく。部分的に黒鉛化した人造黒鉛では、乱層構造を取る部分の割合 p と X 線回折等から求められる平均の面間隔 d_{002} の関係は p＜0.25 の場合には

$$d_{002} = 0.3440 - 0.0086(1-p) - 0.0064p(1-p) \tag{4.2-1}$$

の関係があるとされている[RW-68]。

黒鉛の結晶構造を取っている割合を P、乱層構造を取っている割合を p とすると $P = 1 - p$ で与えられる値は黒鉛化度と呼ばれ、黒鉛の品質・等級を評価するのに使われる。完全結晶の黒鉛では乱層構造の割合が $p = 0$ となるため $P = 1$ となり、層面間隔は（4.2-1）式より $d_{002} = 0.3354$ nm となる。

4.3 黒鉛材料の組織
4.3.1 気孔とマイクロクラック

黒鉛粉末の緻密化はセラミック材料の粉末焼結法と同様な機構を経て行われるように見えるが、黒鉛ではフィラー粒子自体が焼結するのではなく、バインダーコークスが揮発成分を放出しながら炭素化してフィラー粒子と結びつくのが特徴である。通常バインダーコークスそれ自身が気孔を有しているうえ、バインダーの炭素化過程で多量の揮発成分が放出されるため、黒鉛の材料組織は本質的に多孔質になる。これらの気孔は数 nm から数 10 μm 以上、肉眼で見えるほどの大きさのものもあり、また開気孔と閉気孔がある。一般的な人造黒鉛では嵩密度が 1.5 から 1.8 g/cm³ 程度であり、黒鉛結晶の理論密度と比べると気孔率が 20 から 30%にも及び、気体が透過しやすい構造になっている。

図 4.3-1 は高密度等方性黒鉛 IG-11 の破断面の SEM 写真である。直径数 μm 程度の大きさの黒鉛フィラー粒子が等方的に配向しバインダーコークスの粒子と結びついて緻密な黒鉛材料組織を

図 4.3-1 IG-11 黒鉛の破断面 SEM 写真 [OH-15]

作り、その中に 20～50 μm 程度の大きさの一方向に伸長した結晶組織を持つ粒子も見られる。気孔は 1 μm 程度の微細なものから 30 μm 程度の大きさのものまで見られ、さらに気孔同士が連結して亀裂のような形状になっているものもある。気孔はバインダーコークス粒内およびそれらの粒子間にも存在している。

　人造黒鉛は約 3000℃の温度で黒鉛化処理されるが、この温度から室温に冷却すると、黒鉛の六角層面の垂直方向と平行方向で熱膨張率に大きな差があるため、黒鉛結晶の粒界部分に大きなひずみが発生し、結晶子層面の平行方向に微細なクラックが生じる。これは温度に対して可逆的な現象である。即ち、黒鉛材料を高温に上げると黒鉛結晶の異方的な熱膨張により微細なクラックは再び閉じるようになる。これら多数の微細なクラックは Mrozowsky クラックと呼ばれる。

　Wen らは原子力用 PGA 黒鉛を TEM 観察し、常温では幅が 10 nm、長さ約 10 μm に達する多数の微細クラックの存在していることを示した[WK-08]。クラックの長さ方向は黒鉛結晶子の六角層面に平行方向である。800℃の高温下での TEM 観察では Mrozowsky クラックの幅が小さくなっていて、高温になるとクラックが閉じる傾向にあることを示している。また、電子線照射した黒鉛についての観察結果では、照射前 2 本あったクラックが電子線照射後消失していることを示した。一般に、黒鉛結晶に高エネルギーの電子や中性子を照射すると黒鉛結晶は c 軸方向に膨張する。そのため、六角層面に平行に形成されたクラックは電子線照射により閉じる方向に変化する。

　上述のように、微細なクラックを含めて黒鉛材料に内在するき裂や気孔は高温または高エネルギーの粒子線照射では開いたり閉じたりするため、黒鉛材料の強度や弾性率、熱膨張率等に変化が見られるようになる。また、黒鉛材料中のクラックの存在は熱・機械的性質のみならず、後述する中性子照射による寸法変化挙動にも大きな影響を及ぼす。

4.3.2 黒鉛材料の異方性

　黒鉛の結晶構造は図 4.1-1 に示すように炭素六角層面の積層から成り、層面内は強い共有結合、上下層間の結合は極めて弱いファン・デア・ワールス結合からなり、大きな異方性をもつ。黒鉛微結晶の集合体である多結晶黒鉛ではこの黒鉛結晶の異方性のため、層面が材料中で一方向に並ぶ選択的配向性をもつこ

とが多く、炭素・黒鉛材料の物性に大きな影響を及ぼす。例えば押し出し成形品と型込め成形品を例にとると、六角層面は図3.1-2に示すように押し出し成形品では押し出し方向に平行になり、型込め成形品では加圧軸に垂直に配向し易くなる。

黒鉛材料の異方性は典型的にはX線回折による方法や熱膨張係数で評価されることが多いが、その他電気伝導度、熱伝導度、弾性率の測定による異方性の評価、または高温ガス炉用被覆粒子燃料の熱分解炭素では光学的異方性因子などから評価することが行われている[BG-51,IM-74,MS-82]。

① X線回折による測定

BaconはX線回折による異方性評価の方法として次のことを示した[PR-65]。黒鉛結晶はc軸の回りに対称なので、a軸およびc軸方向の熱膨張係数をそれぞれα_a及びα_cとするとc軸と角度ϕをなす方向の熱膨張係数αは次のように表される。

$$\alpha = \alpha_c \cos^2 \phi + \alpha_a \sin^2 \phi \tag{4.3-1}$$

黒鉛結晶のc軸をZ軸方向にとると、多結晶黒鉛材料の場合Z軸方向およびそれに垂直方向の熱膨張係数α_zおよびα_xはそれぞれ次のように表される。

$$\alpha_z = \frac{\int_0^{\pi/2} I(\phi)\sin\phi(\alpha_c \cos^2\phi + \alpha_a \sin^2\phi)d\phi}{\int_0^{\pi/2} I(\phi)\sin\phi d\phi} \tag{4.3-2}$$

$$\alpha_x = \alpha_a + \frac{\alpha_c - \alpha_a}{2} \frac{\int_0^{\pi/2} I(\phi)\sin^3\phi d\phi}{\int_0^{\pi/2} I(\phi)\sin\phi d\phi} \tag{4.3-3}$$

ここで、$I(\phi)$はZ軸方向に黒鉛六角層面が並ぶ割合を表す配向関数である。

異方性を表す尺度としては、(4.3-2)および(4.3-3)式から求められるα_z/α_xが用いられるが、実際には、黒鉛結晶のa軸方向の熱膨張係数は第5章図5.3-2に示すように400℃で0になるので、(4.3-2)式および(4.3-3)式はそれぞれ簡略化することができ、異方性因子BAF (Bacon Anisotropy Factor) として

$$\text{BAF} = \frac{\alpha_Z}{\alpha_X} = \frac{2\int_0^{\pi/2} I(\phi)\cos^2\phi \sin\phi d\phi}{\int_0^{\pi/2} I(\phi)\sin^3\phi d\phi} \tag{4.3-4}$$

と簡略化される。したがって、X線回折で（00l）面の強度分布を測定して配向関数 $I(\phi)$ （Orientation function）を求めると、式（4.3-4）より BAF の値を評価することができる。

　実際の測定では、試験片として丸棒あるいは平板状試料を用いて、X線回折装置で（002）面からの回折強度分布を測定する。例えば、型込め成形品または押し出し成形品では六角層面が加圧軸または押し出し軸にそれぞれ垂直または平行になるよう配向する。そのため試料を回転させながら加圧軸または押し出し軸に対する角度 ϕ の関数として(002)回折強度 I を測定すると配向関数 $I(\phi)$ が求まる。

② 熱膨張係数による測定

　比較的実用的な観点からは熱膨張係数の測定法がある。黒鉛材料の Z 軸方向とそれに垂直な X 軸方向の熱膨張係数を測定し、両方向の熱膨張係数の比 α_z/α_x から異方比を直接求めるものである。熱膨張係数の測定法は、例えば溶融石英ガラスを標準試料として使用し室温から 1000℃の温度範囲で測定する押し棒式熱膨張計の測定などが ASTM 及び JIS に記載されている[ASTM-74,JIS-76,JIS-79]。

③ 光学的手法による測定

　高温ガス炉燃料では熱分解炭素が核燃料被覆材として使用されている。この熱分解炭素の異方性測定は X 線回折で行うことは難しいため、光学的方法により測定される。黒鉛は光学的一軸性結晶であって複屈折を示す。光を当てた場合、入射光の反射割合は光の振動方向と c 軸方向とのなす角度に依存し、反射係数は光の振動方向が c 軸方向の場合は最小で a 軸方向が最大である。

　　　熱分解炭素の結晶子が黒鉛単結晶と同じ反射率と仮定して、入射光の振動方向が c 軸と平行な時の反射率を r_c、垂直な時の反射率を r_a とすると r_a/r_c の比は結晶子の配向性と関連つけられ、材料の異方性を光学的方法で測定することが可能となる。

　黒鉛単結晶では直線偏光による反射率 r は、偏光の振動方向と c 軸とのなす角を ϕ とすると、

$$r = r_c \cos^2 \phi + r_a \sin^2 \phi \tag{4.3-5}$$

で与えられる。

ある特定の方向に選択的に配向した黒鉛結晶において、入射光の直線偏光の振動が平行および垂直方向の反射率を r_z および r_x とすると、

$$r_z = r_c + (r_a - r_c)R_{0z}$$
$$r_x = r_c + (r_a - r_c)R_{0z}/2 \tag{4.3-6}$$

となる[KS-74]。 R_{0z} は Bokros の配向パラメーターであり、次のようになる。

$$R_{0z} = \frac{\dfrac{r_a}{r_c} - \dfrac{r_x}{r_z}}{\left(\dfrac{r_a}{r_c} - 1\right)\left(\dfrac{r_x}{r_z} + \dfrac{1}{2}\right)} \tag{4.3-7}$$

光学的異方係数は OPTAF (Optical Anisotropy Factor) と言われ R_{0z} と次のような関係になる。

$$OPTAF = \frac{2(1 - R_{0z})}{R_{0z}} \tag{4.3-8}$$

したがって、黒鉛結晶の通常入射光とそれと垂直な偏光の反射率 r_a/r_c を測定し、つぎに黒鉛材料の最大と最小の反射率の比 r_x/r_z を測定すれば、(4.3-8)式より光学的に測定した異方性因子 OPTAF を求めることができる。

第 4 章の参考文献

[ASTM-74]ASTM part 17 E228-71, 814 (1974).
[BG-51]G.E. Bacon, Acta. Cryst., **4**, 558 (1951).
[IM-74]稲垣道夫、炭素 1974 (No.78) 86-94.
[JIS-76]JIS R2617-1976.
[JIS-79]JIS R7212-1979.
[KS-74]木村脩七ほか、炭素 1974 (No.76) 7-11.
[MS-82]松尾秀人、斉藤保、炭素 1982（No.109) 66-74.
[OH-15]H. Osaki, Y. Shimazaki, J. Sumita, T. Shibata, T. Konishi, M. Ishihara, Proc. 23rd Int. Conf. Nucl. Eng., ICONE23-1669, May (2015).
[PR-65]R.J. Price, Phil. Mag., **12** (117), 561-571 (1965).
[RW-68]W.R. Reynolds, "Physical Properties of Graphite", Elsevier Publishing Co. Ltd. Amsterdam 1968, pp.26.
[WK-08]K. Wen, J. Marrow, and B. Marsden, J. Nucl. Mater., 381, No.1-2, (2008) 199-203.

5. 炭素・黒鉛材料の物理的性質

5.1 融点

　炭素材料は高温に加熱しても常圧下では液体とならず、直接昇華する。炭素の蒸気圧は2000Kでは10^{-5}Pa（~10^{-7} torr）程度と非常に低いが3000Kで約100Paになる。蒸気圧が1気圧（1×10^5Pa）に達する温度、すなわち昇華点は3650±20Kとされていて融解することなく昇華する。実験的な困難さから、加圧下での融点を厳密に求めることは非常に難しく、融解は100気圧4000K程度で生じると言われている。

5.2 熱容量
5.2.1 熱容量の定義と関係式

　物質に熱の出入りがあると温度変化が生じるが、この温度変化に対する熱量がその物質の熱容量（heat capacity）である。単位質量の物質の温度を単位温度だけ上昇させるのに必要な熱量を比熱容量（specific heat capacity）または単に比熱（specific heat）とも呼ばれる。単位はJ·kg^{-1}·K^{-1}、または慣例的にcal·g^{-1}·K^{-1}で表される。

　物質にΔQの熱量を与えΔTの温度上昇が起きるとすると、その物質の熱容量Cは

$$C = \lim_{\Delta T \to 0} \left(\frac{\Delta Q}{\Delta T} \right) \qquad (5.2\text{-}1)$$

となる。温度を上昇させる時、物質の体積を一定に保つ場合と圧力を一定に保つ場合とでは熱容量の値は一般に異なり、それぞれ定積熱容量 C_v および定圧熱容量 C_p と呼ばれ、熱力学的関係式から両者はそれぞれ

$$C_v = \left(\frac{\partial U}{\partial T} \right)_v \qquad (5.2\text{-}2)$$

$$C_p = \left(\frac{\partial H}{\partial T} \right)_p \qquad (5.2\text{-}3)$$

と表される。ここで U および H はそれぞれ物質の内部エネルギーおよびエンタルピーである。

通常の測定は圧力一定の条件下で行わるため定圧熱容量 C_p が得られるが理論的には一般に定積熱容量 C_v が求められる。両者の関係は

$$C_p - C_v = \frac{V \alpha_v^2 T}{\beta_T} \qquad (5.2\text{-}4)$$

となる。ここに V はモル体積、α_v は体膨張係数、β_T は等温圧縮率で

$$\beta_T = -\frac{1}{V} \left(\frac{\partial V}{\partial P} \right)_T \qquad (5.2\text{-}5)$$

と与えられる。また、Grüneisen 定数

$$\gamma = \frac{\alpha_v V}{\beta_T C_v} \qquad (5.2\text{-}6)$$

を用いると(5.2-4)式は

$$C_p / C_v = 1 + \gamma \alpha_v T \qquad (5.2\text{-}7)$$

となる。

5.2.2 熱容量の理論

固体の熱容量は原子の熱振動と密接な関係があり、原子は有限温度では激しく振動している。古典的な熱運動理論によれば原子の振動は調和振動子とみなせるので、k を Boltzmann 定数（k = 1.381 x 10^{-23} J·K^{-1}）とすると単原子固体の場合 1 原子あたり平均 kT のエネルギーを持つ。N 個の原子からなる固体では温

度 T では内部エネルギーU は $3NkT$ となり、従って定積熱容量 C_v は $3Nk$ と与えられる。1 モルの固体では R を気体定数とすると、定積熱容量 C_v は

$$C_v = 3R = 5.96 \text{ cal·mol}^{-1}\text{·K}^{-1} \tag{5.2-8}$$

となる。これがいわゆる Dulong-Petit の法則で、一般に室温以上の温度で得られる固体の熱容量の実測値に良く合う。しかし、固体の熱容量が低温で小さくなって絶対 0 度でゼロに近づくことを説明するには量子論の適用が必要となる。

量子論では系の取り得るエネルギーは離散的な値になる。1 次元の調和振動子では

$$E_n = \left(n + \frac{1}{2}\right)\hbar\omega \tag{5.2-9}$$

ここで $\hbar$ は Planck 定数（$\hbar = 1.055 \times 10^{-34}$ J·s）であり、ω は角振動数である。量子統計力学を適用すると、温度 T のときの調和振動子のエネルギー E は

$$E = \frac{1}{2}\hbar\omega + \frac{\hbar\omega}{e^{\hbar\omega/kT} - 1} \tag{5.2-10}$$

で与えられる。一個の調和振動子の比熱容量を c と書くと

$$c = \frac{dE}{dT} = \frac{k(\hbar\omega/kT)^2 e^{\hbar\omega/kT}}{\left(e^{\hbar\omega/kT} - 1\right)^2} \tag{5.2-11}$$

となる。

Debye は N 個の原子からなる結晶の格子振動スペクトルを連続弾性体における弾性波のスペクトルで置き換え、振動数が $\omega = 0$ から始まり基準振動の総数が系の自由度 $3N$ と等しくなる振動数よりも高い振動数は存在しないとして内部エネルギーを求め、熱容量の式を導いた。この Debye のモデルでは定積比熱容量 C_v は

$$C_v = 9Nk\left(\frac{T}{\theta_D}\right)^3 \int_0^{\theta_D/T} \frac{x^4 e^x}{(e^x - 1)^2} dx \tag{5.2-12}$$

と与えられる。ここで $x = \hbar\omega/kT$ である。

θ_D は Debye の特性温度または単に Debye 温度と呼ばれるもので、

$$\theta_D = \frac{\hbar\omega_{max}}{k} \tag{5.2-13}$$

で定義される。ここで ω_{max} はフォノンスペクトルの最大振動数である。

等方弾性体の Debye モデルによれば θ_D は

$$\theta_D = \frac{\hbar}{k}\left\{\frac{9N}{2V}\bigg/\left(\frac{1}{v_l^3}+\frac{2}{v_t^3}\right)\right\}^{1/3} \tag{5.2-14}$$

となる。ここで v_l と v_t は固体中を伝播する縦波と横波の音速である。
(5.2-12) 式を見てわかるように低温では $\theta_D/T \to \infty$ となるため

$$C_v = \frac{12}{5}\pi^4 R\left(\frac{T}{\theta_D}\right)^3 \tag{5.2-15}$$

となり、固体の熱容量は T^3 に比例する。
一方、高温 ($\theta_D/T \ll 1$) になると(5.2-12)式は

$$C_v \cong 3R \tag{5.2-16}$$

となり、Dulong-Petit の法則に一致する。

なお、(5.2-12)式は固体が 3 次元的な等方性結晶格子から成るものとして導かれたものであるが、2 次元構造をもつ結晶に対して Debye モデルを適用すると、低温熱容量は T^2 に比例することが容易に導かれる。

以上が固体の熱容量に関する一般的な理論の概要であるが、Debye の熱容量の式(5.2-12) は比較的単純化したモデルに基づいているにもかかわらず多くの物質に対して広い温度範囲で実験事実と良く合う。また、(5.2-14) 式からわかるように Debye 温度は固体の弾性率とも密接な関係があり、縦波及び横波の音速から求められる。多くの物質に対して熱容量の測定値から求めた θ_D と弾性率から求めた θ_D の値は良く一致する。共有結合性の強いダイヤモンドは Debye 温度 θ_D は 2230K [KC-05]、また黒鉛の Debye 温度に関しては結晶の強い異方性のため層面の面内振動と面外の振動に対して異なる値が用いられ、それぞれ 2280K と 760K の値が与えられている[RW-68]。

5.2.3 熱容量の温度依存性

図 5.2-1 には黒鉛材料の低温から 3000K までの比熱容量の温度変化を示す。熱容量の測定は通常圧力一定の条件下で行われるため定圧熱容量 C_p が求まる。図に示されるように熱容量 C_p は絶対零度から温度とともに増大し、300K では約 0.72 J·g^{-1}·K^{-1} である。800K 付近からは熱容量の変化はゆるやかになり、約

2000K で 2.1 J・g^{-1}・K^{-1} (6 cal・mol^{-1}・K^{-1})と Dulong-Petit の値になる。それ以上の温度では熱容量は温度とともに増大するが、これは黒鉛が Debye 温度付近になると定積熱容量 C_v は 2.1 J・g^{-1}・K^{-1} の Dulong-Petit の一定値に近づくのに対し、定圧熱容量 C_p は式（5.2-7）で示されるように $C_p/C_v = 1 + \gamma \alpha_v T$ と表されるため、C_p は温度とともに増加する。

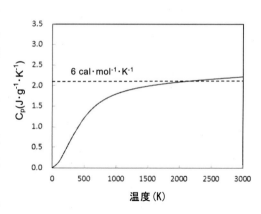

図 5.2-1 黒鉛の定圧比熱容量 C_p の温度依存性

3300K 以上の高温になると熱容量は急激に増加することが報告されている。これは空孔が高温で熱的に励起される（活性化エネルギー〜7eV）ことによるものと考えられている[RN-60]。なお、一般に室温〜1000℃の温度範囲では黒鉛の比熱容量は材料の製法や組織等が違っても大きな差がないと言われている。

図 5.2-2 には 5〜350K までの低温領域でのグラシーカーボン GC-30S（東海カーボン）と人造黒鉛のアチェソン黒鉛、およびセイロン天然黒鉛の比熱容量を示す。図に示すように、100K 以上ではグラシーカーボンとアチェソン黒鉛とで熱容量に大きな差がない。一方、30K 以下ではグラシーカーボンの比熱容量が一番高く、アチェソン黒鉛、セイロン天然黒鉛と黒鉛化度が高くなるにつれて熱容量が低い値を示す。5〜30K の温度領域ではグラシーカーボンの熱容量はほぼ T^2 に比

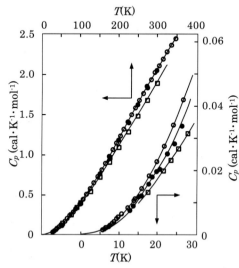

図 5.2-2　各種黒鉛の低温熱容量
グラシーカーボン（○）、アチェソン黒鉛（●）、セイロン天然黒鉛（□）[TW-70]

例して、2次元的な炭素結合様式が支配的になっていることを示している。

室温以下の低温熱容量については次のことが言える。13～50Kでは黒鉛の熱容量はT^2に比例し、これは黒鉛結晶では六角層面の上下方向の結合が弱いため2次元的層状組織の特長が現れているためと説明される。さらに1.4Kまでの低温になると熱容量はT^3に比例するようになる。これは極低温では長波長成分のフォノンが支配的になり、このため層間の弱い相互作用が比熱に寄与するようになり3次元的な固体の温度依存性が現れるものと説明されている[TW-70]。

5.3 熱膨張
5.3.1 熱膨張係数

固体の熱膨張は温度変化に伴う材料の寸法変化、または体積変化として検出されるものであるが、微視的には結晶を構成する原子の原子間距離の変化に由来するものである。熱膨張を表すものとしては、線膨張と体積膨張があるが、その大きさを表示するには膨張係数が用いられる。ΔTの温度変化に対する長さ変化をΔlとすると、線膨張係数α_lは

$$\alpha_l = \lim_{\Delta T \to 0} \frac{1}{l}\left(\frac{\Delta l}{\Delta T}\right) = \frac{1}{l}\left(\frac{\partial l}{\partial T}\right) \tag{5.3-1}$$

で与えられる。同様に体膨張係数は

$$\alpha_v = \frac{1}{V}\left(\frac{\partial V}{\partial T}\right) \tag{5.3-2}$$

となる。

等方性物質では$\alpha_v = 3\alpha_l$となる。異方性物質では結晶の主軸方向で一般に線膨張係数の値が異なりそれらを$\alpha_1, \alpha_2, \alpha_3$とすると、体膨張係数は$\alpha_v = \alpha_1 + \alpha_2 + \alpha_3$となる。例えば、正方晶系や六方晶系では$c$軸方向の線膨張係数を$\alpha_3$とすると、$\alpha_v = 2\alpha_1 + \alpha_3$となる。

5.3.2 結晶の非調和性と熱膨張

熱膨張係数の値は固体を構成する原子間相互作用ポテンシャルの形に依存する。固体の原子は隣接原子との間の引力と斥力ポテンシャルエネルギーの平衡によって位置が保たれているが、ポテンシャルエネルギーに非調和項、つまり原子間距離に対するポテンシャルエネルギー曲線を原子の平衡位置で展開した

とき展開の次数が 3 次以上高次の項まで付け加わってくるとポテンシャルエネルギー曲線が非対称になる。このため温度が上昇すると平均の原子間距離が大きくなり、熱膨張が生じるようになる。つまり熱膨張係数は原子間ポテンシャルの非調和項に由来している。原子間ポテンシャルと平均原子間距離を模式的に示すと図 5.3-1 のようになる。

一般には共有結合結晶の原子間ポテンシャルエネルギー曲線はイオン結合のそれに比べて対称性が良いため熱膨張係数が小さい。また熱膨張係数と物質の融点には相関があり、高融点の物質ほど熱膨張係数が小さくなる。

熱膨張に影響を及ぼす非調和性の大きさを表すものとしては Grüneisen 定数がある。擬調和近似 (Quasi-harmonic approximation) を用いた取扱いによると i 番目の格子振動の振動数 ω_i は体積依存性を持ち、その大きさは

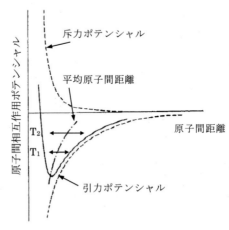

図 5.3-1 原子間相互作用ポテンシャルと平均原子間距離の模式図

$$\gamma_i = -\frac{\partial \ln \omega_i}{\partial \ln V} \tag{5.3-3}$$

と表される。ここに γ_i はモード Grüneisen 定数と呼ばれるものである。各振動モードについての平均を

$$\gamma = \sum_{i=1}^{3N} \gamma_i c_i \bigg/ \sum_{i=1}^{3N} c_i \tag{5.3-4}$$

のように取ると、γ は熱力学的な関係式（5.2-6）で与えられる Grüneisen 定数

$$\gamma = \frac{\alpha_v V}{\beta_T C_v} \tag{5.3-5}$$

と等しくなる。ここで c_i は

$$c_i = \frac{k(\hbar\omega/kT)^2 e^{\hbar\omega/kT}}{\left(e^{\hbar\omega/kT} - 1\right)^2} \tag{5.3-6}$$

であり、(5.2-11) 式で示される i 番目の振動モードの熱容量への寄与である。

　Grüneisen 定数は原子間ポテンシャルの非調和項の大きさを表す指標として関連づけられる。実際に、原子間ポテンシャルが 2 次式の放物線で表されて非調和項がない場合には熱膨張が生じない。つまり、熱膨張係数 $\alpha_v = 0$ と置くと Grüneisen 定数 $\gamma = 0$ となる。

　ポテンシャルエネルギーを距離の関数として原子の平衡位置で展開したとき、2 次、3 次の展開の係数はそれぞれ 2 次および 3 次の弾性定数となる。従って非調和項の大きさの指標となる Grüneisen 定数は 2 次および 3 次の弾性定数を用いて計算することができる。実際アルカリハライド結晶や MgO などについては 2 次および 3 次の弾性定数から計算した値と熱力学的関係から求めた測定値の間に良い一致を得ている[BK-67]。黒鉛結晶では層面方向と層間方向で異なる Grüneisen 定数の値が報告されていて、層面方向と層間方向でそれぞれ $\gamma_a = 0.71$、$\gamma_c = 0.38$ と報告されている[RW-68]。いくつかの物質の Grüneisen 定数の値を表 5.3-1 に示す。

　なお、Grüneisen 定数は一般に温度変化が小さく、体積 V や等温圧縮率 β_T も同様である。したがって、(5.3-5) 式からわかるように通常の固体では熱膨張係数の温度依存性は熱容量のそれとほぼ同様な傾向を示す[MT-84]。

表 5.3-1 各種セラミックスの Grüneisen 定数

物質名	Grüneisen 定数	物質名	Grüneisen 定数
Graphite	$\gamma_a = 0.71$	LiF	1.59
	$\gamma_c = 0.38$	NaCl	1.52
MgO	1.52	Al_2O_3	1.34

5.3.3 黒鉛結晶の熱膨張係数

　黒鉛では単結晶と多結晶黒鉛では熱膨張係数の温度依存性が大きく異なる。図 5.3-2 には熱分解黒鉛の熱膨張係数の温度依存性を示す。熱分解黒鉛では、黒鉛層面の平行方向の熱膨張係数 α_a は 700K 以下では負であり 300K 付近で最小となる。また 700K 付近では 0 となりそれ以上では正となり熱膨張に転ずる

が、α_a の値は 1~1.3 x 10^{-6}/K 程度と非常に小さな値である。固体の熱膨張は格子振動の非線形性に由来するので、通常は温度上昇とともに正の膨張を示す。しかしながら、黒鉛結晶では室温以下で a 軸方向（//）の熱膨張係数が負になり、通常の固体とは異なる振る舞いを示す。これは黒鉛基底面の炭素原子の熱振動は主として c 軸方向に向かって行われるので、a 軸方向では層平面の屈曲のため時間平均ではむしろ収縮することになると説明されている[RW-68]。黒鉛層面に垂直方向（⊥）の熱膨張係数 α_c は常に正であり、低温から室温付近までは急速に増大しその後1000K付近まではほぼ平坦、そして1000から3000Kまでは温度にほぼ比例して増加している。273K から 1073K の間では平均の熱膨張係数は約 28.5 x 10^{-6}/K であり、全体として a 軸方向のそれに比べて一桁以上大きな値である。

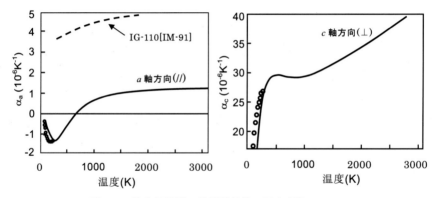

図 5.3-2 熱分解黒鉛の熱膨張係数の温度変化
　　　　 ──：Morgan の測定値 ［MW-72］
　　　　 ○ ：Bailey と Yates の測定値[BY-70]

一方、図 5.3-2 には熱分解黒鉛との比較のため IG-110 黒鉛の熱膨張係数の値を示すが、室温から 1000K 程度の範囲では線膨張係数は 3～4 x 10^{-6}/K 程度であり、これは単結晶の体積全体の平均線膨張係数の 30％程度と小さな値である。多結晶黒鉛で熱膨張係数がこのように小さくなる原因としては、温度上昇させたとき多結晶体中の集合組織に存在する微細気孔やマイクロクラックが各結晶子の熱膨張を吸収するためと考えられている。

図 5.3-3 には各種原子力用黒鉛の室温から 1400℃までの熱膨張係数の温度依存性を示す。IG-110 は高密度微粒等方性黒鉛、PGX は準等方性黒鉛、ASR-0RB

は最終熱処理温度が 1100℃の低熱伝導度の炭素質材料である。嵩密度はそれぞれ 1.78、1.73 および 1.65 g/cm³ である。

図に示すように、熱膨張係数はどの材料も室温から温度とともに緩やかな上昇を示している。ASR-0RB および PGX 黒鉛は異方性を有するため垂直方向と平行方向で熱膨張係数が異なる値をもつ。また、炭素質材料である ASR-0RB は嵩密度が一番低い値にもかかわらず、IG-110 および PGX 黒鉛に比べて熱膨張係数が大きな値になっている。これは炭素質材料では六角層面を持つ結晶子の黒鉛組織が未発達であることに起因している。

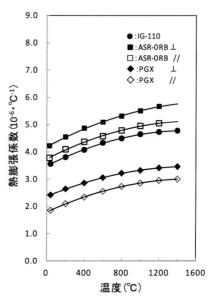

図 5.3-3 各種原子炉用黒鉛の熱膨張係数の温度依存性[IM-91]

5.4 熱伝導

熱伝導度は構造敏感な物性である。多結晶黒鉛はフィラー粒子やバインダー成分の黒鉛化度、結晶子径、異方性、また気孔やマイクロクラック、不純物の有無など複雑な組織構造を持つため、材料の種類によって熱伝導度は大きく異なる。C/C 複合材料でも繊維とマトリクスを構成する黒鉛構造、織り方など熱伝導度に影響を及ぼす因子は非常に多い。

5.4.1 熱伝導度と熱拡散率

熱伝導度は次のように表される。温度 T の物質中を単位時間に単位面積を通って x 方向に流れる熱流束を q とすると、q は温度勾配 dT/dx に比例して

$$q = -k\frac{dT}{dx} \tag{5.4-1}$$

となる。ここで k は熱伝導度で単位は $W \cdot m^{-1} \cdot K^{-1}$ である。より一般的にはベク

トル表示で

$$q = -k\mathbf{grad}T \quad (5.4\text{-}2)$$

と表される。(5.4-2) 式は Fourier の式と呼ばれる。ρ と C を物質の密度と熱容量とすると、連続の式から

$$C\rho\frac{\partial T}{\partial t} + \mathbf{div}q = 0 \quad (5.4\text{-}3)$$

となる。(5.4-2) と (5.4-3) 式より

$$C\rho\frac{\partial T}{\partial t} = k\nabla^2 T \quad (5.4\text{-}4)$$

または

$$\frac{\partial T}{\partial t} = \alpha\nabla^2 T \quad (5.4\text{-}5)$$

となる。ここに α は熱拡散率で

$$\alpha = k/(\rho C) \quad (5.4\text{-}6)$$

である。熱拡散率 α の単位は $m^2 \cdot s^{-1}$ である。

　黒鉛材料の高温熱伝導度を測定するとき、比較的簡便な方法としてレーザーフラッシュ法が用いられる。レーザーフラッシュ法ではパルス状の熱を試料表面に照射し、試料温度の時間変化から熱拡散率を求めることが行われる。しかしながら、(5.4-5) 式を見て分かるように、試料温度の時間変化のみを測定しても熱拡散率 α の値しか求まらず、熱伝導度を求めるためには、別途試料の熱容量 C を測定し、(5.4-6) 式の関係から熱伝導度を求める必要がある。

5.4.2 熱伝導のメカニズム

　固体では熱の伝導を担うもの(キャリヤー)として、電子、格子振動（フォノン）、フォトンなどがあり、これらの寄与の合計が全体の熱伝導度を決める。金属では自由電子が熱のキャリヤーとして支配的であるが、絶縁性セラミックスではフォノン伝導が大部分を占める。結晶の発達した黒鉛は導電性をもつが、しかし 10K 以下の極低温か超高温領域を除いて電流のキャリヤーとなる伝導電子や正孔の数が非常に少ないので、熱はそのほとんどがフォノンによって運ばれる。また、黒鉛では基底面に垂直方向の熱伝導度は小さく熱の伝導はほとん

ど基底面に沿ってなされるので、多結晶体黒鉛でも結局はそれを構成する結晶子の層平面方向の熱伝導度の寄与が大部分を占めると考えられる。

気体運動論からの類推により、等方的な絶縁体の熱伝導度 k はつぎのように表される。

$$k = \frac{1}{3}Cvl \tag{5.4-7}$$

ここで C は熱容量、v はフォノンの伝播速度、l はフォノンの平均自由行程である。

フォノンによる熱伝導 k の温度依存性は一般に次のように言うことができる。低温では長波長フォノンが励起されフォノン同士の散乱が少ないため、平均自由行程 l が大きくなる。その結果、平均自由行程は固体を構成する結晶粒径や単結晶の場合は試料の大きさによってほぼ決まり、温度に依らず一定の値になる。フォノンの伝播速度 v は音速と同じと考えられるため温度変化はあまり大きくない。したがって、C、v および l の積で与えられる熱伝導度 k は熱容量 C にほぼ比例して温度とともに増大する。

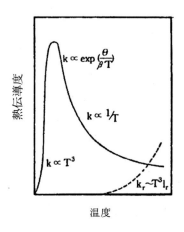

図 5.4-1 フォノンによる熱伝導度の温度変化の模式図[MT-84]

さらに高温になると熱振動が数多く励起されるようになり、フォノン同士の散乱が増大して平均自由行程が短くなってくる。また不純物や気孔を含む各種格子欠陥もフォノン散乱の原因になって平均自由行程 l を短くする。それ故熱伝導度 k はある温度で最大となりその後減少に転じる。Debye 温度付近になると熱容量は温度に依らずほぼ一定になり、またフォノン散乱による平均自由行程が $1/T$ に比例して短くなってくるため、熱伝導度も $1/T$ に比例して低下してくる。熱伝導度の温度変化を模式的に示すと図 5.4-1 のようになる。ここに示すように、黒鉛材料では室温以上の熱伝導度の値を決めるものは主としてフォノン平均自由行程であり、これは結晶子のサイズと結晶の完全性ならびに温度によって決まる。したがって、良く発達した大きな結晶が一方向に配列していて不純物や格子欠陥の少ない高密度黒鉛は室温で高い熱伝導度を持つ。

5.4.3 原子力用黒鉛の熱伝導度

図 5.4-2 には人造黒鉛 SX-5 と IG-110 黒鉛の熱伝導度の温度依存性を示す。人造黒鉛 SX-5 は押出し材であるため、黒鉛結晶の層面が押出し方向に平行に並ぶ選択的配向性が生じる。そのため熱伝導度には平行方向(//)と垂直方向(⊥)で異方性が生る。

両黒鉛の熱伝導度曲線を見ると、セラミックス特

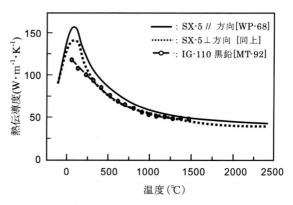

図.5.4-2 人造黒鉛 SX-5 と IG-110 黒鉛の熱伝導度の温度依存性

有の典型的フォノン伝導の温度依存性を示している。SX-5 黒鉛は室温以下では熱伝導度は温度とともに急速に増大し、100℃付近で極大値を持つ。その後絶対温度にほぼ逆比例して低下し、1000℃ 以上の高温ではその変化は緩やかになる。IG-110 黒鉛も室温以上では温度と共に熱伝導度は急速に低下しているが、熱伝導のピークは室温付近には現れていない。なお、1000℃以上の高温になると SX-5 と IG-110 黒鉛で熱伝導度に大きな差がないと言える。

一般に、熱分解黒鉛のように結晶構造が発達して結晶子径が大きくかつ一方向に配向したものは層面方向に非常に高いフォノン熱伝導度を示す。例えば圧縮焼鈍型熱分解黒鉛(Compression Annealed Pyrolytic Graphite: CAPyG) の場合、室温で約 1000 $W \cdot m^{-1} \cdot K^{-1}$ 以上の値を持つが、フォノン同士の散乱のため温度とともに急速に低下して 1300K では約 350 $W \cdot m^{-1} \cdot K^{-1}$ になる。炭素繊維も発達した結晶子を持ち、それが繊維軸に対し層面が平行に配向したものは軸方向に非常に高い熱伝導度を有するようになる。1 次元、2 次元またはフェルト C/C 複合材では室温で 300～500 $W \cdot m^{-1} \cdot K^{-1}$ 以上の値を持つものが作られている。

一方、ガラス状炭素では結晶子が非常に小さく、フォノン平均自由行程 l が 1300K 以上の高温になるまであまり変化しない。したがって(5.4-7) 式から分かるように、熱伝導度の温度依存性は熱容量のそれとほとんど同じになる。室温以上では緩やかな上昇傾向を示し、熱伝導度の値もたとえば表 5.3-2 のガラス状

炭素 GC-30 のように 3300K で熱処理したものでも室温で約 16 W・m⁻¹・K⁻¹ と非常に小さい。

図 5.4-3 には各種原子力用黒鉛と C/C 複合材料ならびに銅と CVD-SiC の熱伝導度を示す。IG-110 は高密度微粒等方性黒鉛、PGX は準等方性黒鉛で、高温工学試験研究炉(HTTR)の炉心構造材料に使用されている。また、ASR-0RB は低熱伝導度の炭素質材料で、同上断熱材料に使用されている。CX-2002U は高熱伝導性フェルトタイプ C/C 材であり、核融合炉プラズマ対向壁材料に使用されている。

表 5.3-2 には各種原子力用黒鉛およびガラス状炭素の物性値をまとめて示す。

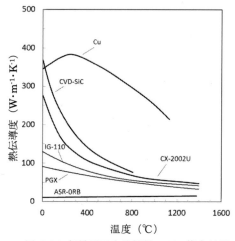

図 5.4-3 各種原子力用黒鉛、C/C 複合材料および銅と CVD-SiC の熱伝導度

表 5.3-2 各種原子力用黒鉛およびガラス状炭素の物性値

黒鉛材料	IG-110	IG-430	ETP-10	Graph NOL N3M // ⊥	GC-30[*1]
密度(g/cm³)	1.77	1.82	1.75	1.82	1.45
引っ張り強度(MPa)	25	37	35	45 40	42
曲げ強度(MPa)	39	53	59	55 52	55
ヤング率(GPa)	9.8	10.8	11	14 9.8	22
熱伝導度(W・m⁻¹・K⁻¹) T=20°C	120	140	104	180 165	16
熱膨張率(10⁻⁶/K) T=350〜450°C	4.5	4.8	3.8	5.0 5.5	3.5
灰分 (ppm)	<2	<2	10	50	...

*1：ガラス状炭素

第5章の参考文献

[BK-67]K. Brugger, G.C. Fritz, Phys. Rev. 157 (1967) 524-531.
[BY-70]A.C. Baily and B. Yates, J. Appl. Phys., 41 (1970) 5088.
[IM-91]石原正博、伊与久達雄、豊田純也ほか「高温工学試験研究炉・炉心構造物設計方針における設計用データの解説」JAERI-M 91-154 (1991.)
[KC-05]C. Kittel, "Introduction to Solid State Physics" 8th ed., John Wiley & Sons, Inc. (2005)
[MT-84]丸山忠司「ファインセラミックス評価技術集成」監修奥田博、今中治 リアライズ 1984 p.93-105.
[MT-92]T. Maruyama, M. Harayama,"Neutron Irradiation Effect on the Thermal Conductivity and Dimensional Changes of Graphite Materials", Journal of Nuclear Materials 195 (1992) 44-50.
[MW-72]W.C. Morgan, Carbon 10 (1972) 73-79.
[RN-60]N.S. Rasor and J.D. McClelland, J. Phys. Chem. Solids 15, (1960) 17.
[RW-68]W.N. Reynolds, "Physical Properties of Graphite", Elsevier Publishing Co. Ltd., Amsterdam, London, New York (1968).
[TW-70]Y. Takahashi and E.F. Westrum, Jr., J. Chem. Thermodynamics 2 (1970) 847.
[WP-68]P. Wagner and L.B. Dauelsberg, Carbon, 6 (1968) 373.

6. 炭素・黒鉛材料の化学的性質

6.1 概要
　炭素・黒鉛材料はガス冷却型原子炉において減速・反射材として使用される場合、原子炉の運転時あるいは冷却材喪失事故時において、炭素・黒鉛の酸化により、その特性が劣化する可能性がある。炭酸ガス冷却炉では、運転時、放射線によって活性化した炭酸ガスによる黒鉛の酸化とその特性への影響が問題になる。一方、ヘリウムガス冷却炉の場合、ヘリウムは不活性気体であり、1000℃以上の高温でも黒鉛と反応しないが、ヘリウムガス中に残存する不純物ガス(酸素、二酸化炭素、水蒸気、水素など)との反応による酸化消耗を考慮することが必要になる。冷却材喪失事故を想定した場合、黒鉛減速ガス冷却炉共通の問題として、侵入する可能性のある空気による酸化とその特性への影響をあらかじめ評価しておくことが必要である。ここでは、主に黒鉛材料と水蒸気、空気(酸素)、水素などの気体との反応及びそれらの特性への影響について述べる。最後に、黒鉛の放射線酸化の問題について概要を説明する。

6.2 炭素材料のガス化反応
　炭素・黒鉛と気体との反応はガス化反応といい、次のように反応に伴い発熱する場合(発熱反応)と加熱することによって反応が進行する場合(吸熱反応)がある。たとえば、291K、1 atm.での反応は次のように表せる。

第6章 炭素・黒鉛材料の化学的性質

C-O₂ 反応

$C + O_2 \Leftrightarrow CO_2$, $\Delta H = -393.7 (kJ/mol)$ (6.2-1)

$C + \frac{1}{2}O_2 \Leftrightarrow CO$, $\Delta H = -111.5 (kJ/mol)$ (6.2-2)

$CO + \frac{1}{2}O_2 \Leftrightarrow CO_2$, $\Delta H = -282.2 (kJ/mol)$ (6.2-3)

C-CO₂ 反応

$C + CO_2 \Leftrightarrow 2CO$, $\Delta H = +170.8 (kJ/mol)$ (6.2-4)

C-H₂O 反応

$C + H_2O + \Leftrightarrow CO + H_2$, $\Delta H = +130.4 (kJ/mol)$ (6.2-5)

$CO + H_2O \Leftrightarrow CO_2 + H_2$, $\Delta H = -40.4 (kJ/mol)$ (6.2-6)

$C + CO_2 \Leftrightarrow 2CO$, $\Delta H = +170.8 (kJ/mol)$ (6.2-4)

$C + 2H_2 \Leftrightarrow CH_4$, $\Delta H = -74.8 (kJ/mol)$ (6.2-7)

C-H₂ 反応

$C + 2H_2 \Leftrightarrow CH_4$, $\Delta H = -74.8 (kJ/mol)$ (6.2-7)

ここで、ΔHは反応熱あるいはエンタルピーの変化である。負号は発熱反応を表し、正号は吸熱反応を表している。黒鉛の酸化反応(C-O₂反応)では、上記のように二酸化炭素とともに一酸化炭素が生成する。黒鉛酸化による主な生成物はCO₂であり、CO/CO₂比は520℃以下では一定で、ほぼ0.3になるという。また、その生成比、CO/CO₂は温度上昇に伴い、増加することが知られている[WP- 59]。

化学反応が自然に右方に進行するかどうかはGibbsの自由エネルギーの変化ΔGの符号によって決まる。ΔGが負であれば、反応は自然に進行し、正であれば、反応は自然に進行しない。ΔGは次式によって表される。ここで、Tは絶対温度、ΔSはエントロピー変化、Rは気体定数、K_pは化学反応における圧平衡定数である。

$\Delta G = \Delta H - T\Delta S = -RT \ln K_p$ (6.2-8)

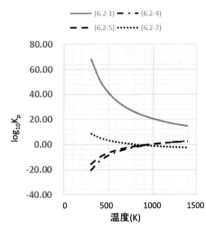

図 6.2-1 ガス化反応における圧平衡定数 $\text{Log}_{10}K_p$ の温度依存性

(6.2-8)式から $\ln K_p$ は次式のように表せる。

$$\ln K_p = -\frac{\Delta H}{RT} + \frac{\Delta S}{R} \qquad (6.2\text{-}9)$$

(6.2-9)式から ΔH が負で発熱反応の場合、$\ln K_p$ は下に凸で右下がりの曲線になることが予想され、逆に ΔH が正で、吸熱反応の場合、上に凸で右上がりの曲線になることが予想される。$\log_{10} K_p$ と温度との関係を示したのが図 6.2-1 である[WP-59]。図から分かるように発熱反応と吸熱反応の特徴がよく表れている。

表 6.2-1 800℃, 0.1atm における炭素と各気体との相対反応速度

反応	相対反応速度
C-O_2	1×10^5
C-CO_2	1
C-H_2O	3
C-H_2	3×10^{-3}

圧平衡定数 K_p は固体（C）を除いて定義される。各気体の分圧を P で表すことにすれば、たとえば、(6.2-1)の場合、$K_p = P_{CO2}/P_{O2}$ となり、(6.2-2)では、$K_p = P_{CO}/(P_{O2})^{1/2}$、(6.2-4)では、$K_p = (P_{CO})^2/P_{CO2}$ などとなる。図 6.2-1 から分かるように、CO_2, CO ともに炭素の酸化の主な生成物であるが、低温では、酸化による CO の生成は無視できる。CO/CO_2 比は反応温度の上昇とともに増加する。

炭素のガス化反応の相対速度は実験値に基づいて、800℃, 0.1atm での値が表 6.2-1[WP-59]に示すように計算で求められている。酸素による反応速度が最も早く、水素との反応速度は最も遅いことが分かる。反応速度は反応する気体の種類によって桁違いに変わっている。

6.3　反応機構の温度依存性

炭素・黒鉛材料のガス化反応機構は低温から高温にわたって主に3つの機構で起こる。図 6.3-1 に示すように、反応速度は温度によって大きく変化し、主に 3 つの領域に分割できる[WP-59]。a は領域 I と II, b は領域 II と III の中間領域である。低温の領域 I では、炭素・黒鉛の気孔

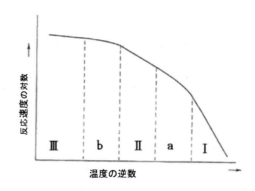

図 6.3-1 炭素とガスの反応速度と炭素内ガス濃度の温度依存性

第6章 炭素・黒鉛材料の化学的性質

および結晶を通じて反応ガスが材料全体に拡散していく領域であり、ガス濃度も材料中で均一になっている。この領域では材料中で化学反応がほぼ均一に起こっており、測定される見かけの活性化エネルギーは、真の活性化エネルギーを表している。

Iの領域は化学反応が律速となっている。次に中間領域のIIでは、低温度より反応速度が大きくなり、気孔内を反応ガスが拡散していく速度と同等になると反応ガスの濃度は材料の内部へある距離だけ入ったところでゼロになってくる。この領域では気孔内反応ガスの拡散速度が化学反応を律速している。見かけの活性化エネルギーは真の活性化エネルギーの約2分の1になる。さらに温度が上昇すると、反応ガスが気孔内へ拡散する間もなく、材料の表面近くの炭素原子と反応し、材料表面が消耗していく。この領域は、質量移行領域と呼ばれる。この領域では見かけの活性化エネルギーは非常に低くなっている。

これらの温度領域は原子炉用黒鉛であるIG-110の場合、およそ次のようになっている。Iの化学反応領域は、450-550℃、IIの気孔内拡散領域は、550-650℃、またIIIの質量移行領域は、650℃以上である。したがって、IとIIの境界aは550℃前後、IIとIIIの境界bは650℃前後ということになる。

英国のヘリウム冷却高温ガス炉（ドラゴン炉）用黒鉛の

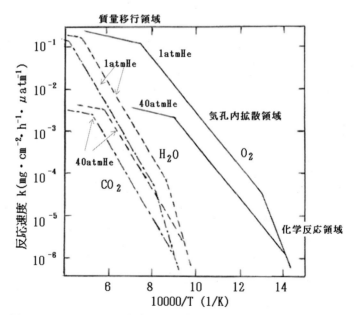

図 6.3-2 O_2, H_2O, CO_2 と黒鉛との反応についていろいろのヘリウム圧に対する化学反応領域、気孔内拡散領域、質量移行領域での反応速度の温度依存性

酸化反応曲線を図 6.3-2 に、炭酸ガス、水蒸気、酸素との反応について示す[EM-68]。この図において、低温での活性化エネルギーは、酸素との反応の場合 30〜63 kcal/mole, 炭酸ガスとの反応の場合、約 90 kcal/mole、水蒸気との反応の場合、60〜80 kcal/mole である。この活性化エネルギーの値は組織、黒鉛化度及び不純物等によって変わってくると考えられる。しかし、黒鉛化度の反応活性に及ぼす影響はあまり大きくないと言われている[IH-75]。

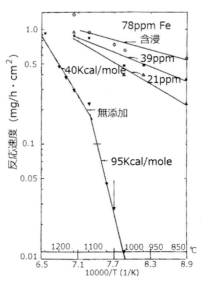

図 6.3-3 黒鉛の炭酸ガスとの反応に及ぼす微量鉄の触媒効果[IH-84]

黒鉛のガス化反応が含有不純物によって影響を受けることはよく知られており、触媒効果と呼ばれている。炭素と炭酸ガスとの反応における鉄の触媒効果の例を図 6.3-3 に示す。鉄の微量添加によって反応速度が大きく増加しているのが分かる。図によると、1000℃で 50〜80 倍増加している。この場合活性な鉄は金属又は炭化物などの化学形をとるといわれている。不純物効果としてはほとんどのものが化学反応を加速するとされている。アルカリ金属や遷移金属はいずれのガス化反応でも非常に大きな触媒効果を示すことが知られている。

6.4 酸化重量減

炭素材料は空気酸化等の酸化により表面及び内部が酸化され、重量が減少し、密度は減少する。IG-11 黒鉛の空気酸化の場合、約 500℃以下では、均一に酸化され、表面から内部まで、密度の分布はほとんどない。すなわちこの温度領域は化学反応領域に相当する。しかし、500℃以上では、表面が主として酸化され、内部へ行くに従って、密度変化が小さくなる。500℃と 700℃で酸化した試験片内部の密度変化を図 6.4-1 と図 6.4-2 に示す[OT-82]。700℃は、ほぼ質量移行領

第6章 炭素・黒鉛材料の化学的性質

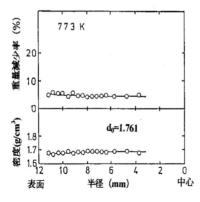

図 6.4-1 773K で酸化された試験片内密度分布[OT-82]

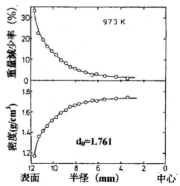

図 6.4-2 973K で酸化された試験片内の密度分布[OT-82]

域に対応し、表面近くの密度減少が著しくなっていることが分かる。

6.5 酸化による機械的性質の変化

　高温ヘリウムガス冷却炉の安全性評価において、事故時、配管破断事故の際外部から空気が炉内に侵入し、高温の炉心黒鉛材料に触れて黒鉛を酸化させ、その結果、機械的性質の劣化を招く可能性がある。このことは安全性評価の上で大変重要な問題であり、設計時において、原子炉の安全性を評価・確認しておくことが重要かつ必要なことである。500℃以下の酸化では、炭素材料はほぼ均質な密度変化を生じることを前節で述べた。ここでは、500℃の化学反応領域でのほぼ均一な空気酸化による諸特性の変化に関する結果を次に示す。

　空気酸化前後の密度をそれぞれ ρ_0、ρ とし、酸化前後の特性を S_0, S とすれば、酸化前後の関係を次式で表すことができる。

$$S/S_0 = (\rho/\rho_0)^m \qquad (6.5\text{-}1)$$

ここで、特性 S として微粒等方性黒鉛（IG-11）のヤング率、引張強さ、破壊靭性値に関する結果を図 6.5-1、図 6.5-2、

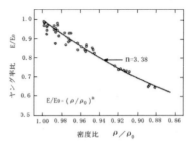

図 6.5-1 微粒等方性黒鉛（IG-11）の酸化前後の密度比に対するヤング率の変化[IS-86]

53

図 6.5-3 に示す。酸化前後のヤング率、引張強さ、破壊靭性値はそれぞれ次の式で表される。

$E/E_0 = (\rho/\rho_0)^{3.38}$ (6.5-2)

$\sigma_t/\sigma_{t0} = (\rho/\rho_0)^{5.28}$ (6.5-3)

$K_{IC}/K_{IC0} = (\rho/\rho_0)^{2.94}$ (6.5-4)

いずれの場合も酸化重量減に対して特性が減少している。約 10%の重量減少に対して、ヤング

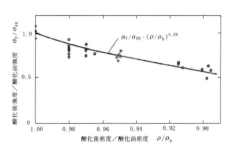

図 6.5-2 微粒等方性黒鉛（IG-11）の酸化前後の密度比に対する引張強さの変化[IS-86]

率と破壊靭性値は約 30%減少し、引張強さは約 50%減少していることが分かる。

次に、黒鉛と C/C コンポジットを比較した例を示す。微粒等方性黒鉛(IG-110、IG-110U と IG-430U)及び C/C コンポジット(CX-2002U)のヤング率、曲げ強さ、ロックウェル硬さ及び破壊靭性値の 500℃での空気酸化による変化を調べた結果、いずれの特性も酸化重量減の増加に伴い、減少していく傾向を示している[KA-97]。各特性 S の酸化重量減 B に対する関係は次の(6.5-5)式で表され、各特性に対する係数 S_0 と B は表 6.5-1 に示されている。黒鉛と C/C コンポジットを比較すると硬さ以外の特性は後者の方が同じ酸化重量減に対する特性の減少率は小さいことが分かる。

$S = S_0 \exp(-nB)$ (6.5-5)

ここで、S は酸化後の特性の値、S_0 は酸化前の特性の値で、n は特性の減少の程度を示す係数である。なお、n は黒鉛では 0.041〜0.117、C/C コンポジットでは 0.039〜0.101 となって

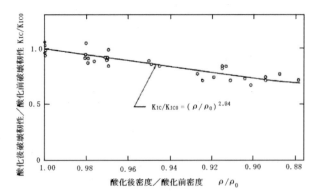

図 6.5-3 微粒等方性黒鉛（IG-11）の酸化前後の密度比に対する破壊靭性の変化[IS-86]

表 6.5-1 特性 S の酸化重量減 B(%)との関係、S=S₀exp(-nB)における材料定数，S_0 と n [KA-97]

特性，S	CX-2002U(//)		IG-430U		IG-110U		IG-110	
	S_0	n	S_0	n	S_0	n	S_0	n
ヤング率 E (GPa)	12.3	0.039	11.8	0.074	10.0	0.100	9.7	0.109
曲げ強さ σ (MPa)	41.9	0.045	47.3	0.065	39.3	0.117	37.0	0.104
ロックウエル硬さ	44.3	0.101	82.0	0.041	73.9	0.088	73.2	0.084
モードI破壊靭性K_{IC} (MPam$^{1/2}$)	1.19	0.040	0.91	0.109	0.85	0.103	0.85	0.087

いる。

次に、微粒等方性黒鉛(IG-11)について酸化前後のき裂進展速度を調べた例を図 6.5-4 と図 6.5-5 に示す。ここでは、き裂の進展量が荷重を 10^5 回繰り返し負荷しても $10\mu m$ 以上の変化を示さなかった時の応力拡大係数範囲 ΔK をしきい応力拡大係数範囲 ΔK_{th} と定義している。その結果、酸化後の試験片については ΔK_{th} の値が密度の減少に伴い低下することが分かった。それは図 6.5-4 に示すように次式で表される。

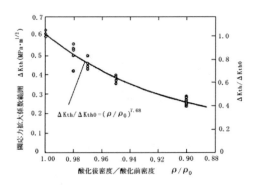

図 6.5-4 微粒等方性黒鉛（IG-11）の酸化前後の密度比に対するしきい応力拡大係数幅（ΔK_{th}）の変化[IS-86]

$$\Delta K_{th}/\Delta K_{th0} = (\rho/\rho_0)^{7.68} \tag{6.5-6}$$

このように酸化消耗の進展に伴うしきい応力拡大係数範囲の変化を考慮して、き裂進展速度データを整理したのが図 6.5-5 である。データはやや散らばってはいるが、これを 1 本の直線で近似すると次式が得られる。

$$da/dN=0.454(\Delta K-\Delta K_{th})^{4.0} \tag{6.5-7}$$

微粒等方性黒鉛(IG-110)の引張－引張疲労強度特性に及ぼす酸化重量減の影響について調べた結果[IS-87]によると、まず、酸化前後の密度変化と引張強度の関係を求めて、酸化前後の疲労曲線と関連づけることができることが分かっ

ている。すなわち酸化前後の見かけ密度をそれぞれ ρ_0 と ρ とし、また引張強度を $\overline{\sigma_{t0}}$（平均値）と σ_t としたとき、下記の(6.5-8)式が成り立つ。

$$\sigma_t / \overline{\sigma_{t0}} = (\rho/\rho_0)^n \quad (6.5\text{-}8)$$

IG-110黒鉛の場合、$n=6.24$ となる[IS-87, IS-91]。酸化に伴う密度の変化を知り、酸化前の疲労曲線が分かれば、酸化後の疲労挙動も推定できるということである。すなわち、酸化前後の疲労強度-寿命曲線は一つの式で次のように表すことができる。

$$log(\sigma_a/\sigma_{t0})(\rho/\rho_0)^{6.24} = A + B log N_f \quad (6.5\text{-}9)$$

ここで、σ_a は疲労試験における付加応力である。この式でデータを整理したのが図6.5-6である。その結果、酸化前後の疲労寿命データがほぼ一本の直線で表されているとみることができる。

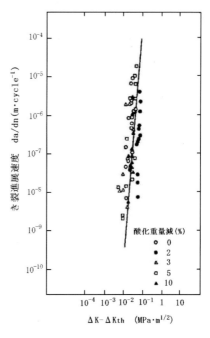

図6.5-5 微粒等方性黒鉛（IG-11）の酸化前後のき裂進展速度の変化[IS-86]

6.6 放射線酸化

放射線酸化は放射線が黒鉛の酸化速度に及ぼす影響と酸化による重量減の特性への影響が大きい場合問題となる。英国で開発され、発電用として実用化された黒鉛減速炭酸ガス冷却炉は当初マグノックス

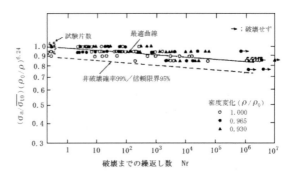

図6.5-6 微粒等方性黒鉛（IG-11）の酸化前後の試験片の疲労S-N曲線（応力比R=0）[IS-91]

炉（GCR: Gas Cooled Reactor）といわれ、その後、熱効率を上げ、出口温度と冷却材圧力を上げて経済性向上を図った改良型炭酸ガス冷却炉（AGR: Advanced Gas Cooled Reactor）へ移行した。黒鉛減速高温ヘリウムガス冷却炉（HTGR: High Temperature Gas Cooled Reactor)は米国で設計、発電炉も建設された。以下、炭酸ガス冷却炉とヘリウムガス冷却炉における放射線酸化問題の概要を説明する。

6.6.1 炭酸ガス冷却炉の場合

原子炉の運転中、発生する放射線（α、β、γ、中性子、重イオンなど）が冷却材の炭酸ガスにエネルギーを与え、これを活性化し、高温酸化と同様に黒鉛を酸化消耗させることが分かっている。この現象の特徴は通常酸化が起こり難い低温でも緩やかに酸化が進行するということである。

黒鉛の酸化反応の機構は次のように理解されている。冷却材の炭酸ガス CO_2 が放射線からエネルギーを付与され、活性化状態の CO_2^* となる。これが黒鉛と反応し、一酸化炭素 CO になる。すなわち

$$CO_2^* + C(黒鉛) \rightarrow 2CO \qquad (6.6-1)$$

CO_2^*(活性化状態)というのは、一般に負の電荷をもつ CO_3^- であると理解されている[BT-99, MP-95]。放射線酸化反応は主として黒鉛中の開気孔を通じて起こる。その反応速度は気体中での放射線のエネルギー付与の割合に比例する。このことから反応速度は冷却材の圧力におよそ比例する。酸化性の活性種 CO_2^* は一度生成されると多くの分子との相互作用によって気相で非活性化状態に変わる可能性がある。したがって、黒鉛の放射線酸化速度は CO, H_2, H_2O(水蒸気), CH_4 などの気体の酸化抑制剤によって低下する。

実際の炭酸ガス冷却炉での放射線酸化の抑制は次のように行われている。マグノックス炉（GCR）の場合、冷却材の炭酸ガス中に数%の CO を添加することによって達成される。改良型炭酸ガス冷却炉（AGR）の場合、冷却材の圧力が約 4.2MPa であり、GCR の場合の約 2.7MPa に比べて高いので、冷却材にメタン（CH_4）を添加して酸化反応を抑制している。

放射線を受けて生成した酸化性活性種 CO_2^*（または CO_3^-）は黒鉛の表面及び開気孔を通じて不活性になるまで移動していく。浅い開気孔では内面全体を酸化する可能性があり、深い開気孔では途中で不活性になる。したがって、黒鉛の放射線酸化速度は全体の気孔率と気孔径分布の両方に依存して変わってく

ることが考えられる。

　一酸化炭素やメタンなどが黒鉛の酸化活性を抑制する機構はまだ十分解明されてはいないが、簡単に言えば、CO_2 中に作られる酸化活性種 CO_2^* が H_2, H_2O(気体)、CO、CH_4 などの分子と反応して不活性になるということである。酸化活性種によって黒鉛の表面が酸化されると、その酸化物が更なる酸化の保護の役目を果たすことになる。冷却材中に酸化抑制剤があるということは、黒鉛減速材の放射線酸化を完全に阻止できるものではないが、その酸化速度を許容レベルにまで減らすことができる。

　放射線酸化の過程では、酸化速度に比例して CO が生成され、同時に添加した酸化抑制剤がその効果を失う。多結晶黒鉛は複雑な気孔構造を持っており、およそ半分の気孔は互いに連結していて、気体冷却材の CO_2 に接している。CO_2 冷却材は拡散又は圧力勾配のもとでは透過し、黒鉛減速材の内部へ浸透していくことになる。黒鉛気孔中の冷却材の組成が局部的に変化していると、酸化速度もそれに応じて変化することになる。一般に、黒鉛の気孔中の気体の組成は気体の拡散率と透過率の両方に依存する。また、これらの特性は放射線酸化重量減と中性子照射によって誘起された黒鉛の組織構造の変化によって影響を受ける。

　次に諸特性に及ぼす放射線酸化の影響について概要を説明する。放射線酸化は強度、弾性率、破壊エネルギー、熱伝導率、透過率、拡散率などの特性に影響するが、熱膨張係数、ポアソン比には影響しない。強度、弾性率、破壊エネルギー、熱伝導率は放射線酸化重量減に対して、熱酸化の場合と同様に減少する傾向がある。データは（6.5-5）式と同様な指数関数で整理されている。例えば、5%の重量減について、熱酸化では約 30%特性が低下するのに対して、放射線酸化では、16%しか低下しない。つまり、放射線酸化の影響は熱酸化の影響よりやや小さいということができる。

6.6.2　ヘリウムガス冷却炉の場合

　ヘリウムガス冷却型原子炉の場合、放射線酸化の影響は、ヘリウム中の不純物（O_2, H_2, CO_2 等）の量に依存する。したがって、これらの不純物を少なくすることで、その影響を軽減できる。しかし、微量の不純物と放射線の相互作用による反応速度への影響が検討されている[IH-80]。それによると、放射線の酸

化への影響は、主としてガンマ線の影響によるものと考えて、検討した結果、酸化反応速度はガンマ線の線量率の高いところでは、加速効果があると予想される。しかし、放射線によって誘起される反応速度は、熱による反応速度の10,000分の1以下であるとされている。したがって、炭酸ガス冷却型炉の場合のような放射線酸化の影響は無視できるものと考えられた。しかしながら、第10章で述べるように一般的には中性子照射の影響により反応速度が変化することはあり得るが、冷却材喪失事故時のような場合を想定すると、空気が侵入してくる可能性の高い場所は中性子照射量の低い位置であり、中性子照射の影響は無視できる程度であると考えられる。

第6章の参考文献

[BT-99]T.D. Burchell, ed. Carbon Materials for Advanced Technologies, Pergamon, (1999)p.469.
[EM-68]M.R. Everette, D.V. Kinsey, E. Roemberg, 'Chemistry and Physics of Carbon, Vol.3, p.289.(1968).
[EM-91]M. Eto, T. Oku, T. Konishi, Carbon Vol. 29, No.1(1991)11-21.
[FC-63]C.G. von Fredersdorff and M.A. Elliott, 'Chemistry of Coal Utilization, Supplementary volume (H.H. Lowry, Ed.) John Wiley&Sons, New York, 1963, p.896.
[IAEA-00]IAEA-TECDOC-1154(2000), IAEA, p.159.
[IH-80]今井久ほか、JAERI-M 8848(1980).
[IH-84]今井久、炭素材料学会編「改訂炭素材料入門」1984, 7.炭素の化学的性質 pp.75-85.
[IS-86]石山新太郎、奥達雄、衛藤基邦、日本原子力学会誌 Vol.28, No.10(1986)966.
[IS-87]石山新太郎、衛藤基邦、奥達雄、日本原子力学会誌 Vol.29, No.7(1987)651.
[IS-91]S. Ishiyama, T. Oku, M. Eto, J. Nucl. Sci.& Tech. 28[5]472-483(1991).
[KA-97]車田亮ほか、日本機械学会論文集[A編]63（1997）838-844.
[KT-96]京谷隆、炭素材料学会編「新・炭素材料入門」リアライズ社、1996, 1.8炭素の化学的性質 pp.62-68.
[MP-95]P.C. Minshall, I.A. Sadler, A.J. Wickham, IAEA-TECDOC-901(1995)pp.181-191.
[OT-82] T. Oku, et al., Proc. Third Japan-U.S. Seminar on HTGR SafetyTechnology, June 2-3, 1982, Vol.II, p.500(1982).
[SS-90]S. Sato, et al., Nucl. Eng. and Design 118(1990)227.
[WP-59]P.L. Walker, et at., "Gas Reactions of Carbon", 'Advances in Catalysis', Vol. XI, 1959, Academic Press, pp.133-221.

7. 炭素・黒鉛材料の機械的性質

7.1 弾性定数
7.1.1 黒鉛単結晶の弾性定数

　原子力用炭素・黒鉛材料は多結晶体であり、黒鉛結晶のほかバインダー、気孔などから構成されている。黒鉛結晶は、結晶性の良い部分と結晶の一部が乱れた結晶性の良くない部分から成っている。ここでは、まず黒鉛単結晶の特性を把握することにより黒鉛材料の主な特徴を調べることにする。

　黒鉛の単結晶は、六方晶系に属しており、通常その特性は異方性を示す。六方基底面間の結合はファンデアワールス力であり、比較的弱く、基底面内の結合は共有結合であるため、強固である。すなわち、一般に、c軸(基底面に垂直)方向の強度は小さく、a軸(基底面に平行)方向の強度は大きい。基底面間の結合は弱いため、小さな応力でも簡単に変形するが、微小変形の範囲では、近似的にフック（Hooke）の法則が成り立つものとすれば、六方晶の場合、5個の独立な弾性コンプライアンス、$S_{11}, S_{12}, S_{13}, S_{33}, S_{44}$が存在する。基底面に平行な方向をx軸およびy軸方向とし、垂直な方向をz軸方向とすれば、ひずみεと応力σとの間には次式が成り立つ。

$$\varepsilon_{xx} = S_{11}\sigma_{xx} + S_{12}\sigma_{yy} + S_{13}\sigma_{zz}$$
$$\varepsilon_{yy} = S_{12}\sigma_{xx} + S_{11}\sigma_{yy} + S_{13}\sigma_{zz}$$
$$\varepsilon_{zz} = S_{13}\sigma_{xx} + S_{13}\sigma_{yy} + S_{33}\sigma_{zz} \qquad (7.1\text{-}1)$$

$\varepsilon_{yz} = S_{44}\sigma_{yz}$

$\varepsilon_{zx} = S_{44}\sigma_{zx}$

$\varepsilon_{xy} = 2(S_{11}-S_{12})\sigma_{xy}$

逆に,5個の弾性スティッフネス、$C_{11}, C_{12}, C_{13}, C_{33}, C_{44}$を用いて次式のように表すこともできる。

$\sigma_{xx} = C_{11}\varepsilon_{xx} + C_{12}\varepsilon_{yy} + C_{13}\varepsilon_{zz}$

$\sigma_{yy} = C_{12}\varepsilon_{xx} + C_{11}\varepsilon_{yy} + C_{13}\varepsilon_{zz}$

$\sigma_{zz} = C_{13}\varepsilon_{xx} + C_{13}\varepsilon_{yy} + C_{33}\varepsilon_{zz}$ (7.1-2)

$\sigma_{yz} = C_{44}\varepsilon_{yz}$

$\sigma_{zx} = C_{44}\varepsilon_{zx}$

$\sigma_{xy} = (1/2)(C_{11}-C_{12})\varepsilon_{xy}$

定数 S と C の間の関係および黒鉛単結晶についての弾性定数は次のようになる。すなわち、基底面に平行な方向のヤング率, $E_a=S_{11}^{-1}$（≒C_{11}）、基底面に垂直な方向（c軸方向）のヤング率, $E_c=S_{33}^{-1}$(≒C_{33}), 基底面に平行な方向の剛性率, $G_a=S_{44}^{-1}=C_{44}$ 及び基底面に垂直な方向の剛性率, $G_c= (1/2)(S_{11} - S_{12})^{-1}$ =$(1/2)(C_{11}-C_{12})$となる。ポアソン比（ν）としては独立なものが3個あり、それらは、$\nu_{12}=-S_{12}/S_{11}, \nu_{13}=-S_{13}/S_{33}, \nu_{23}=-S_{13}/S_{11}$,である。ここで、$\nu_{12}$は基底面に平行な方向の引張応力による同じ面内の収縮に関するポアソン比を示し、ν_{13}は基底面に垂直な方向の引張応力による基底面内の収縮に関するポアソン比を示す。また ν_{23}は基底面に平行な方向の引張応力よる基底面に垂直な方向

表 7.1-1 黒鉛単結晶の弾性コンプライアンスと弾性スティッフネス

弾性コンプライアンス/10^{-3}GPa^{-1}	弾性スティッフネス/GPa
$S_{11} = 0.98\pm 0.03$	$C_{11}=1060$
$S_{12} = -0.16\pm 0.06$	$C_{12}=180\pm 20$
$S_{13} = -0.33\pm 0.08$	$C_{13}=15\pm 5$
$S_{33} = 27.5\pm 1.0$	$C_{33}=36.5$
$S_{44} = 222$	$C_{44}=4.5$
$S_{11}-S_{12}=(C_{11}-C_{12})^{-1}$	$G_c=(1/2)(S_{11}-S_{12})^{-1}=440$

の収縮に関するポアソン比を示している。黒鉛単結晶の弾性コンプライアンスの実験値を弾性スティッフネスとともに表 7.1-1 に示す。単結晶のポアソン比はこの表と上記の式から ν_{12}=0.16, ν_{13}=0.012, ν_{23}=0.34 となる [SI-14]。

7.1.2 多結晶黒鉛材料の弾性定数

多結晶黒鉛材料の場合、黒鉛単結晶の集合体を含むと同時に、気孔、結晶性のよくない部分、非結晶性部分、格子欠陥・き裂などの欠陥等を含んでいる。多結晶黒鉛材料について、型込め成型時の加圧方向または、押し出し成型時の押し出し方向に垂直な方向を z 軸にとって微小ひずみと応力との関係から 5 つの独立な弾性コンプライアンス S_{ij} を単結晶の場合と同様に定めることができる。黒鉛のモデルとして、z 軸の回りに対称に分布している既知の結晶子分布を持っているものを仮定している。そのとき、多結晶に対する弾性コンプライアンスの値と単結晶に対する 5 つの弾性定数との関係はよく結晶化した等方性の無気孔黒鉛について一様応力の場合次式で近似できることが示されている [KB-81]。

$$\begin{aligned}
S_{11}' &= S_{44}\left(\frac{I_3}{2I_1} - \frac{3I_5}{8I_1}\right) \\
S_{12}' &= -S_{44}\left(\frac{I_5}{8I_1}\right) \\
S_{13}' &= S_{44}\left(-\frac{I_3}{2I_1} + \frac{I_5}{2I_1}\right) \\
S_{33}' &= S_{44}\left(\frac{I_3}{I_1} + \frac{I_5}{I_1}\right) \\
S_{44}' &= S_{44}\left(1 - \frac{5I_3}{2I_1} + \frac{2I_5}{I_1}\right)
\end{aligned} \qquad (7.1\text{-}3)$$

ここで、

$$I_n = \int_0^\pi I(\Phi) \sin^n\Phi \, d\Phi \qquad n = 1, 3, 5 \qquad (7.1\text{-}4)$$

である。関数 $I(\Phi)$ は、対称軸（型込め成形の加圧方向または押出し軸方向に垂直方向）と角度 Φ をなす六角網面の法線すなわち黒鉛結晶子の c 軸方向の単位立体角あたりの密度として定義される。等方性で、気孔がない場合、$I(\Phi)$ =一定として、I_3/I_1=2/3, I_5/I_1=8/15、で

$$S_{11}{}' = \frac{2}{15}S_{44},$$
$$S_{12}{}' = -\frac{1}{15}S_{44}, \quad\quad\quad (7.1\text{-}5)$$
$$S_{44}{}' = \frac{6}{15}S_{44}$$

となる。

弾性コンプライアンス（S_{ij}）とヤング率（E）、剛性率（μ）、ポアソン比（v）との関係は、$E=1/S_{11}{}'$, $\mu=1/S_{44}{}'$, $v=-S_{12}{}'/S_{11}{}'$ である。多結晶黒鉛の弾性定数の例を原子炉用黒鉛（PGAと等方性黒鉛A）について表7.1-2に示す。

表7.1-2 原子炉用黒鉛の弾性定数[OT-84]

弾性コンプライアンス	異方性黒鉛（PGA*）/GPa⁻¹			等方性黒鉛（A）/GPa⁻¹ 動的方法	(7.1-5)式による/GPa⁻¹
	引張り	圧縮	動的方法		
$S_{11}{}'$	0.185	0.215	0.215	0.137	0.030
$S_{12}{}'$	-0.029	-0.0291	-0.014	-0.0148	-0.0148
$S_{13}{}'$	-0.012	-0.0114	-0.0162	-	-
$S_{33}{}'$	0.102	0.111	0.1087		
$S_{44}{}'$	-	-	-	0.303	0.089

*押し出し材、ここでは、押し出し軸をz軸にとってあるので、押し出し軸に平行な方向のヤング率 E(//) は $1/S_{33}{}'$、押し出し軸に垂直な方向のヤング率 E(⊥) は $1/S_{11}{}'$ である。型込め材の場合はこの逆になる。

実験値と計算値を比較すると、$S_{12}{}'$は比較的よく一致するが、$S_{11}{}'$と$S_{44}{}'$の計算値は実験値よりかなり小さく一致しない。(7.1-5)式によるとポアソン比は0.5となるが、実際は気孔などの影響があるため0.1～0.2である。

7.1.3 弾性定数の測定値

黒鉛材料のヤング率は、通常、超音波伝播速度法または超音波共振法（動的方法）あるいは、引張り、圧縮、曲げ試験における応力-ひずみ曲線の原点での勾配から求められる（静的方法）。引張り試験等による場合、応力の低い領域から非直線性を示すので、ヤング率の値はひずみの測定精度に依存する。通常、静的方法による値は動的方法による値の80%程度となる[PR-75]。静的方法に

よるヤング率と動的方法によるヤング率の値を 3 種類の炭素・黒鉛材料について詳細に調べた結果では、約 0.1％のひずみに対応する静的ヤング率は動的方法によるヤング率の値の約 0.8 倍になること、および 0.02～0.05％のひずみに対応する静的方法によるヤング率の値はほぼ動的ヤング率の値に等しい [OT-93, OT-99]。このように、静的方法によりヤング率を求める場合、応力―ひずみ曲線を原点から直線とみなすことのできるひずみの量に注意する必要がある。

超音波伝播速度法では、材料が等方性であると仮定して、材料中の縦波の速度(V_l)、横波の速度(V_t)、ポアソン比(ν)および材料の密度(ρ)を用いて、次式から得られる。

$$\rho V_t^2 \frac{3V_l^2 - 4V_t^2}{V_l^2 - V_t^2} = 2\rho V_t^2(1+\nu) = \rho V_l^2 \frac{(1+\nu)(1-2\nu)}{1-\nu} \tag{7.1-6}$$

$$G = \rho V_t^2 = E/2(1+\nu) \tag{7.1-7}$$

$$\nu = \frac{3V_l^2 - 4V_t^2}{V_l^2 - V_t^2} \tag{7.1-8}$$

ここで、E は縦弾性係数（ヤング率）、G はせん断弾性係数（剛性率）である。超音波の伝播速度は、用いる超音波の周波数、試験片の長さおよび直径と波長の比に依存する。超音波の振動数が約 1MHz 以上のものを用いれば、ほぼ一定の値が得られる[MT-82]。黒鉛材料が等方性であるという仮定の下では、上記の式から明らかなように 3 つの弾性定数 E, G, ν の中で独立なものは二つである。あるいは縦波の速度と横波の速度が得られれば 3 個の弾性定数が定まるということである。

7.1.4 ヤング率に及ぼす付加応力と温度の影響

黒鉛材料に引張または圧縮予応力を付加すると付加応力の大きさに依存して応力

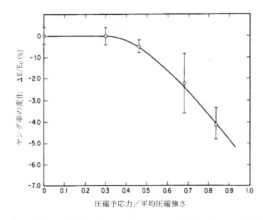

図 7.1-1 圧縮予応力を付加した試験片のヤング率の変化。平均圧縮強さの 40％を超えるとヤング率が減少する傾向がみられる。[IS-88]

付加方向のヤング率が減少することが知られている[AP-58, LH-62, JG-62,OT-73,OT-74]。圧縮予応力増加に伴うヤング率の減少の様子を図 7.1-1 に示す。平均圧縮強さの 40%を超えるとヤング率が減少する傾向がみられる。これは、予応力を付加することにより黒鉛材料の微細構造、すなわち結晶子及び気孔の寸法・形状が変化し、ヤング率の低下に寄与する

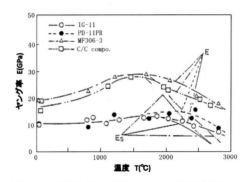

図 7.1-2 黒鉛材料の高温でのヤング率の変化 [SS-85]。Es は正割弾性率を示す。

ことによる[OT-93, OT-99]。小さい応力では、結晶部のすべり変形及び微小き裂の生成が起こる。これは気孔率の増加に反映する。そのほか気孔の変形も起こると考えられる。結晶子部分は変形のみならず、六角網目結晶の底面が応力付加にともない、応力付加方向に平行になるように回転することが予想される。実際に気孔率の増加および結晶の回転を示した報告がある[OT-77, OT-95, OT-98]。

黒鉛材料の高温におけるヤング率(E)の温度(T)依存性を測定した結果によると、ほぼ400℃で極小となり、1000℃ぐらいまではほとんど大きな変化はなく、1500〜1800℃で極大点に達する [SS-85]。その様子を図 7.1-2 に示す。高温におけるヤング率の増加は黒鉛中の気孔あるいはき裂が温度上昇に伴い熱膨張により閉じていくことに起因しているものと考えられる。

黒鉛に繰り返し応力を付加することによってヤング率が低下し、強度も低下することが知られている[YS-83, EM-73, SH-81]。これは、繰り返し応力の付加に伴い、黒鉛中に生じた微小き裂がそれらに寄与しているものと考えられる。

7.2 応力-ひずみ関係

黒鉛の引張強さは圧縮強さの約3分の1から4分の1であり、応力-ひずみ関係は応力の小さい領域から非直線性を示すのが特徴である。微粒等方性黒鉛 IG-11 と粗粒異方性黒鉛 PGX に対する応力-ひずみ関係を図 7.2-1 に示す。引張り、圧縮ともに応力付加の初期から非線形的挙動を示す。各種黒鉛材料の破壊

時の最大応力すなわち引張強さは 5〜30MPa、圧縮強さは 30〜80MPa、破壊までのひずみは引張りで、0.2〜0.5%、圧縮で 3〜5%である。応力-ひずみ関係を小さな応力・ひずみの段階で詳細に調べてみると、小さな応力を加えて元に戻してもひずみはゼロにはならず、残留ひずみを示す。これは、引張、圧縮応力の如何によらないが、圧縮残留ひずみの方が引張残留ひずみより大きい。引張と圧縮の場合について図 7.2-2 と図 7.2-3 に示す。これらの図から応力またはひずみが増加するにつれて残留ひずみが大きくなることが分かる。また、応力-ひずみ

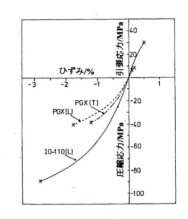

図 7.2-1 微粒等方性黒鉛(IG-110)と粗粒準等方性黒鉛(PGX)引張および圧縮応力-ひずみ曲線[OT-99]

関係を直線で近似してヤング率（ひずみに対する応力の比）を求めるとひずみあるいは応力の増加に伴い、ヤング率は減少していく[LH-62, OT-74, JG-62, YS-83]。

多結晶黒鉛材料の応力-ひずみ曲線は、厳密に言えばフックの法則の成り立つ範囲は存在せず、微小ひずみの場合でも非線形非弾性の挙動を示す。また、小

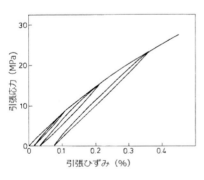

図 7.2-2 原子炉用黒鉛(IG-11)の引張応力繰り返し負荷、除荷に伴う応力ひずみ曲線の変化[YS-83]

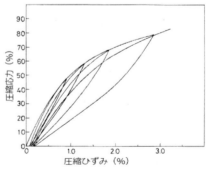

図 7.2-3 原子炉用黒鉛(IG-11)の圧縮応力繰り返し負荷、除荷に伴う応力-ひずみ曲線の変化[YS-83]

さな応力であっても図 7.2-2 と図 7.2-3 に示すように、繰り返し応力負荷および除荷によって残留ひずみを生じる。

多結晶黒鉛材料の応力-ひずみ曲線を表す式については多くの研究があるが、その中で Jenkins のものがもっともよく受け入れられている[JM-62, PR-75]。このモデルは個々の粒子の中に塑性ひずみのある限界量が生じることを仮定している。塑性ひずみを受ける粒子の数は付加応力の増加とともに増加する。これはバネと摩擦要素が直列に連結しているものと等価である。初期の曲線の式は

$$\varepsilon = A\sigma + B\sigma^2 \tag{7.2-1}$$

である。ここで、ε はひずみ、σ は応力、A は弾性率の逆数、B は塑性コンプライアンス・パラメータである。ピーク応力 σ_m とピークひずみ ε_m から除荷する場合の式は

$$\varepsilon_m - \varepsilon = A(\sigma_m - \sigma) + \frac{1}{2}B(\sigma_m - \sigma)^2 \tag{7.2-2}$$

σ_0 から再負荷する場合、

$$\varepsilon - \varepsilon_0 = A(\sigma - \sigma_0) + \frac{1}{2}B(\sigma - \sigma_0)^2 \tag{7.2-3}$$

となる。Jenkins の式は簡単な考えに基づいているにもかかわらず、原子炉用黒鉛の応力-ひずみ挙動が低ひずみの場合比較的よく合う。ただし、ひずみが破壊ひずみの 50-60% ぐらいまではよく合うが、高応力または高ひずみでは合わない。Jenkins の式を照射前後の黒鉛材料について検討した例があり、実験値とよく合うことが示されている[EM-75]。

黒鉛材料の応力-ひずみ関係は非直線的であるが、これを仮に直線とみなせば

$$\text{ひずみエネルギー} = \frac{\sigma^2}{2E} = \text{一定} \tag{7.2-4}$$

となるような破壊挙動を示すことになり、これから $\sigma^2 \propto E$ または、$\sigma \propto E^{1/2}$ のように、強度はヤング率の 2 分の 1 乗に比例することになる。この関係は低温（100～200℃）照射材の場合照射前後の材料について成り立つことが知られている[LH-62]。

7.3 引張・圧縮・曲げ破壊特性
7.3.1 黒鉛結晶の破壊

黒鉛単結晶の基底面間の結合はファンデアワールス力であり、基底面内の共有結合に比べて弱いため、基底面間の剥離は低い応力でも容易に起こる。基底

面の剥離に必要な最小の応力は熱分解黒鉛について約 0.4MPa と評価されている[SD-65]。基底面に平行な方向の引張強さは、100GPa 程度と評価されているが、実験的には得られていない。熱分解黒鉛では、約 300MPa、炭素（黒鉛）繊維では、3〜7GPa という値が通常得られている[TC-14]。

多結晶黒鉛の破壊は、き裂等の欠陥を含む材料が一様応力場にある時の破壊応力を与える Griffith の式によって検討されている。Griffith の破壊条件は、き裂の伝播によるエネルギー解放率が新しい表面を形成するのに必要なエネルギーに等しくなることであり、次式で表される。

$$\sigma_f = \left(\frac{2\gamma E}{\pi C}\right)^{1/2} \tag{7.3-1}$$

ここで、σ_f は引張強さ、γ は単位面積当たりの表面エネルギー、E はヤング率、$2C$ は、き裂の長さである。今、微粒等方性黒鉛を例にとって、σ_f=20MPa, E=10GPa, γ として Taylor の値[TR-67]をとって γ≒15N/m とすれば、C≒0.24mm となる。この値はこの黒鉛のコークス粒子の平均の大きさ 20μm より大きい。しかし、気孔の連結等の可能性を考慮すればこの値はそれほど不合理なものではない。

7.3.2 強度のばらつきの評価

多結晶黒鉛の強さは一般に、素材ブロック内の場所及び素材ブロックごとにばらつくのが普通である。これは最も弱い基底面方向がブロック内で不均一に分散していること、いろいろの大きさの気孔及びき裂がコークス粒内または粒間に分布していることなどによるものである。強さのばらつきは、通常、正規統計またはワイブル統計によって整理される。前者は平均値と標準偏差という 2 つのパラメータによって規定され、後者はワイブル係数と規格化因子等によって規定される。材料中の最弱部の連結破壊モデルに基づいて得られる分布の一つがワイブル分布であることから、実験結果とワイブル理論との比較検討が黒鉛材料について多く試みられている。両者の合致は部分的にはよいが、全体として、黒鉛はワイブル理論に合致する破壊挙動を示す材料であるとはいいきれない[OT-77]。従って、データ処理法としてワイブル統計を用いることは何ら問題ないが、ワイブル理論から導かれる応力分布や体積の影響については実験結果との対応を十分検討することが必要である。

黒鉛の破壊強度が正規分布に従う場合、破壊しない確率 S_f は次式によって表される。

$$S_f = 1 - P_f = 0.5 \pm \frac{1}{\sqrt{2\pi}\mu} \int_\sigma^\sigma \exp\left[-\frac{1}{2\mu^2}(\sigma - \bar{\sigma})^2\right] d\sigma \tag{7.3-2}$$

　ここで、P_f は破壊確率、$\bar{\sigma}$ は破壊強度の平均値、μ は標準偏差である。
　黒鉛の破壊強度がワイブル統計に従うとすれば、破壊しない確率 S_f は次式で表される。

$$S_f = 1 - P_f = \exp\left[-\int_V \left(\frac{\sigma - \sigma_u}{\sigma_0}\right)^m dV\right] \tag{7.3-3}$$

ここで、σ は引張破壊応力（引張り強さ、曲げ強さ）、σ_u はこの応力以下では破壊の確率がゼロとなる応力であり、σ_0 は規格化因子、V は引張応力部分の体積、m はワイブル係数である。単軸引張りの場合、上式は次のようになる。

$$S_f = \exp\left[-\left(\frac{\sigma_t - \sigma_u}{\sigma_{0t}}\right)^{m_t} V_t\right] \tag{7.3-4}$$

ここで、σ_t は引張り強さ、m_t は引張強さに対するワイブル係数、σ_{0t} は引張り強さに対する規格化因子、V_t は試験片の平行部の体積である。3 点曲げ試験や、4 点曲げ試験のように応力分布がある場合、(7.3-3)式の積分を実行することにより応力分布の項と試験片体積の項の両方がでてくる。
　角棒の 4 点曲げ試験の場合、$\sigma_u=0$ とすれば、(7.3-3)式は次のようになる。

$$S_f = \exp\left[-\left(\frac{\sigma_b}{\sigma_{0b}}\right)^{m_b} \left\{\frac{V_c}{2(m_b+1)} + \frac{V_o}{2(m_b+1)^2}\right\}\right] \tag{7.3-5}$$

ここで、σ_b は曲げ強さ、m_b は曲げ強さに対するワイブル係数、σ_{0b} は曲げ強さに対する規格化因子、V_c は内スパンの間の体積、V_o は内スパンと外スパンとの間の体積である。一方、単軸引張試験の場合、

$$S_f = \exp\left[-\left(\frac{\sigma_t}{\sigma_{0t}}\right)^{m_t} V_t\right] \tag{7.3-6}$$

ここで、V_t は平行部の体積である。
　今、$m_b=m_t=m$, $\sigma_{0b}=\sigma_{0t}=\sigma_0$ とすれば、S_f（4 点曲げ試験）$=S_f$（引張り試験）

として、(7.3-7)の関係が得られる。

$$\frac{\sigma_b}{\sigma_t} = [2(m+1)]^{1/m} \left[\frac{V_t}{V_C + \frac{1}{m+1}V_0} \right]^{1/m} \quad (7.3\text{-}7)$$

これは、曲げ強さと引張り強さとの関係を与えるものである。ここで、右辺の最初の[]部分は応力分布の影響を示し、次の[]部分は試験片体積の影響を示している。(7.3-7) 式を実験値と比較すると、一般に、σ_b/σ_tの値は実験値 1.5～2.0 より小さく、体積効果は上式の方が過小評価となっている。

引張強さに及ぼす試験片体積の影響については(7.3-6)式から次式が得られる。

$$\frac{\sigma_{t1}}{\sigma_{t2}} = \left(\frac{V_{t2}}{V_{t1}} \right)^{\frac{1}{m}} \quad (7.3\text{-}8)$$

多結晶黒鉛材料の圧縮破壊は主にせん断モードで起こる。圧縮破壊強度すなわち圧縮強さは引張強さや曲げ強さよりも大きく、引張強さの 3～4 倍程度あり、曲げ強さはその中間にある。曲げ試験では 3 点曲げ試験、4 点曲げ試験のいずれの場合も引張応力と圧縮応力の両方の応力が作用し、最後は引張応力で破壊する。その値が上記の σ_b である。

7.3.3 高温強度

多結晶黒鉛材料の強度は、室温から 1200℃程度までは吸着ガスの影響（7.3.4 参照）があり、熱処理することにより、ガス脱着のため強度が増加することが知られている [MT-92]。したがって、室温から 1000℃程度までの温度での強度を問題にする場合には、吸着ガスの影響に留意して測定値を検討する必要がある。

1200℃から 2500℃程度までは温度上昇に伴い強度が増加し、2000～

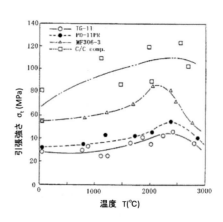

図 7.3-1 黒鉛材料の高温引張強さ[SS-85]

2300℃付近で極大になる傾向を示している。引張強さ（σ_t）に関して得られている結果を図 7.3-1 に示す[SS-85]。この図は図 7.1-4 のヤング率の温度依存性の傾向とよく似ていることが分かる。

表 7.3-1　微粒等方性黒鉛（ETP-10）の室温 4 点曲げ強度に及ぼす試験雰囲気の影響[MT-92]

試験条件	脱ガス処理	4点曲げ強度 (MPa)	試験片数	強度増加率 (%)
空気中	-	52±3.2	12	-
空気中	500℃, 30min	52±1.9	12	-
真空中	1200℃, 30min	75±11	12	47
(1.3×10^{-4}Pa)	500℃, 30min	75±10	12	45
He雰囲気中 (H_2O:3ppm)	500℃, 15min	64±5.7	23	23

　高温での強度増加は、ヤング率の場合と同様に、温度上昇に伴い結晶底面間の熱膨張のため、内在するき裂が次第に閉じていき、強度の増加を招いているものと理解されている。

7.3.4 吸着ガスの影響

　黒鉛材料は多孔質であるため、大気中に放置すると、その時期の気候や周囲の雰囲気に応じて、材料内部の気孔表面等に O_2, H_2O, H_2, CO, CO_2 などの気体が物理的に吸着することがある。そこで、そのような状態で強度や靭性を測定した場合と高温真空中で測定あるいは熱処理して測定した場合とでは異なる値を示すことが知られている。高温真空中で熱処理することにより、吸着ガスが取り除かれて強度と靭性が高くなるという結果が得られている[MT-91, MT-92]。微粒等方性黒鉛（ETP-10, IG-110U, IG-430U）に関する実験結果を表 7.3-1 と表 7.3-2 に示す。この表から分かるように、強度は高温真空中で十分脱ガス処理を行うと大気中での測定値に比べて約 45％増加する。表が示すように破壊靭性値は真空中で加熱脱ガス処理を行うことにより、約 20％増加している。これらの結果は、吸着ガスにより表面エネルギーが減少していた分が取り除かれて大きくなることによって強度と靭性が上昇するものと考えられる[CA-64]。

表 7.3-2　微粒等方性黒鉛（IG-110U, IG-430U）の破壊靭性（SENB 法による）に及ぼす試験雰囲気の影響[MT-92]

黒鉛	試験条件	脱ガス処理	K_{IC} (MPa・$m^{1/2}$)	試験片数
IG-110U	空気中	-	0.74	10
	真空中 (2.8×10^{-3}Pa)	1200℃ 30min	0.9	10
IG-430U	空気中	-	0.9	11
	真空中 (2.9×10^{-3}Pa)	1200℃ 30min	1.12	11

7.4 多軸応力下の破壊特性

引張・圧縮破壊はいずれも単軸破壊であるが、一般に構造物として黒鉛材料を使用する場合、構造物にはいろいろな方向から荷重がかかり、いわゆる多軸応力の状態に

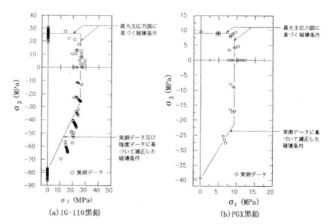

図 7.4-1 原子炉用黒鉛（IG-110&PGX）の 2 軸破壊基準[IT-91]
縦軸上データ群の＋は引張強さ、—は圧縮強さを示す。

ある場合が多い。したがって、そのような状態の下で、荷重や変形が増加していって破壊に至るとき、材料は多軸応力のもとで破壊することになり、単軸状態とは異なる挙動を示すのが普通である。黒鉛を原子炉構造物に使用する場合、多軸応力下の破壊基準は構造設計上必要な情報である。

原子炉用黒鉛の多軸応力下の破壊基準について、円筒状試験片を用いて単軸引張・圧縮と内圧の組み合わせで破壊条件を検討した結果、引張-引張の領域と引張-圧縮の領域において単軸引張強さよりわずかに小さな応力で破壊するという結果が得られている。[SS-86]

原子炉用微粒等方性黒鉛 IG-110 と粗粒準等方性黒鉛 PGX について、2 軸破壊基準を調べた結果を図 7.4-1 に示す [IT-91, HF-83]。図中、$\sigma_1=0$ におけるデータは単軸引張強さまたは圧縮強さを示す。この図も前述のように引張—引張の領域と引張-圧縮の領域において、単軸引張強さより小さい応力で破壊していることが分かる。引張-引張では主応力破壊からわずかにずれていることを示す。圧縮応力が大きい場合も単軸引張強さよりも小さな応力で破壊していることが分かる。これらの結果は後述のように構造設計において依拠すべき破壊基準を策定する際考慮すべきことである。

7.5 破壊力学特性

7.5.1 破壊靱性

き裂を内部に含む材料または構造物の破壊挙動を取り扱うのが破壊力学である。破壊力学において重要な力学パラメータは、応力拡大係数、エネルギー解放率、き裂開口変位、破壊靱性値、き裂成長速度（き裂進展速度）等であり、破壊に直接関係するパラメータは最後の二つである。

炭素材料は、き裂に相当する欠陥をたくさん含んでいる。すなわち、基底面に平行に内在するき裂（Mrozowski crack）や大小様々な気孔はき裂に相当する欠陥とみなすことができる。このような欠陥を起点として単一応力あるいは繰り返し応力の負荷によって、き裂が発生、成長または進展して不安定破壊にいたることがある。き裂進展の形態は、き裂先端近傍のき裂面と作用する力の方向によって三つの場合に分類される（図 7.5-1）。一つは、き裂面に垂直に力が作用している場合で、モードⅠ（開口型）という。二つ目は、き裂面に平行で、かつき裂前縁の接線方向に垂直に力が作用する場合で、モードⅡ（面内せん断型）という。三つ目はき裂面に平行で、かつき裂前縁の接線方向に力が作用する場合で、モードⅢ（面外せん断型）という。

き裂を含む材料の破壊は、き裂が外力の作用によって進展するために生じると考えられる。今、き裂先端の曲率半径がゼロであるとし、長さ $2a$ のき裂が無限平板中にあって、このき裂に対して垂直な引張り応力 σ がき裂から遠方に作用していると考える。き裂の長さ方向を x 軸にとれば、y 軸方向の応力 σ_y は極座標 (r, θ) で表すと x 軸上では $\theta=0$ で、次式のようになる。

$$\sigma_y = \sigma \frac{\sqrt{a}}{\sqrt{2x}} = \sigma \frac{\sqrt{a}}{\sqrt{2r}} \qquad (7.5\text{-}1)$$

き裂の先端（r=0）では、応力は無限大となり、特異性を生じるため、Irwin により次の応力拡大係数なる量が定義された。

$$K = \lim_{r \to 0}\left\{ \sqrt{2\pi r}(\sigma_y) \right\} \qquad (7.5\text{-}2)$$

上記の二つの式からき裂を含む材料の応力拡大係数は三つのモードに対して一般に、

$$K = F\sigma\sqrt{\pi a} \qquad (7.5\text{-}3)$$

で表せる。F は材料の形状、き裂寸法および負荷方式に依存する無次元の定数である。

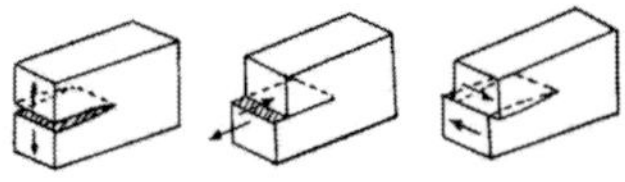

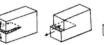

モードⅠ　モードⅡ　モードⅢ

図 7.5-1　き裂の 3 つの基本変形様式

き裂を含む弾性体が力を受けてき裂が進展する場合を考える。そのとき、き裂の進展によってき裂の面積が dA だけ増加したとすれば、この弾性体と外力の両者からなる系全体のポテンシャルエネルギー U は、dU だけ変化する。すなわち、き裂面の単位面積増加あたりのポテンシャルエネルギーの減少量を G とすれば、

$$G = -\frac{\partial U}{\partial A} \quad (7.5\text{-}4)$$

となる。すなわち、き裂の進展により単位面積あたりに解放されるエネルギーが G であり、これをエネルギー解放率という。エネルギー解放率と応力拡大係数との間には一義的な関係があり、それは、一般に次のようになる。

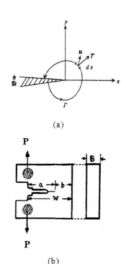

図 7.5-2　J 積分の経路(a)とコンパクトテンション(CT)試験片(b)

$$G = \frac{1}{E'}(K_I^2 + K_{II}^2) + \frac{1}{2\mu}K_{III}^2 \quad (7.5\text{-}5)$$

ここで、K_I, K_{II}, K_{III} はそれぞれモード I, II, III に対する応力拡大係数、μ は剛性率、E' は

$E' = E/(1-v^2)$ ：平面ひずみ状態 　　　　　　(7.5-6)

$E' = E$ 　　　　：平面応力状態

である。ここで、E はヤング率、v はポアソン比である。

完全弾性体中のき裂の進展は応力拡大係数によって表されるが、き裂先端で塑性変形を生じる場合、その変形が小規模降伏と呼ばれる小さな範囲に渡っているときは、応力拡大係数が近似的に適用できるとされている。変形の規模が大きくなって材料の厚さと同程度になると、もはや応力拡大係数は使えなくなる。炭素材料の中にはこのような場合に相当するものもある。すなわち、き裂先端の塑性変形の範囲が大きい場合、線形弾性破壊力学ではなく、弾塑性破壊力学を用いる必要がある。ここで、用いられるパラメータは、J 積分と呼ばれる量であり、次式で定義される。（図 7.5-2）

$$J = \int_\Gamma \left[W(\varepsilon)dy - T\frac{\partial u}{\partial x}ds \right] \quad (7.5\text{-}7)$$

表 7.5-1 各種黒鉛材料の破壊靭性値

黒鉛の種類	K_{IC} [MPa·m$^{1/2}$]	J_{IC} [J/m^2]	σ_t [MPa]	E [GPa]	a [10^{-3}m]
熱分解黒鉛 [PyG(A)]	2.50	178	-	35	-
微粒等方性黒鉛	0.963	87.1	25	10.4	0.47
異方性黒鉛 (A)	0.520	39.1	7.8	8.93	1.4
(R)	0.556	48.9	7.3	6.93	1.8

ここで、

$$W(\varepsilon) = \int_0^\varepsilon \sigma_{ij} d\varepsilon_{ij}$$ ：ひずみエネルギー密度

T：Γ 上の引張力ベクトル

u：変位ベクトル

ds：Γ 上の線績分

J 積分の値は積分経路 Γ にはよらない。J 積分の値は実験によって次のように求めることができる。すなわち、き裂を導入した 3 点曲げまたはコンパクトテンション試験片において荷重 P と荷重点変位 δ の関係を求めると

$$J = \frac{2}{bB} \int_0^\delta p d\delta \qquad (7.5\text{-}8)$$

によって J 積分値を求めることができる[NK-81]。線形弾性体の場合、J 値はき裂進展によるエネルギー解放率に等しく、応力拡大係数によって次のように表すことができる。

$$J = G = \frac{K_I^2}{E} \qquad (7.5\text{-}9)$$

き裂を含む完全弾性体の破壊条件はき裂が進展し始める点によって定義される。そのときのエネルギー解放率及び応力拡大係数をそれぞれ G_C, K_C とすれば、

$$G = G_C, \ K = K_C \qquad (7.5\text{-}10)$$

が破壊条件となる。従って、モードⅠ変形の場合、G_{IC} または K_{IC} となり、これらを線形弾性破壊靭性と呼んでいる。これらの値

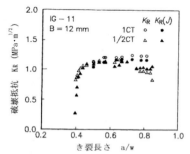

図 7.5-3 微粒等方性黒鉛（IG-11）の破壊抵抗（K_R）のき裂長さ（a/W）に対する曲線[KH-90]

は、試験片や部材にき裂が存在し、荷重をそれ以上変化させなくてもき裂が進展する場合に材料が示す抵抗値に相当する。

$K=K_{IC}$ のときの $a, σ, G_I$ をそれぞれ $a_c, σc$ 及び G_{IC} とすれば、有効き裂長さ a_C は次式で表される。

$$a_C = \frac{1}{\pi}\left(\frac{K_{IC}}{\sigma_C}\right)^2 \quad (7.5\text{-}11)$$

破壊靱性を実験的に求める方法は金属材料については、ASTM-E399 に規定されており、炭素材料の場合もこれに準じて求めることができる。すなわち、それは、3点曲げまたはコンパクトテンション（CT）試験片を用いる方法である。黒鉛の場合、これらの方法以外に切り欠き付き円板試験片を用いる方法も開発されている[AH-79a, -79b]。

黒鉛の代表的な破壊抵抗曲線を図7.5-3 に示す[KH-90]。この場合最大荷重点から K_{IC} の値を算出する。1/2CT

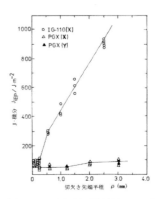

図 7.5-4　原子炉用黒鉛の J -積分値の切欠き先端半径依存性[OT-88b]

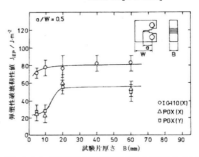

図 7.5-5　弾塑性破壊靱性値の試験片厚さ依存性[OT-88b]

の破壊抵抗 K_R は 1CT の K_R よりやや小さいので、それを弾塑性効果として説明するため J 積分値を求め、$K_R(J)$ を次式から計算してみる。

$$K_R(J) = \frac{J_R E}{1-\nu^2} \quad (7.5\text{-}12)$$

その結果、K_R と $K_R(J)$ を比較すると両者は精度内でほぼ同じであり、この材料の場合、破壊抵抗 K_R は J 積分を用いなくても K で記述できることを示している[KH-90]。各種黒鉛材料の破壊靱性値 K_{IC} として表 7.5-1 のような値が得られている[OT-84]。これらの値はおよそ 0.5〜2（MPa・$m^{1/2}$）である。

材料中のき裂先端近傍に塑性変形を生じながらき裂が進展していく場合、この材料の力学的挙動は弾塑性破壊力学によって記述できる。き裂の進展に伴う J 積分値の変化を調べ、き裂が進展し始めるときの J 積分の値を弾塑性破壊靱

性値と呼び、J_{IC} と表す。すなわち、この場合
の破壊条件は

$$J_I = J_{IC} \quad (7.5\text{-}13)$$

表 7.5-2　原子炉用黒鉛の弾塑性破壊靭性値[OT-84]

黒鉛の種類	$J_{IC}(J/m^2)$
微粒等方性黒鉛	102
異方性黒鉛(A)	50
異方性黒鉛(R)	80

となる。J_{IC} の値を実験的に求める方法としては ASTM E813 に金属材料の場合の規程がある。黒鉛材料の場合もいくつかの適用例があり[EN-83] [OT-84]、表 7.5-2 に示すような値が得られている。　き裂進展開始の J 積分値(J_{iEP})はき裂先端の曲率半径の関数になっており、微粒黒鉛ほど敏感であることが図 7.5-4 に示されている[OT-88b] 。J_{iEP} 値は試験片の厚さにも依存しており、図 7.5-5 に示すように、微粒黒鉛材料（IG-110）では 10mm 以上粗粒黒鉛材料（PGX）では一定の弾塑性破壊靭性値を得るには 20mm 以上の厚さが必要であることが分かる。

7.5.2 微細構造を考慮した破壊モデル

黒鉛の微細構造を単純化し、図 7.5-6 のような微細構造を仮定した破壊モデルが提案されている[BT-99]。すなわち、黒鉛は平均のフィラー粒子の大きさ a に等しい立方体状の粒子からなるものとし、これら各々の粒子の弱い面の方向（c 軸方向）は、応力の付加方向と角度 θ をなすものと仮定する。さらに、気孔がランダムに分布し、その断面積の大きさは対数正規分布とし、初期き裂として考える。すなわち、i 番目の気孔には応力拡大係数 K_i が対応するものとする。この K_i は負荷応力と線形破壊力学の原理により求めることができる。

図 7.5-7 に示すように、き裂先端から r の点で x 軸に対して角度 θ をなす面 x' に垂直な方向の応力 σ_{yy}' は次の式で表せる[BT-99]。

$$\sigma_{yy}' = \frac{K_i}{\sqrt{2\pi r}} \cos^3\left(\frac{\theta}{2}\right) \quad (7.5\text{-}14)$$

ここで、K_i は付加応力 σ の下でき裂長さ 2c の応力拡大係数である。
また、σ_{yy}' は x 軸からの角度 θ

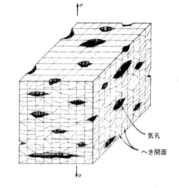

図 7.5-6　黒鉛の微細構造モデル

をなす面 x'軸の応力拡大係数 K_I によって次の式で表すことができる。

$$\sigma_{yy}' = \frac{K_I}{\sqrt{2\pi r}} \qquad (7.5\text{-}15)$$

ここで、

$$K_I = K_i \cos^3\left(\frac{\theta}{2}\right) \qquad (7.5\text{-}16)$$

粒子が破壊するとき、

$$K_I = K_i \cos^3\left(\frac{\theta}{2}\right) = K_{IC} \qquad (7.5\text{-}17)$$

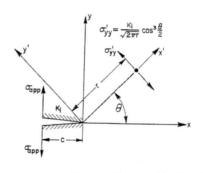

図 7.5-7 x軸よりθ傾いた x'軸に働く応力σy'

ここで、K_{IC} は黒鉛粒子の破壊に伴う臨界応力拡大係数である。

図 7.5-8 に示すように、角度θでの面の K_I が K_{IC} を超えたとき、角度θ以下のすべての面が破壊すると仮定される。このとき、1個の p 粒子の破壊確率 P_i は次式で書くことができる。

$$P_i = \frac{2\theta}{\pi} = \frac{4}{\pi}\cos^{-1}\left(\frac{K_{IC}}{K_i}\right)^{1/3} \qquad (7.5\text{-}18)$$

図 7.5-9 に示すように、試験片の幅を b、結晶粒の大きさを平均粒径長さ a の立方体とし、幅 b 内にある結晶粒全てが破壊したとき、き裂が a だけ進むものと仮定する。ここで、気孔率をξ、幅 b 内に存在する結晶粒の数を n_b とすると、

幅 b 内に存在する結晶粒の数 n_b は、

$$n_b = \frac{b(1-\xi)}{a} \qquad (7.5\text{-}19)$$

なお、ξは次式により定義する。

$$\xi = \frac{\rho_{th} - \rho}{\rho_{th}} \qquad (7.5\text{-}20)$$

なお、ρ_{th} は黒鉛の理論密度 (ρ_{th}=2.26 g/cm³)、ρは黒鉛の気孔を含む実際の密度で

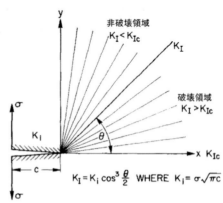

図 7.5-8 き裂先端から角度θ傾いた面の破壊

ある。

したがって、幅 b 内の結晶粒が全て破壊する確率 P_f は、結晶粒の数が n_b であるので

$$P_f = (P_i)^{n_b} = \left[\frac{4}{\pi}cos^{-1}\left(\frac{K_{IC}}{\sigma\sqrt{\pi c}}\right)^{\frac{1}{3}}\right]^{n_b} \qquad (7.5\text{-}21)$$

で求められる。この式で計算される確率は、き裂の長さの観点から考えると、長さ c のき裂が $c+a$ の長さとなる確率でもある。したがって、長さ $c+a$ のき裂が $c+2a$ となる確率は、

$$P_f = \left[\frac{4}{\pi}cos^{-1}\left(\frac{K_{IC}}{\sigma\sqrt{\pi(c+a)}}\right)^{\frac{1}{3}}\right]^{n_b} \qquad (7.5\text{-}22)$$

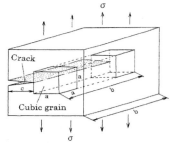

図 7.5-9 脆性破壊モデルで扱う結晶粒配列

となる。すなわち、長さ c のき裂が $c+2a$ のき裂長さに成長する確率は、(7.5-21)式と(7.5-22)式の積により求めることができる。このように、順次き裂の成長を考えると、長さ c のき裂が $c+ia$ の長さに成長する確率は、

$$P_f = \prod_{i=0}^{i}\left[\frac{4}{\pi}cos^{-1}\left(\frac{K_{IC}}{\sigma\sqrt{\pi(c+ia)}}\right)^{\frac{1}{3}}\right]^{n_b} \qquad (7.5\text{-}23)$$

で計算できる。ここで、両辺の対数をとり整理すると、

$$\ln P_f = n_b \cdot \sum_{i=0}^{i}\left[\frac{4}{\pi}cos^{-1}\left(\frac{K_{IC}}{\sigma\sqrt{\pi(c+ia)}}\right)^{\frac{1}{3}}\right] \qquad (7.5\text{-}24)$$

となる。上式は、積分近似することにより

$$\ln P_f \cong n_b \cdot \int_0^i\left[\frac{4}{\pi}cos^{-1}\left(\frac{K_{IC}}{\sigma\sqrt{\pi(c+ia)}}\right)^{\frac{1}{3}}\right]di \qquad (7.5\text{-}25)$$

で表せる。ここで、引張応力 σ のもとにき裂が成長し、$c+ia$ の長さに達したとき結晶粒の破壊確率が $P_i=1$ となるものとすると、(7.5-25)式はこのき裂を起点として全体破壊を生じる確率を表すことになる。すなわち、(7.5-25) 式により

表7.5-3　脆性破壊モデルの入力パラメータ[IM-02]

脆性破壊モデルのパラメータ	黒鉛	
	IG-110	PGX
粒径(μ m)	50	762
気孔数(x10^8/m^3)	26.2	0.187
平均気孔径(μ m)	18.4	238
気孔偏差パラメータ	2.0	1.73
粒子のK_{IC}(MPam$^{1/2}$)	0.225	0.225
密度(g/cm^3)	1.78	1.74

P_i=1となるiにより1個のき裂を起点とした全体破壊の確率が計算できる。

　黒鉛の微細構造として、上で述べたように気孔サイズの実測結果から対数正規分布を仮定する[BT-86]。そのとき、ある特定の欠陥に対してその欠陥の長さがcと$c+dc$の間にある確率は$f(c)dc$である。ここで、$f(c)$は次のように定義される。

$$f(c) = C \times \exp\left[-\frac{1}{2}\left(\frac{\ln 2c - \ln S_0}{\ln S_d}\right)^2\right] \quad (7.5\text{-}26)$$

ここで、S_0は平均の気孔サイズ、S_dは分布の広がりを表す定数である。

応力σの下で1個の欠陥の先端から破壊を生じる確率は(7.5-24)と(7.5-25)から次のように定義することができる。

$$P_{fc} = \int_0^\infty f(c)P_f(\sigma,c)dc \quad (7.5\text{-}27)$$

Vを試験片の体積、Nを単位体積あたりの気孔の数とすれば、試験片中にNV個の欠陥を含むことになる。各欠陥から破壊を生じない確率P_sは、1から破壊の確率を引いたもの

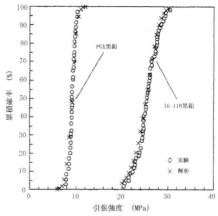

図 7.5-10 脆性破壊モデルの予測値と実験データとの比較[IM-02]

で、次式となる。

$$P_S = 1 - \int_0^\infty f(c)P_f(\sigma,c)dc \qquad (7.5\text{-}28)$$

2NV 個のき裂先端を含む体積Vの物体が応力σの下で破壊しない全体の確率は、$(P_S)^{2NV}$ であり、結局、試験片全体の破壊確率は次式のようになる。これが微細構造を考慮した破壊モデルによる破壊確率である。

$$P_{total} = 1 - (P_S)^{2NV} = 1 - \left[1 - \int_0^\infty f(c)P_f(\sigma,c)dc\right]^{2NV} \qquad (7.5\text{-}29)$$

微粒等方性黒鉛 IG-110 及び粗粒準等方性黒鉛 PGX について、表 7.5-3 の特性ラメータを入れて上式の値を計算し、実験値と比較すると図 7.5-10 が得られる。図から、モデルの予測が実験値と良く合致していることが分かる。

7.6 クリープ特性

黒鉛材料に一定温度で一定応力を付加すると時間の経過に伴い、変形を生じ、応力を除いても変形は元に戻らず永久変形を生じる。これがクリープ変形である。黒鉛材料の場合、金属材料と違って数 100℃程度の温度ではほとんどクリープ変形を生じない。すなわち、1000℃以下ではわずかにクリープ変形を生じるだけであるが、2000℃以上では、かなり大きいクリープ変形が認められている[MC-68, ZE-72, GW-68, JG-73, FE-78]。微粒黒鉛(POCO, ATJ)及び通常黒鉛(ATC)の 2200℃~2600℃でのクリープ曲線を図 7.6-1 に示す。温度、応力に依存して、数%以上の大きいクリープ変形を示していることが分かる。図にお

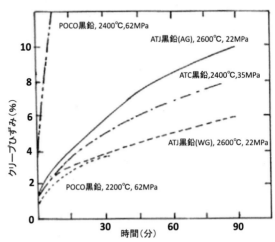

図 7.6-1　3 種の黒鉛の 2200℃,2400℃,2600℃、22MPa, 35MPa, 62MPa でのクリープひずみの変化曲線

いて、AGとWGはそれぞれc軸とa軸が優先配向となる方向である。

各種多結晶黒鉛の1000-3000℃での初期クリープ試験の結果によると、全ひずみεは次式で表すことができる。[MC-68]

$$\varepsilon = \frac{\sigma}{E_T} + f_1(\sigma) \cdot \log t \cdot \exp\left(-\frac{E_1}{kT}\right) + f_2(\sigma) \cdot t \cdot \exp\left(-\frac{E_2}{kT}\right) \tag{7.6-1}$$

ここで、σ は応力、E_T は温度 T でのヤング率、t は時間、E_1、E_2 は活性化エネルギーである。$f_1(\sigma), f_2(\sigma)$ は σ の関数で、$\sigma^m (m \geq 1)$ に比例することが知られている [DH-58, JG-63, WP-59, KW-66, GW-68b]。(7.6-1)式において、右辺の第1項は弾性ひずみ、第2項は遷移クリープひずみ、第3項は定常クリープひずみに対応している。また、クリープ速度、$\dot{\varepsilon} = k\sigma^m$ で表され、微粒黒鉛では m=8 である[GW-68b]。活性化エネルギーE_1=3～4.5eV[MC-51]であり、E_2=2～8eV である。

微粒黒鉛(POCO)の引張クリープ試験において、大きな伸びが観察されるにもかかわらず、断面積の収縮はあまり大きくなく、体積が14-18%増加していた[ZE-73]。これは微小き裂の形成およびき裂の開きによるものと考えられる。この考えをクリープ変形の理論としてGreenらは展開している [GW-70]。

7.7 疲労特性
7.7.1 静疲労と動疲労

静的破壊強度以下の応力であっても長時間その応力を保持するか、または繰り返し負荷することによって、黒鉛は破壊に至る可能性がある。前者は静疲労であり、後者を動疲労または繰り返し応力下の疲労と呼んでいる。これらの現象は微小き裂の成長によって起こるものと考えられる。Wilkins[WB-72]は黒鉛の曲げ静疲労に関して付加応力 σ_a を強度の統計的分布から求めた破壊応力 σ_i で規格化した対応応力 $\sigma_H(=\sigma_a/\sigma_i)$ を用いることによってデータの整理がよくできることを示した。静疲労は付加応力が破壊応力の90%以上の場合に問題となる。繰り返し応力の付加による黒鉛の疲労寿命に関するデータも対応応力 σ_H(σ_i として平均強さを用いることもある。) と疲労寿命サイクル N_f との関係としてよく整理される。ここで、対応応力(Homologous stress)σ_H とは、試験応力 σ_a を疲労試験に使用した試験片の推定強度 S_i で除した値、$\sigma_a/S_i(=\sigma_H)$ である。

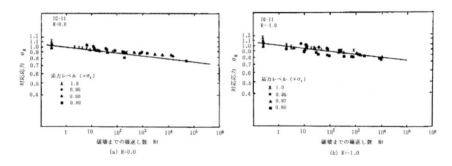

図 7.7-1 原子炉用微粒等方性黒鉛(IG-11)について対応応力で整理した疲労 S - N 曲線[IS-88]

ここで、推定強度 S_i というのは、疲労試験中 N_{fi} 回で破壊した試験片の破壊確率 $F(i)$ に対応する静的強度の値である。前提として静的強度の分布が必要である。寿命回数 N_{fi} の確率分布は次式を仮定する。破壊確率 $F(i)$ は

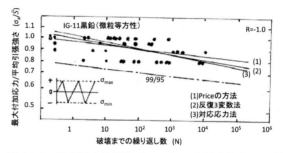

図 7.7-2 微粒等方性黒鉛（IG-11）の室温空気中での疲労データ。X/Y はすべてのデータの少なくとも X%が Y%の信頼度でこの直線より上側にあることを意味する。

$$F(i) = 1 - \exp\{-(N_{fi}/N_0)^m\} \tag{7.7-1}$$

ここで、$F(i)=i/(N+1)$;$i=1, 2, 3, --- N$;N は一定応力のもとでの総データ数、N_0、m はパラメータである。

実験データから S_i を求めるには次のようにする。まず、寿命—破壊確率曲線を $lnln(1/(1-F))$ と lnN_{fi} の関係から求める。これを用いて F に対応する強度 S_i が得られる。このようにして σ_H—N_f 曲線が得られる[IS-86]。図 7.7-1 は微粒等方性黒鉛 IG-11 について、R=0.0 と R=-1.0 の場合を示している。

Price[PR-78, 81]は原子炉用黒鉛の単軸引張り—圧縮疲労試験を行い、図 7.7-2 のように、その結果を(7.7-2)式によって統計的に整理している((1)の直線)。ここで、ε は平均値ゼロ、標準偏差 s の正規分布をするランダム変数であると

仮定している。α、β は定数である。また、$\sigma_H = \sigma_{max}/\sigma_t$（$\sigma_{max}$ は最大付加応力、σ_t は平均引張強さ）である。

$$\log \sigma_H = \alpha + \beta \log N_f + \varepsilon \quad (7.7\text{-}2)$$

これまでに各種黒鉛材料について疲労寿命に関するデータが得られているが[LH-70, BJ-77]、いずれも 10^5 回の寿命サイクルに対して σ_H として 0.4 以上の値すなわち $\sigma_{max}=0.4\sigma_t$ 以上の疲労強度となっている。

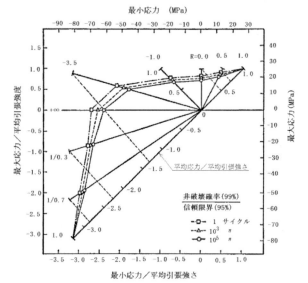

図 7.7-3 微粒等方性黒鉛(IG-11)に対する 99/95 等疲労寿命ダイアグラム（修正グッドマン線図）[IS-88]

疲労寿命は応力比 $R(=\sigma_{min}/\sigma_{max})$ にも依存し、いろいろの R についてデータを取得し、疲労グッドマン線図を作成しておけば、任意の応力モードに対して疲労寿命を評価できることになる。今までにいくつかの黒鉛についてグッドマン線図が得られている[PR-78, BR-77, EM-71]。図 7.7-3 は IG-11 黒鉛の修正グッドマン疲労線図を示している[IS-88]。ここで、R 値は 0.5、0.0、-1.0、-3.5、-∞、1/0.3、1/0.7 の場合について 99%/95% 下限曲線によって評価された値が示されている。この図から、疲労強度は R 値が減少するとともに減少し、R=-3.5 の場合、疲労強度の大きな減少がみられる。これは、1 回の疲労サイクルにおける予応力により IG-11 の引張強さが減少したことによる効果のためと考えられる。

表 7.7-1 いろいろな R-値に対する C と n の値

R 値	C	n
0.0	7.19x10^{-5}	20.8
0.3	1.03x10^{-2}	17.1
0.5	1.71x10^3	25.5
0.65	3.57x10^{23}	54.0
0.8	5.95x10^{25}	41.7

7.7.2 き裂進展特性と疲労寿命

微粒等方性黒鉛（IG-11）について、DCB（ダブル・カンチレバー・ビーム）試験片を用いてき裂進展速度に及ぼす応力比（R）の影響を調べた結果によるとき裂進展速度 *(da/dN)* は次式のような Paris の式によって表すことができることが分かった[IS-87]。

$$da/dN = C(\Delta K)^n \qquad (7.7\text{-}3)$$

ここで、N は荷重の繰り返し数、応力拡大係数範囲 $\Delta K = K_{max} - K_{min}$ であり、C, n は R に依存する定数である（表 7.7-1）。図 7.7-4 がその結果であり、応力比 R が 0 から大きくなるにつれて左側へ移動していることが分かる。10^5 回荷重を繰り返したのちき裂の長さが 10μm 以下の時の ΔK を ΔK_{th} と表し、応力拡大係数範囲のしきい値と定義する。この値以上でき裂進展が観測されるということである。この ΔK_{th} を用いて R との関係を調べると図 7.7-5 のようになり、次式で整理される。

$$\Delta K_{th} = \Delta K_{th0}(1-R)^A \qquad (7.7\text{-}4)$$

ここで、ΔK_{th0} は R=0 での ΔK_{th} の値であり、平均値は 0.637 (MPam$^{1/2}$)であり、*A*=0.89 である[IS-87]。

原子炉用黒鉛について、コンパクトテンション試験片を用いて繰り返し応力付加によるき裂伝播速度を調べた結果 R=0 の場合、き裂伝播速度 *da/dN* は *(ΔK-ΔK$_{th}$)* の *n* 乗に比例することを示した例[MP-73]がある。ここで、*n*=4，比例定数 *C=1.36x10^{-5}*，*ΔK$_{th}$=0.85(MPa√m)* である。

微小き裂を含む黒鉛材料に繰り返し荷重を加えることによって、$K<K_C$

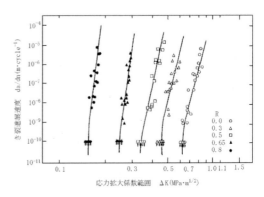

図 7.7-4 微粒等方性黒鉛(IG-11)の応力拡大係数範囲の関数としてのき裂進展速度 [IS-87]

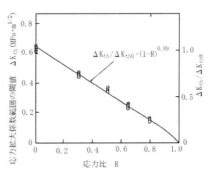

図 7.7-5 応力比 R の関数としての応力拡大係数範囲のしきい値 [IS-87]

であってもき裂が進展し、限界き裂に達すると破壊に至る。ここで、繰り返し荷重を加えることでき裂先端の応力拡大係数範囲が繰り返されることになり、き裂が進展する場合がある。き裂が最初の大きさから進展していき、応力拡大係数が破壊靭性値に相当する値に達すると破壊に至ることになる。(7.7-3) 式の関係から破壊に達するまでの荷重の繰り返し数 N_f と応力拡大係数範囲との関係を求めることができる。

今、黒鉛材料中に非破壊検査の検出能力の限界寸法 a_i が最大の欠陥（き裂）寸法と仮定する。この値が材料の使用期間の経過とともに進展していき、ある繰り返し数ののち破壊靭性値 K_c に対応するき裂寸法 a_c に達したとする。この時の繰り返し数 N_f が寿命ということになる。これらの関係は次のようにして得られる。(7.7-3) 式を積分すると次のようになる。

$$\int_0^{N_f} dN = C^{-1} \int_{a_i}^{a_c} (\Delta K)^{-n} da \tag{7.7-5}$$

ここで（7.5-3）式から

$$\Delta K = F\Delta\sigma\sqrt{\pi a} \tag{7.7-6}$$

を上式に代入して整理すると

$$N_f = 2(a_i^{-\frac{n-2}{2}} - a_c^{-\frac{n-2}{2}})/C(n-2)(F\Delta\sigma\sqrt{\pi})^n \tag{7.7-7}$$

となる。$a_i \ll a_c$ であれば、a_i の項に比べて a_c の項は無視できるので、a_i に対応する ΔK を ΔK_i とすれば、

$$(\Delta K_i)^n N_f = 2a_i/C(n-2) \tag{7.7-8}$$

が得られる。ここで、C, n と a_i がき裂伝播速度の式と非破壊検査から分かれば、疲労 S-N 曲線に対応する応力拡大係数範囲（ΔK_i）－疲労寿命（N_f）曲線が右下がりの曲線として得られることが (7.7-8) 式から分かる。これがき裂進展による疲労寿命を与える式である。

第7章の参考文献

[AH-79a]淡路、佐藤、炭素 1979[96]2(1979).
[AH-79b]淡路、佐藤、材料 1979[28]244(1979).
[AP-58]Par Ph.P. Arragon, R.M. Berthier, Industrial Carbon and Graphite, p.565(1958).
[BT-96]T. Burchell, Carbon, 34(1996)297-316.
[BT-99] T.D. Burchell, 'Carbon Materials for Advanced Technologies', Pergamon Press, 1999, p.515.
[CA-64]A.H. Cottrell, 'The Mechanical Properties of Matter', John Wiley&Sons, 1964.

[DH-58]H.W. Davidson, H.H.W. Losty, Nature 181, 1057(1958).
[EM-73]M. Eto , T. Oku, J. Nucl. Mat. 46, 315(1973).
[EM-75]M. Eto, T. Oku, J. Nuclear Materials, 57, 198(1975).
[EN-83]浴永直孝、炭素 1983（114）97（1983）.
[FE-78]E. Fitzer and A. Heym, High Temp.-High Press. 10, 29(1978).
[GW-68a]W.L. Greenstreet, ORNL-4327(1968).
[GW-68b]W.V. Green, G.E. Zukas, Carbon 6, 101(1968).
[GW-70]W.V. Green, J. Weertman,E.G. Zukas, Mat. Sci. Eng. 6, 199(1970).
[HF-83]F.H. Ho, et al., "Biaxial Failure Surfaces of 2020 and PGX Graphites", Paper No. L4/6, p.127, Transactions of the 7th International Conf. on Structural Mechanics in Reactor Technology (SMIRT), Chicago, IL. August 22, 1983.
[IM-02]石原正博、高橋常夫、材料、51(2002)425-430.
[IS-86]石山新太郎、奥達雄、JAERI-M86-145(1986).
[IS-87]S. Ishiyama, M. Eto, T. Oku, J. Nuclear Sci.&Tech., 24[9]pp.719-723(1987).
[IS-88]石山新太郎、奥達雄, 日本原子力学会誌, Vol.30, No.2, pp181-192(1988).
[IT-91]伊与久達夫ほか、JAERI-M91-070(1991).
[JG-62a]G.M. Jenkins, British J. Applied Physics 13, 30(1962).
[JG-62b]G.M. Jenkins, J. Nuclear Materials, 5, 280(1962).
[JG-63]G.M. Jenkins, Phil.mag.8, 903(1963).
[JG-73]G.M. Jenkins, "Chemistry and Physics of Carbon", vol.11, 189(1973).
[KB-81]B.T. Kelly, 'Physics of Graphite', Applied Science Publishers, London, 1981.
[KH-80]角井、奥、JAERI-M8808(1980).
[KH-86]H. Kakui, T.Oku,J. Nucl. Mater. 137(1986)124-129.
[KH-90]小林英男ほか、材料、39, 1076-1081(1990).
[KW-66]W.V. Kotlensky, Jet Propulsion Lab. Tech. Report 32-889(1966).
[LH-62]H.H.W. Losty, J.S. Orchard, Proc. Fifth Conf. on Carbon, Penn. State Univ., 519-532(1962).
[MC-51]C. Malmstrom, R. Keen, L. Green, J. Appl. Phys. 22, 593(1951).
[MC-68]C.L. Mantell, Carbon and Graphite Handbook, Interscience Pub., New York, 1968.
[MP-73]P. Marshall and E.K. Priddle, Carbon 11, 541(1973).
[MT-82]T. Maruyama, et al., Extended Abstracts, Int. Symposium on Carbon, Toyohashi, 236-239(1982).
[MT-92]丸山忠司、西村恭、炭素 *TANSO* 1992 [No.152] p.98-105.
[MW-72]W.C. Morgan, Carbon 10, 73(1972).
[NK-81]日本機械学会、"弾塑性破壊靭性 JIC 試験方法"、JSME S 001-1981.
[NK-98]K.Nakanishi, T.Arai and T.Burchell, Proc. Int. Sympo. On Carbon, Tokyo, 332(1998).
[OT-73]T. Oku, M. Eto, Carbon, 11(1973)639-647.
[OT-74]T. Oku, M. Eto, J. Nuclear Materials, 54, 245(1974).
[OT-77]T. Oku, T. Usui, M. Eto, Y. Fukuda, Carbon 15(1977), 3-8.
[OT-84]奥達雄、6.機械的性質、「改訂炭素材料入門」炭素材料学会 1984, 63-74.
[OT-88a]T. Oku et al., J. Nuclear Mater. 152(1988)225-234.
[OT-88b]奥達雄ほか、日本セラミックス協会論文誌, 96[7]773-777(1988).
[OT-93]T. Oku, M.Eto, Nuclear Eng. and Design 143(1993)239-243.
[OT-95]奥達雄ほか、日本機械学会論文集 A 編 61、590（1995）2185-2189.

[OT-98]T. Oku et al., J. Nuclear Materials, 258-263(1998)814-820.
[OT-99]奥達雄, 炭素 *TANSO* [No.188]143-146.
[PR-75]R.J. Price, GA-A13524(1975).
[PR-78]R.J. Price, Carbon, 16, 367(1978).
[PR-81]R.J. Price, GA-A16402(1981).
[RW-68]W.N. Reynolds, "Physical Properties of Graphite", Elsevier Pub. Co.,1968.
[SH-81]H. Suzuki, H. Maruyama, T. Oku, H. Kakui, High Temp.-High Press. 13, 145(1981).
[SI-14]I.L. Shabalin, "Ultra-High Temperature Materials I: Carbon (Graphene/Graphite) and Refractory Metals", Springer, 2014, p.69.
[SS-71]佐藤千之助ほか、材料　第20巻第210号409（1971）.
[SS-85]佐藤千之助ほか、日本材料強度学会誌第20巻第3号99-114(1985).
[SS-86]佐藤千之助ほか、日本原子力学会誌 Vol.28, No.12(1986)1172.
[TC-14]東レカタログ「高強度・高弾性率トレカ」2014.
[TR-67]R. Taylor, et al., Carbon 5, 519(1967).
[WB-72]B.J.S. Wilkins, J. Amer. Cer. Soc., 54, 593(1972).
[WP-59]P. Wagner and L.A. Haskin, J. Appl. Phys., 30,152(1959).
[YS-83]S. Yoda, M. Eto and T. Oku, J. Nucl. Mat, 119 278(1983).
[ZE-72]E.G. Zukas, W.V. Green, Carbon, Vol.10 (1972)519-522.
[ZE-73]E.G. Zukas, et al., Carbon, Vol.11 (1973)317-321.

8. 照射損傷の基礎

8.1 概要

　原子炉の炉心部の構成材料とくに燃料被覆材や圧力容器材などは、使用時間の経過とともに材料の諸特性が変化し、使用に耐えなくなる場合がある。このように原子炉中での材料の寿命を評価し、あるいは長寿命材料の開発のために、材料の特性変化に影響する原因となる材料における放射線損傷とその特性への影響の相関性を把握しておく必要がある。ここでは照射損傷の基礎的事項について概要を述べる。

　放射線粒子の材料に対する損傷としては、材料へのエネルギー伝達による電子励起、核変換、光電効果などおよび原子の結晶格子からのはじき出し損傷などがある。材料の特性変化に対しては、はじき出し損傷の影響が最も大きい。はじき出し損傷は主として高速中性子によって作られる。はじき出された原子が格子内にとどまれば格子間原子となり、後に空孔子を残す。ともに格子欠陥であり、これらが特性変化に影響する基本的な欠陥すなわち損傷である。この章では、原子炉中の燃料の核反応から生じる放射線が黒鉛材料に当たり、材料に損傷を与えるという問題の基礎事項と特に高速中性子による照射損傷の評価法について説明する。黒鉛材料が受ける放射線粒子としては、電荷をもたない中性子が材料の組織構造に大きな損傷を与え、その特性変化への影響が大きいので、主として中性子による照射損傷の場合について説明する。

材料中にはじき出し損傷が起こる過程としては、まず放射線粒子（特に高速中性子）によって材料中の原子が格子からはじき出される。これを1次はじき出し原子（Primary Knock-on Atom: PKA）という。この PKA が格子からのはじき出しエネルギーのしきい値（E_d）以上のエネルギーを持っている場合、さらに周囲の原子をはじき出す可能性を持っている。このようにして PKA は自身の持っているエネルギーが E_d 以下になるまではじき出し原子を生み出す。生じたはじき出し原子の総数を原子数当たりの割合で示したものがはじき出し損傷量（dpa, DPA: Displacement Per Atom）である。はじき出し損傷量の計算法の概要、中性子照射量との相関関係についても述べる。中性子照射量の測定評価法は、次章（照射技術）で説明する。

8.2 放射線と物質との相互作用
8.2.1 放射線粒子の種類

放射線粒子には、α線（粒子、He 原子核）、β線（粒子、電子(－＋)）、γ線（光子、電磁波）、中性子（n、電荷なし）、陽子（p、水素原子核）、重陽子（D、p2個）および重イオンなどがある。これらが、物質・材料中に入るとそのエネルギーの大きさによって材料に様々な損傷を作り出し、それが材料の特性を変化させる可能性がある。これらの放射線粒子を荷電粒子、γ線、中性子に分けてそれぞれの放射線と物質との相互作用を考える。その中ではじき出し損傷に焦点をあてて説明することにしたい。

8.2.2 荷電粒子との相互作用

物質と荷電粒子（α、β、p、イオン）との相互作用は、電気的クーロン力の作用によって生じる。荷電粒子が物質に入ってくると初めに電子励起を生じて大部分のエネルギーを失う。残りのエネルギーで弾性衝突によりはじき出し損傷を生じる可能性がある。相互作用のポテンシャルエネルギーは

$$V(r) = Z_1 Z_2 e^2 / r \qquad (8.2\text{-}1)$$

によって表され、相互作用の力は

$$F(r) = -\text{grad } V(r) \qquad (8.2\text{-}2)$$

によって表される。ここで、Z_1 は入射粒子の原子番号、Z_2 は標的粒子の原子番号である。e は電子の電荷量、r は二つの粒子間の距離である。

これらの量とエネルギー保存則、運動量保存則を用いれば、物質中で最初にはじき出される原子（1次はじき出し原子）の平均エネルギー $\overline{E_p}$ が次式のように得られる。

$$\overline{E_p} \cong E_d Ln(4E/AE_d), \qquad A = M_2/M_1 \tag{8.2-3}$$

ここで、E_d は入射粒子との衝突によって標的核がはじき出されるエネルギーのしきい値である。この PKA の平均エネルギーがはじき出し損傷量を評価する場合の基礎となる。

8.2.3 γ線との相互作用

物質とγ線との相互作用は、一つは光電効果、コンプトン効果および電子対創生によって生成する電子との相互作用、つまり荷電粒子との相互作用に帰着する。すなわち、原子炉で生成された約 0.1MeV 以上のエネルギーを持つγ線により、コンプトン散乱等からの生成電子による炭素原子のはじき出しの起こる可能性がある。もう一つは、(γ, n) 等の核反応によって生成した中性子との相互作用に基づくものである。この場合、生成した中性子のエネルギーによって、はじき出しが起こるかどうかが決まる。

8.2.4 中性子との相互作用

物質と中性子との相互作用は特に keV 以上の高速中性子の場合、原子のはじき出し損傷が大きく、これが材料特性に影響を与える点で重要である。熱中性子の場合、ウランとの核分裂反応以外に、(n, γ), (n, p) 等の核変換を生じ、材料を放射化し、放射能を生成することになる。特に、keV～MeV の高速中性子ははじき出し損傷を生じて、格子中に変位原子を多量に生成する。材料中で中性子がエネルギーを損失すると、材料が発熱することになる。高速中性子の場合、PKA の平均エネルギーは次式で与えられる。

$$\overline{E_p} = \frac{1}{2}(E_{pm} + E_d) \cong \frac{E_{pm}}{2} \cong \frac{2E}{A} \tag{8.2-4}$$

ここで、E_{pm} は PKA の最大エネルギー、E は入射中性子のエネルギー、A は標的原子の質量数である。

8.2.5 PKA の平均エネルギーの比較

表 8.2.1 黒鉛と鉄に対する平均の PKA エネルギー

標的原子	質量数、A	E_d/eV	入射粒子	$\overline{E_p}$/keV
C（黒鉛）	12	37.3	中性子(n)	166.7
			陽子(p)	237.5
Fe（鉄）	56	25	中性子(n)	35.7
			陽子(p)	198.9

PKA の平均エネルギーを入射粒子が 1MeV の中性子と荷電粒子として陽子の場合について比較してみる。標的原子としては黒鉛（炭素）と鉄の場合について考える。はじき出しエネルギーのしきい値、E_d は鉄の場合 25eV と仮定する。

黒鉛結晶の場合、後述のように（10 章の 10.1 参照）、いろいろの値が得られているが、ここでは、岩田、仁平による次の値を E_d の値として採用する。彼らは c 軸方向が 28eV, a 軸方向が 42eV という値を得ている。網目の底面に平行な方向にはすべて等しいと仮定すれば、結晶全体の平均値として 37.3eV を得る。これを E_d の値として用いた[IT-66, -67, KB-81]。 黒鉛と鉄の場合について、前記の式を用いて計算すると入射粒子が中性子と陽子の場合、表 8.2-1 のようになる。これらの値は一つの目安である。実際の原子炉での中性子の場合、中性子のエネルギースペクトルを考慮して計算することが必要である。

8.3 はじき出し損傷
8.3.1 DPA (Displacement per Atom)

次にはじき出し原子の総数（格子原子あたりの変位原子の総数＝dpa）について考える。ある放射線粒子が材料中に入射したとき、材料内の原子を最初にあった位置から何個はじき出すかという問題である。エネルギーE の入射粒子が物質内の原子に衝突して、最初にはじき出された原子がエネルギーE_p を持つとする。これが 1 次はじき出し原子（PKA）であり、この PKA がある値（E_d）以上のエネルギーを持っているとき、物質内の同種の原子を次々にはじき出していく過程をカスケード衝突という。E_p が E_d 以下になるとはじき出しは起こらなくなる。

エネルギーE の入射粒子の数を単位時間、単位面積当たり$\varphi(E, t)$とする。この入射粒子が標的原子に衝突して、エネルギーE_p の PKA を生じたとする。1 個

の PKA から生成するはじき出し原子の数を $\nu(E_p)$ とする。これをはじき出し損傷関数という。次に、入射粒子が PKA に与えるエネルギーが E_p と E_p+dE_p の間にある確率を $W(E, E_p)$ とすれば、PKA の微分散乱断面積は、

$$d\sigma_p(E, E_p) = \sigma_p(E, E_p) W(E, E_p) dE_p \tag{8.3-1}$$

となる。したがって、物質内の原子あたりの総はじき出し原子数、DPA（または dpa）は次式で与えられる。

$$\text{DPA} = \int_0^t dt \int_0^\infty dE \int_{E_d}^{E_{pm}} dE_p \, \varphi(E, t) \sigma_p(E, E_p) W(E, E_p) \nu(E_p) \tag{8.3-2}$$

以下、いくつかの仮定の下に、簡単な例で DPA の値を計算してみることにする。

8.3.2 K-P モデルによる試算

まず、$\nu(E_p)$ は Kinchin-Pease モデルによれば、ネズミ算式に増える 1 個の PKA によるはじき出し原子の総数として次のように表される。

$$\begin{aligned}
\nu(E_p) &= 0 & & E_p < E_d \\
&= 1 & & E_d \leq E_p < 2E_d \\
&= \frac{E_p}{2E_d} & & 2E_d \leq E_p
\end{aligned} \tag{8.3-3}$$

次に PKA エネルギースペクトル、$W(E, E_p)$ は入射粒子が中性子の場合、剛体球等方散乱を仮定すれば、

$$W_p(E, E_p) = 1/(E_{pm} - E_d) \tag{8.3-4}$$

これは、標的原子が決まれば右辺が決まり、一定の値をとることになる。次に入射粒子が荷電粒子の場合、非等方散乱を仮定すれば、

$$W_p(E, E_p) = \frac{E_{pm} E_d}{E_p^2 (E_{pm} - E_d)} \cong \frac{E_d}{E_p^2} \qquad (E_d \ll E_{pm}) \tag{8.3-5}$$

つまり、ほぼ E_p^2 に反比例することになる。入射粒子が γ 線の場合、電子励起とイオン化にエネルギーを消費するが、光電効果、コンプトン散乱、電子対創生などで高速電子を生成し、この電子によりはじき出しが起こる可能性があるが、電子のエネルギーに依存する。

以下のようないくつかの仮定を置いて、(8.3-2) の DPA を試算してみる。PKA の数の計算に Kinchin-Pease モデルを用いて、その他次のような簡単な仮定をする。入射粒子は中性子で、1MeV（単色）とする。イオン化エネルギーを E_I とすると、$E_p > E_I$ ではイオン化に利用される。

$$\sigma_p(E) = \frac{\sigma_s(E_{pm}-E_d)}{E_{pm}},$$

$$\nu(E_p) = \frac{E_p}{2E_d}, \qquad\qquad\qquad\qquad (8.3\text{-}6)$$

$$W(E, E_p) = \frac{1}{E_p - E_d}$$

σ s は散乱断面積で、炭素の場合 W(E, E_p)=1/(E_pm-E_d)、σ s =2x10^{-24}(cm^2) (E~1MeV) [σ $_s$=4.7x10^{-24}(cm^2) (E:1eV~0.1MeV)]、E_pm ≒ 4E/A=4x10^6/12 ≒ 3.3x10^5(eV), E_d=37.3(eV) φt=10^{21}(cm^{-2})と仮定すれば、イオン化エネルギーのしきい値 E_I≒A×10^3(eV)であるから、(8.3-2)の DPA は

1) $E_p < E_d$ ⇒ ν(E_p)=0 ⇒ DPA=0
2) $E_d \leq E_p \leq 2E_d$ ⇒ ν(E_p)=1 ⇒ DPA=φtσ$_s$E_d/E_pm ≒ 2.2×10^{-7} (dpa)
3) $2E_d \leq E_p \leq E_I$ ⇒ ν(E_p)=E_p/2E_d ⇒ DPA=φtσ$_s$(E_I^2-4E_d^2)/4E_dE_pm=5.85× 10^{-3}(dpa)
4) $E_I \leq E_p \leq E_{pm}$ ⇒ ν(E_p)=E_p/2E_d ⇒ DPA=φtσ$_s$E_I(E_pm-E_I)/2E_dE_pm=0.31(dpa)
5) DPA(total)≒0.316(dpa)

ここで、中性子照射量だけが1ケタ大きくなったとすると、DPA は1ケタ大きくなって 3.16(dpa)ということになる。

8.3.3 NRT(Norgett, Robinson, Torrens)モデルによる試算

ν(E_p)の計算モデルとして、一般に使用されている NRT モデルは次式で表される。

$$\nu(E_p) = \frac{0.8}{2E_d}E_D , \text{ここで } E_D = \frac{E_p}{1+kg(\epsilon)} \quad , \quad k=0.1337Z^{2/3}/A^{1/2} \quad , \quad \epsilon = E_p/86.931Z^{7/3}$$

$$g(\epsilon)=3.4008\,\epsilon^{1/6}+0.40244\,\epsilon^{3/4}+\epsilon \qquad\qquad (8.3\text{-}7)$$

ここで、E_D は損傷エネルギー、Z は原子番号、A は質量数である。炭素について、ν(E_p)を求め、散乱断面積のエネルギー依存性を考慮してはじき出し断面積を計算する。DPA 断面積は

$$\sigma_d(E) = \int_{E_d}^{E_m} \sigma_p(E, E_p) W(E, E_p) \nu(E_p) dE_p \qquad\qquad (8.3\text{-}8)$$

これとさらに中性子束スペクトルを用いて(8.3-2)式から DPA を次式のように

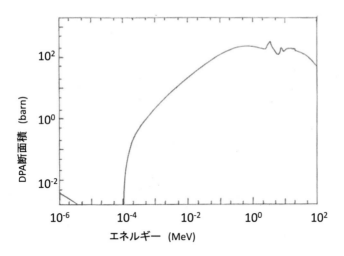

図 8.3-1 C-12 に対する DPA 断面積の中性子エネルギー依存性

求める。

$$\text{DPA} = \int_0^t dt \int_0^\infty dE\, \sigma_d(E)\varphi(E,t) \tag{8.3-9}$$

C-12 に対する DPA 断面積の中性子エネルギー依存性の傾向を図 8.3-1 に示す[CJ-14]。この図と(8.3-9)式から DPA は材料の置かれた場所の中性子エネルギースペクトルに依存することが分かる。

8.4 DPA と中性子照射量との関係

　入射粒子が中性子の場合、(8.3-2)式の中のφ(E, t)は中性子束であり、その E, t に関する積分値は中性子照射量である。これは、材料が単位面積あたり中性子をどれだけ受けたかという中性子の総数である。DPA の中に含まれてはいるが、たとえはじき出しに寄与する中性子をすべて考慮に入れたとしても、はじき出し原子の数は中性子のエネルギーにも依存するので、中性子照射量に含まれるすべての中性子がはじき出しに同等の寄与をしないため、中性子照射量とDPA は必ずしも同等ではない。それに対して、DPA は材料中の原子が入射中性子によってはじき出された原子数の最初の原子数に対する割合を示している。したがって、DPA は材料の微細構造の乱れや変化に対応しているので、特性変

表 8.4-1 照射量から DPA への変換乗数[BT-99]

単位	DPA への変換乗数
n/m^2(E>50keV)	6.8×10^{-26}
n/m^2(E>0.1MeV)	7.3×10^{-26}
n/m^2(E>0.18MeV)	8.9×10^{-26}
n/m^2(E>1MeV)	14.5×10^{-26}
n/m^2(EDN)*	13.1×10^{-26}

*EDN=Equivalent DIDO Nickel Dose：英国 Harwell 研究所の DIDO 炉の円筒燃料孔においてニッケルで測定した中性子照射量で、過去、これを基準にして他の炉での照射量と比較されたことがある。

化と対比させる量としては合理的な量であると考えられる。しかし、DPA の計算値は現実の照射条件に合わせて求めることは困難である。このように DPA は必ずしも正確な損傷量を表すものではないが、組織構造に対する損傷量の一つの目安と考えてよい。

　DPA と中性子照射量の相関関係は(8.3-2)から分かるように、入射粒子を中性子とし、標的原子を炭素とした場合でも、中性子束のエネルギースペクトルが両者に関係するので、厳密には照射する位置によって異なってくることになる。いろいろな下限中性子エネルギーに対する中性子照射量から DPA への変換乗数を表 8.4-1 に示す。ここで、DPA＝照射量×変換乗数　あるいは 1DPA＝1/(変換乗数）である。

　同じ照射量であっても中性子束が異なる場合、照射効果は違ってくる可能性がある。中性子束はϕ_1とϕ_2で異なるが、それに対応した照射温度 T_1, T_2 との関係が(8.4-1)式を満たすならば、同じ損傷を与えるという。つまり、中性子束の効果が等価温度の概念を用いて説明されている。

$$\frac{1}{T_1} - \frac{1}{T_2} = \frac{k}{A} ln\left(\frac{\phi_2}{\phi_1}\right) \tag{8.4-1}$$

ここで、k はボルツマン定数、A は実験で決定される活性化エネルギーである。この中性子束の効果は 400℃以下の温度で重要になることが実験的に示唆されている[BT-99]。

第 8 章の参考文献

[ASTM-07]ASTM dpa cross section data ASTM-E693-79 及び ASTM　E706(I D) E693-01 ASTM(2007).
[BT-99]T.D. Burchell, "Carbon Materials for Advanced Technologies", T.D. Burchell, ed., Pergamon, 1999, 'Chapter 13 Fission Reactor Applications of Carbon', pp.429-484.
[CJ-14]J. Chang et al., Nucl. Eng. & Tech.46(2014)No.4, 475-480.
[KB-81]B.T. Kelly, 'Physics of Graphite', Applied Science Publishers, p.387, 1981.
[KB-82]B.T. Kelly, Carbon, Vol.20, No.1(1982)3-11.
[IS-79]石野栞、「照射損傷」東京大学出版会(1979).
[IS-08]石野栞、蔵元英一、曾根田直樹、J. Plasma Fusion Res. Vol.84, No.5(2008)258-268.
[IT-66]T. Iwata, T. Nihira, Phys. Lett. 23(1966), 631-632.
[IT-71]T. Iwata, T. Nihira, J. Phys. Soc. Japan 31(1971) 1761-1783.
[NM-75]M.J. Norgett, M.T. Robinson, I.M. Torrens, Nuclear Eng. and Design 33(1975)50-54.
[SC-91]シグマ研究委員会 PKA スペクトルワーキンググループ、「KERMA ファクターおよび DPA 断面積データの現状と応用」JAERI-M 91-043(1991).
[ST-84]杉暉夫、「原子炉物理演習」改訂第 2 版、原子力弘済会(1984).

9. 照射技術

9.1 世界の材料照射炉の概要

　試験研究炉を大別すると中性子を炉外に取り出して材料照射をするビーム利用タイプの原子炉と炉内で材料照射をするタイプの原子炉に大別される。後者は、発電炉や新型原子炉用の燃料や材料の照射データを取得する目的で各国に建設されている。主要な原子炉の仕様を表9.1-1にまとめて示す[IAEA-RRdata]。

　国内では日本原子力研究開発機構にある材料試験炉（JMTR、Japan Materials Testing Reactor）、欧州ではベルギー原子力研究センター（SCK•CEN、Belgian Nuclear research Center)のBR-2（Belgian Reactor 2）、オランダエネルギー研究機構のNRG (Nuclear Research and. Consultancy Group) のHFR（High Flux reactor）、フランス原子力・新エネルギー庁（CEA、Commissariat à l'énergie atomique et aux énergies alternatives）のOSIRIS、ロシア原子炉研究所 RIAR（Research Institute of Atomic Reactors）のSM-3、米国アイダホ国立工学研究所のATR（Advanced Test Reactor）、オークリッジ国立研究所のHFIR（High Flux Isotope Reactor）である。これらの炉では、原子炉用の金属材料、黒鉛材料などの照射試験が行われている。

　ここで、熱中性子束は、発電炉の核分裂が熱中性子により生じることから原子炉用燃料の中性子照射試験を行う上で重要な指標となっている。また、高速中性子束は、高速中性子によるはじき出し損傷が炉内構造材に生じることから、

表 9.1-1　世界の主要な照射試験炉[IAEA-17]

国	原子炉	熱出力(MW)	最大熱中性子束	最大高速中性子束
日本	JMTR	50	4×10^{18}	4×10^{18}
ベルギー	BR-2	100	1×10^{19}	8×10^{18}
オランダ	HFR	45	2.7×10^{18}	5.1×10^{18}
フランス	OSIRIS	70	3×10^{18}	4.5×10^{18}
ロシア	SM-3	100	5×10^{19}	2×10^{19}
米国	ATR	100〜250	1×10^{19}	5×10^{18}
	HFIR	100	2.5×10^{19}	1×10^{19}

中性子束($m^{-2}s^{-1}$)

金属材料や黒鉛材料などの照射試験を行う指標となっている。

9.2 照射装置と照射方法

　以下、日本原子力研究開発機構大洗研究開発センターに設置されている材料試験炉（JMTR、Japan Materials Testing Reactor）の照射装置を例に概要を述べる。

　JMTR は熱出力が 50MW の軽水冷却タンク型の試験炉で、冷却水は圧力容器内に約 1.5MPa に加圧されている。入口冷却材温度は約 49℃で出口冷却材温度は約 56℃である。図 9.2-1 に JMTR の構造及び炉心上部の写真を示す。原子炉圧力容器内にはキャプセルと呼ばれる照射装置が複数装荷（照射孔は最大 60 箇所）されている。このキャプセル内は、試験条件に応じて雰囲気（ガス雰囲気、水雰囲気等）、温度が高精度に制御され、試験片が中性子照射される。原子炉の運転は、約 30 日間の連続運転（運転サイクルと呼ばれている）毎に原子炉は一旦停止され、燃料の一部交換と配置換え（シャッフリング）を行うとともに、希望の照射量に達した照射キャプセルの入れ替えが行われる。原子炉容器は、図 9.2-2 に示すように地下のプール水中に置かれており、取り出されたキャプセルはカナルと呼ばれる水路中を移動してホットラボと呼ばれる専用の施設に運ばれる。このホットラボにおいて照射キャプセルが解体され、試験片が取り出されて希望する照射後試験が遠隔操作にて実施される。照射試験技術、照射後試験技術については、技術報告としてまとめられているので興味ある読者は参照されたい[NITRC-17]。

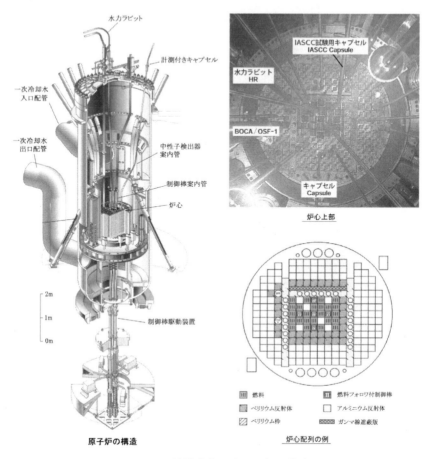

図 9.2-1　材料試験炉（JMTR）の構造

9.2.1 温度制御キャプセル照射装置

　JMTR では表 9.2-1 に示すような様々な照射試験に対応して、各種の照射キャプセルが開発されている。中でも代表的なものは、図 9.2-3 に示す照射温度制御キャプセルである。左側の試料部分が原子炉圧力容器内に装荷され中性子照射される。試験片のまわりにはヒーターユニットや炉内の γ 線が当たることによって発熱する熱媒体やガス層が配置されている。原子炉出力の運転サイクル中の若干の変動に影響されることなく一定の温度、もしくは所定の温度履歴に制

第9章 照射技術

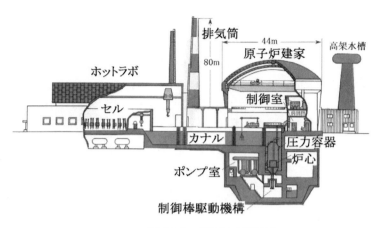

図 9.2-2 JMTR の断面図

表 9.2-1 JMTR で可能な照射試験

環境条件	制御方式	達成可能な照射試験
温 度	温度一定	原子炉出力（中性子束、ガンマ線強度）に依存しない一定温度照射試験が可能
	温度変動	原子炉出力（中性子束、ガンマ線強度）を一定とした照射条件下で、照射温度を任意に、または、サイクリックに変動させた照射試験が可能
	飽和温度	軽水炉温度、高温高圧水環境を模擬し、発熱分布に依存することなく一定温度での照射試験が可能
中性子束	熱中性子変動 （回転型）	開口部を有する中性子吸収体を回転させることにより、熱中性子束をパルス状等に変動させた照射試験が可能
中性子照射量	照射量調整 （多分割型）	同一キャプセル内の複数の試料を巻き取り装置を用いて任意に引き上げることにより、照射量を調整・制御しながら照射試験が可能
	照射量変動 （昇降型）	ガス圧を利用して試料をキャプセル内で昇降させることにより、照射時間を自由に選べ、照射量を任意に変動させた照射試験が可能
中性子スペクトル	熱中性子カット	試料の周囲にカドミウム等の熱中性子吸収材を配置することにより、熱中性子を遮断した照射試験が可能
	熱中性子トラップ	試料の周囲にグラファイト等の熱中性子増倍材を配置することにより、熱中性子を増加させた条件での照射試験が可能

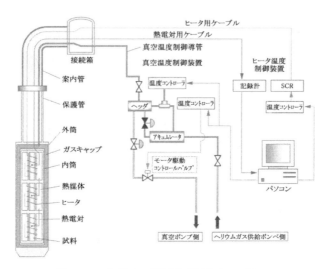

図 9.2-3　JMTR の照射温度制御キャプセル

御するため、下記の機構を設けている。
- ヒータ温度制御機構
  照射試料周りに配置した電気ヒータをヒータ温度制御装置によりコントロールし、それぞれの試料の温度を独立に制御することが可能。
- 真空温度制御機構
  真空温度制御装置によってヘリウムガス圧力を変更することにより、内筒及び外筒間の熱伝導を調整し、γ線により加熱されている照射試料の温度を広範囲の温度領域で制御が可能。
- 真空／ヒータ温度制御機構
  上記二つの制御法を組み合わせることで、原子炉出力と無関係に正確な照射試料の温度制御が可能。

9.2.2 照射量制御キャプセル

　照射パラメーターの一つである中性子照射量の高精度な調節を可能とするため、照射量調整制御（多分割型）及び照射量変動制御（昇降型）キャプセルが開発されている。

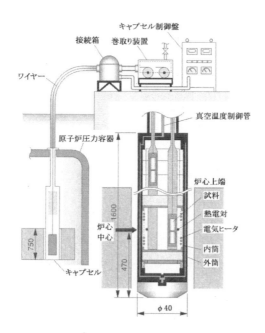

図 9.2-4　JMTR の照射量調整制御（多分割型）キャプセル

(1) 照射量調整制御（多分割型）キャプセル

　照射量調整制御（多分割型）キャプセルでは、同一キャプセル内の複数の試料をワイヤーで連結された巻き取り装置を用いて任意のタイミングで引き上げることにより、各試料の中性子照射量の調整が可能となっている（図 9.2-4 参照）。本キャプセルは、電気ヒータ及び真空温度制御機構を用いることにより、材料の照射損傷に及ぼす照射量の影響を中性子束、中性子スペクトル、γ線強度、環境温度を一定とした条件下で評価することが可能となる。

(2) 照射量変動制御（昇降型）キャプセル

　照射量変動制御（昇降型）キャプセルでは、照射量調整制御キャプセルと同様、キャプセル内に配置した試料を軸方向に移動することにより照射量を制御するが、本キャプセルでは案内管内のガスの流れを切り替えて試料を内包した内筒を昇降させる（図 9.2-5 参照）。このため、本キャプセルは原子炉の運転状態と無関係に試料の照射開始及び終了を自由に決めることができ、照射時間を

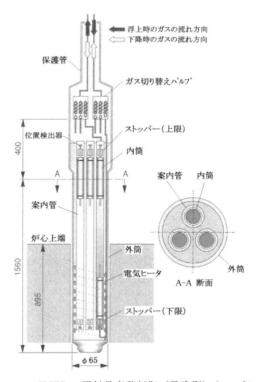

図 9.2-5　JMTR の照射量変動制御（昇降型）キャプセル

任意にあるいはサイクリックに変化させた環境下での試験が可能である。

(3) 回転キャプセル

回転キャプセルは高度な照射条件を達成するために開発されたキャプセルで、キャプセルの内部において照射試料や構造材を任意の条件で回転させ、新たな照射条件・照射場を創生する特徴をもつものである。図 9.2-6 は、一例として核融合ブランケットの研究のために開発した回転キャプセルを示している。照射試料の外側に配置した中性子吸収材（ハフニウム、Hf）を回転させるタイプで、円筒形状のハフニウムに開口部を設けることにより中性子のパルス照射を行う構造となっている。自己出力型の中性子検出器（SPND）を用いて計測した照射試料内部の熱中性子のパルス波形も同図に示す。これにより、たとえば燃料試料へのパルス照射試験などが可能となる。

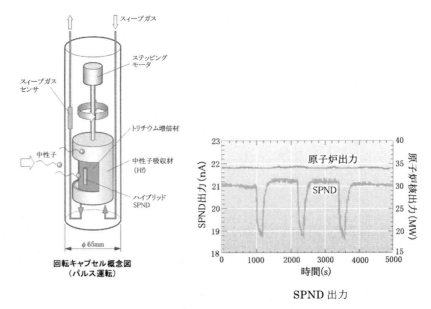

図 9.2-6　JMTR の回転キャプセル

(4) 熱中性子スペクトル調整型キャプセル

　照射クリープ特性は、特に金属材料では高速中性子照射量の影響に加えて熱中性子照射により生成されるヘリウム量に大きく影響されるため、熱中性子を制御した照射試験が行えるよう開発されたキャプセルである（図 9.2-7 参照）。熱中性子束の増減は、熱中性子調整材収納容器の中に中性子吸収材あるいは増倍材を充填することにより調整する。同図の右側は、照射によるはじき出し損傷とヘリウム生成の関係を示したものである。b は熱中性子を調整しない場合、a は黒鉛の減速材で熱中性子を多くした場合、c はカドミウム吸収材で熱中性子を少なくした場合を示す。

9.2.3　水力ラビット照射装置

　水力ラビット照射装置は、原子炉の運転を停止することなく、試料を封入した容器（取出し時に飛び跳ねるように出てくるのでラビット（兎）と呼ばれる）を水流によって原子炉内に装荷したり取り出したりすることができる（図 9.2-8 参照）。また、照射した試料の搬出や出荷などの取扱いが容易なことから、短期

間照射に適しており、短寿命のラジオアイソトープの製造や放射化分析のような基礎研究に用いられる。

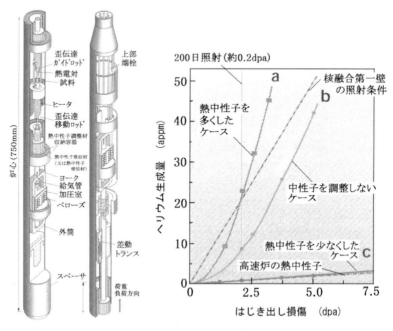

図 9.2-7　熱中性子スペクトル調整型キャプセル

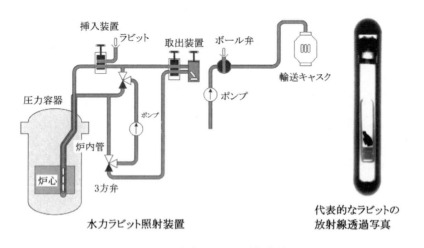

図 9.2-8　水力ラビット照射装置

9.2.4 バスケット型キャプセル

　原子炉構造材や放射線環境下で用いられる機器の構成材で、照射温度等の厳密な制御が必要ない場合には、図 9.2-9 に示すバスケット型照射キャプセルが用いられる。構造が簡単なため、短期間でキャプセルの製作ができ、製作費用が安価な点が特徴である。また、キャプセルの取り扱いが容易なことから、比較的短期間に照射試験データの取得が可能である。このキャプセルでは、試料の温度制御はできないものの、温度モニターやフルエンスモニタを装荷することにより、最高温度や照射量を知ることができる。インナーキャプセルには、放射化の少ないアルミニウムやステンレス鋼製の容器に試料を装荷し不活性ガス雰囲気で照射する密封型と試料を原子炉冷却水で冷却する開放型の二種類がある。密封型では、設計により照射時の試料温度を任意に設定することができるが、解放型では試料が冷却水に接するため試料温度は冷却水温度程度となる。

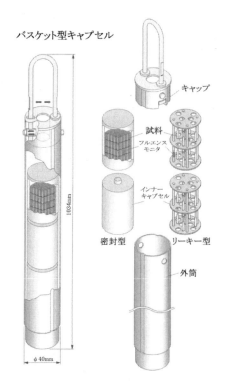

図 9.2-9　バスケット型キャプセル

9.3 照射量の測定
9.3.1 放射化を利用した検出器

照射試験において照射試料が受ける中性子束（照射量）は、各種照射パラメーター（照射損傷、核変換生成物の蓄積、放射化量等）の指標として広く用いられている。中性子照射量としては、中性子のエネルギーが高い高速中性子照射量と中性子のエネルギーが低い熱中性子照射量に分類して計測されている。

熱中性子照射量の計測には ^{197}Au(n,γ)^{198}Au 反応や、^{59}Co(n,γ)^{60}Co 反応が利用されることが多い。また、高速中性子照射量の計測には、^{58}Ni(n,p)^{58}Co、^{46}Ti(n,p)^{46}Sc、^{63}Cu(n,α)^{60}Co、^{93}Nb(n,n')^{93m}Nb や ^{54}Fe(n,p)^{54}Mn 反応が利用されている。これら通常よく用いられる中性子検出用モニター素子をまとめて表 9.3-1[CE-78]に示す。

具体的には、フルエンスモニタを用いて中性子照射量を測定する。フルエンスモニタは、表 9.3-1 に示す微小金属ワイヤ（ドジメータ）を容器に封入・加工したもので、試料近傍に配置して照射した後、金属ワイヤー中に生成した放射化量から中性子照射量を求めるものである。金属ワイヤーやモニター容器は、対象となる中性子エネルギー、使用温度や照射時間を考慮して選択される。たとえば 500℃以下の低温用ではアルミニウム製のモニター容器の中に金属ワイヤーとして鉄(Fe)、アルミニウム-コバルト合金（Al-Co）、500℃～1000℃の高温用では合成石英またはバナジウム製の耐熱モニター容器の中に金属ワイヤーとして鉄(Fe)、バナジウム-コバルト合金(V-Co)、チタン-コバルト合金(Ti-Co)が用いられる。ここで、中性子照射量は上記で示した ^{54}Fe(n,p)^{54}Mn 反応により生成される ^{54}Mn の量、^{59}Co(n,γ)^{60}Co 反応により生成される ^{60}Co の量により評価される。

試料位置における中性子照射量については、たとえばフルエンスモニタにより実測した照射量をもとに、図 9.3-1 に示すフローに沿って炉心の 3 次元核計算により評価されている。

9.3.2 自己出力型検出器(SPND)

放射線が入射すると電離によって気体内に正負の電荷が生じる。電場を与えてこの電荷を集めることにより、放射線を検出するのが電離箱方式の測定原理であるが、自己出力型検出器は外部より電圧を印加することなく耐高温の薄い絶縁層を通して突き抜けてくる放射線そのものを信号電荷担体として利用する

表 9.3-1　一般的に用いられる中性子照射量モニター

反応	断面積 σ	半減期	照射量 (cm^{-2})	大きさ	備考
^{197}Au$(n,\gamma)^{198}$Au	98.8b	2.695 d	$10^{11} \sim 10^{16}$	薄片の厚さ ～20μm 0.1% Au+Al 合金	熱中性子, 熱外中性子 汎用
^{59}Co$(n,\gamma)^{60}$Co	37.2b	5.272 y	$10^{14} \sim 10^{22}$	薄片の厚さ 0.1mm Co+Al, Co+Cu 合金線 直径 < 1 mm	熱中性子, 熱外中性子 汎用
^{58}Ni$(n,p)^{58}$Co	108.5mb	70.78 d	$10^{14} \sim 10^{18}$	薄片の厚さ 0.1mm～0.5 mm	高速中性子 汎用　しきい値 ～2.8 MeV
^{46}Ti$(n,p)^{46}$Sc	9.92mb	83.8 d	$10^{17} \sim 10^{20}$	薄片の厚さ 0.4mm 線直径 0.6 mm	高速中性子 しきい値 ～5.5 MeV
^{63}Cu$(n,\alpha)^{60}$Co	0.50mb	5.272 y	$10^{18} \sim 10^{22}$	薄片の厚さ ～1mm 線直径 0.6 mm	高速中性子 しきい値 ～5.7 MeV
^{93}Nb$(n,n')^{93}$Nb^{m}	110 mb	16.4 y	$>10^{18}$	薄片の厚さ 20μm	高速中性子 しきい値 ～1 MeV
^{54}Fe$(n,p)^{54}$Mn	79.7mb	312.2 d	$10^{16} \sim 10^{22}$	薄片の厚さ ～0.1mm Fe, Fe+V 合金	高速中性子 しきい値 ～3.3 MeV

ものである。放射線が持つエネルギーを利用することから、電荷担体を集めるための印加電圧を必要としない。また、絶縁層における価電子帯と伝導帯間のエネルギー幅が大きいため、電極板表面で発生した熱電子が絶縁層を通り抜けることは少ない。したがって、自己出力型検出器は、基本的に耐熱性に優れている。一方、電離箱方式では、外部からの電圧印加により1個の放射線によって多くのイオン対ができるため大きな出力信号が得られるが、自己出力型検出器では1個の放射線は1価の電価として検出されるので、検出感度は電離箱型と比べると数桁小さい。このため、自己出力型検出器は放射線強度の高い雰囲気での使用が望ましく、高い温度までの測定が可能であるという特徴がある。

自己出力型検出器は、β線型、γ線型及びサーモメータ型に分けられる。β線型は、中性子照射によって半減期の短いラジオアイソトープ(^{104}Rh; 半減期 42sec. や ^{52}V; 半減期 3.7min. など) になる安定同位体 (^{103}Rh や ^{51}V など) をエミッタとして用いて、放出されるβ線が絶縁物を透過して流れる電流を測定する。

γ線型は、中性子を直接測定する検出器として、エミッタでの中性子捕獲に伴うγ線による光電効果やコンプトン効果によりエミッタから放出される電子を測定するものと、検出器の外部に存在するγ線の入射により生じる原子番号の高いエミッタでの光電効果やコンプトン効果に伴う電子を測定するものがある。

β線型は検出電流が半減期に伴う時間遅れがあるが、γ線型は即応型である。

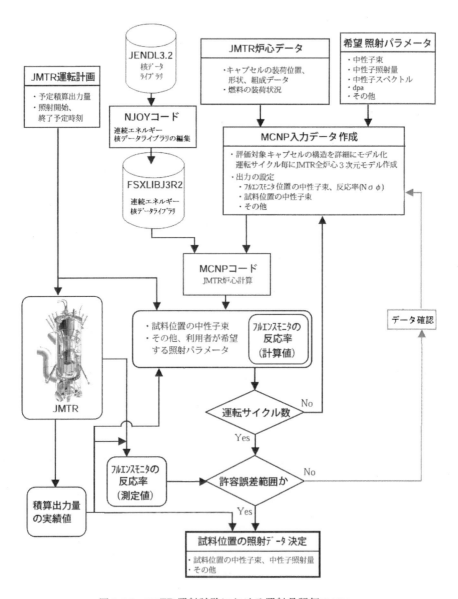

図 9.3-1　JMTR 照射試験における照射量評価のフロー

9.4 照射温度の測定

材料の照射試験を行う場合、照射温度は欠かすことのできない重要な情報である。照射温度の測定は大別すると、熱電対を用いて照射中の温度を常時計測するオンライン測定と温度モニターを炉内に置き、照射後炉外に取り出して温度指示値を読み取るオフライン測定の2種類がある。

9.4.1 熱電対

熱電対の場合、照射温度が1000℃以下ではクロメル・アルメル熱電対が、また1000℃以上ではW-Re熱電対が用いられる。熱電対による温度測定では照射中の温度を常時計測できる利点があり、温度測定の信頼度が高いとされている。

一方、中性子照射場での温度測定に際しては、γ線による発熱のため熱電対自身が温度上昇することがあり、被測定試料の温度を正しく反映しない場合があり注意を要する。さらに、中性子照射場で熱電対を使用すると元素の核変換により熱電対に組成変化が生じ起電力が変化する。例えばW-Re熱電対の場合、Reが核変換しOsになることにより起電力が低下すると言われている[HJ-72]。JMTRでの実測では2.5×10^{21}n/cm^{2}の照射量で約12%の起電力低下が認められている[TN-83]。一方、クロメル・アルメル熱電対では2.7×10^{21}n/cm^{2}の照射量でも起電力に変化がないことが報告されている[CF-72]。

9.4.2 温度モニター

原子炉では多数の熱電対ケーブルを炉心まで引いて温度計装キャプセルを用いた材料照射試験を行うことは一般には難しく、かつ高価になる。そのため、比較的簡便にオフラインで材料の照射温度を計測するための温度モニターがいくつか開発された。代表的なものとして金属・合金の融点を利用するもの、材料の熱膨張差を利用するもの、高温環境または中性子照射が材料物性に与える効果を利用するもの等がある。

温度モニターで測定される温度としては、大別すると次のようになる。

(a) 照射期間中の最高温度
(b) 照射末期の温度
(c) 全照射期間の平均温度

原子炉出力が一定で、照射期間中の炉心の温度変動が小さい場合には上記(a)、

(b)および(c)の差は小さいと考えられるが、温度モニターによる温度計測を行うときには原子炉の運転に関わるパラメーター、または炉心の温度履歴に対する情報も考慮に入れることが必要となる。従って、材料の照射試験目的に沿って適切な温度モニターを選択する必要がある。代表的な温度モニターは以下のようである[BJ-71]。

1) 金属・合金の融点利用温度モニター

想定する計測温度範囲を十分にカバーする融点を持つ何種類かの金属・合金を容器に封入して照射場に置き、照射後取り出してその溶融状態を観察し、融解した試料の最高温度と融解しないものの最低温度から照射温度を推定する方法である。温度モニターの中で最も単純な原理に基づくものと言える。照射期間中の最高温度を測定するタイプになる。

英国で最初に開発された融点利用温度モニターの例を図 9.4.1 に示す。想定温度範囲をカバーする融点を持つ一連の合金試料片を図のように配置して真空雰囲気下でステンレス鋼製の容器に封じる。ここでは 199℃から 327℃の低融点合金 12 種類を直径 2mm に加工し、長さ 4cm のステンレス管に封じた。こうすることにより、約±10℃の精度で温度評価を行うことができたとのことである[BJ-71]。監視用試料片を融点の低い試料から順に上に向けてセットすると、試料片が融解して下部に流れ落ちたとき高融点の試料片に接触することを防ぐことができる。

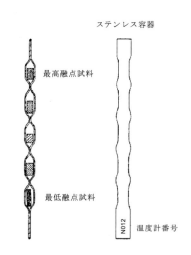

図 9.4-1　金属・合金の融点利用温度モニター

融点利用温度モニターでは、容器材料と金属・合金との化学的両立性が重要となる。また、温度モニターのサイズも可能な限り小さくする必要がある。照射後の温度モニターは強く放射化されているので、炉外に取り出した後ホットセル内で遠隔操作により溶融状態の評価を行わなければならない。

高温ガス炉のような高温での照射では、熱電対による温度計測法は保護管と構造材との共存性が問題になるとともに、ブロック型高温ガス炉のような複雑な炉心構造では熱電対による温度計測が困難となる。高温工学試験研究炉 HTTR の場合、原子炉出口冷却材温度 950℃の高温運転時においては、燃料最高温度を約 1435℃と予測している。そのため、600℃から 1400℃の範囲における高温ガス炉燃料の照射温度を推定するために 20 種類以上の合金製ワイヤーを石英管に封入して照射し、X 線ラジオグラフィーと EPMA 観察から合金ワイヤーの溶融状態を判定し、燃料最高温度を推定する試みもなされている[US-09]。

2) 熱膨張利用温度モニター

材料の熱膨張差を利用する温度モニターとしては、バイメタル温度モニター、液体排出温度モニターならびに熱膨張差温度モニターTED（Thermal Expansion Difference Temperature Monitor）などが考えられた。

①バイメタル温度モニター

バイメタル温度モニターは 2 種類の金属の熱膨差を利用して、温度を推定するものである。図 9.4-2 に示すように、ステンレス製の外筒管とモリブデン棒の下端部をピンで固定する。モリブデン棒にはステンレス管上端部を示すクリップを取り付け、高温でステンレス鋼が膨張するとクリップが押し上げられ、熱膨張差による変位が記録される。照射後この変位量を読み取ることから照射中の最高温度を求める試みが行われた。実験室では 700℃程度までは±10℃程度の精度で温度測定ができることが示された。しかし、このバイメタル温度モニターは直径 6mm、長さが 10cm 程度と大きなものになり、温度モニターとしてはサイズが大き過ぎたため、炉内の温度計としては実用に供されなかった。

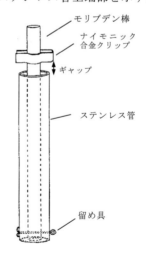

図 9.4-2 バイメタル温度モニター
[BJ-71]

②液体排出温度モニター

　液体排出型温度モニターでは、中空容器に液体を満たし、容器と液体の熱膨張差から昇温時にはキャピラリーを通して外部に液体を排出させ、容器の重量変化から液体の排出量を求め、到達最高温度を求めるものである。中空容器としては石英ガラスまたはステンレス鋼を、液体としては Bi-Pb-In 合金（融点が 73℃）を用いた。実験室での試験では、降温時外部に排出された液体が容器に再度吸引される現象を効果的に防ぐことができず、測定誤差が大きくなるため実用にまでは至らなかった。

③熱膨張差温度モニター TED（Thermal Expansion Difference Temperature Monitor）

　材料の熱膨張差を利用した照射温度モニターTED はオフラインの照射温度計として現在でも使用される。図 9.4-3 に示すように TED はステンレス鋼またはニッケル基合金製の金属容器内に、これら材料よりも熱膨張率の大きいナトリウムを充填し金属球の蓋を抵抗溶接で密封したものから成る。これを炉内で照射すると、ナトリウムの熱膨張により容器が塑性変形し TED の体積増加が生じる。TED の体積変化と温度の関係を炉外で予め求めておけば、照射中の温度を求めることができる。TED の体積は空気中と純水中での重量差を測定するいわゆるアルキメデス法により正確に求められる。

　熱膨張差温度計 TED の利点としては、直径約 4.4mm、長さ 30mm と比較的小型にすることができる点にある。ここで求める温度は照射中の最高温度を示すと考えられる。

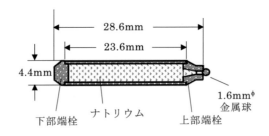

図 9.4-3 熱膨張差温度モニターTED の概略図[NK-98]

114

3) 材料の照射効果利用温度モニター
① 硬さ測定温度モニター：テンプラグ（Templug）

硬さ測定から照射温度を求めるものとしてはテンプラグがある。テンプラグは、例えば内燃機関の可動部、タービンブレードなど熱電対による温度計測が不可能な部分の温度測定をするために Shell Research Ltd. と Testing Engineering Inc. が 1970 年代に開発したものである。テンプラグによる温度測定の原理は、急冷硬化させた炭素鋼を高温で保持すると保持時間に応じて硬さに変化が生じる。そのため、予め温度、保持時間、硬さの関係を求めておけば、照射後テンプラグを取り出して硬さ変化を測定すると照射温度を求めることができるというものである。テンプラグで測定される温度は照射期間中の平均温度を与えるものと考えられる。

テンプラグの利点としては直径と長さが 2～3mm 程度の小さなサイズのものも可能で、さらに照射後試験で硬さ測定を行うことも容易である。サイズが小さく設置場所の制約も少ないことから、複数個のテンプラグを置いて温度測定の精度確認ができることも利点となる。多くの試験結果を総合すると、450℃以下では誤差が大きくなり、230℃では 100℃、350℃では 80℃程度の誤差になるが、450～650℃では 5000 時間までの照射で±15℃の精度で温度測定を行えるとの報告もある[BJ-71]。600℃以上の高い温度になると照射による硬さへの影響が生じて温度測定の信頼性は低下するようである。

② 結晶析出相利用温度モニター

析出硬化型合金のエージングによる析出相の結晶成長を利用して温度測定を行うものである。Nimonic PE16 合金は製造時 $Ni_3(Al,Ti)$ の析出が生じる。この析出粒子は球形をしていて透過電子顕微鏡の暗視野像観察で容易に判別される。粒子の大きさは(時間)$^{1/3}$ で成長する。この析出相の平均粒径、保持温度と保持時間の関係を炉外で予め求めておくことにより、析出相の粒径測定から照射温度が求められる[BJ-71]。

Nimonic PE16 では、結晶成長過程に及ぼす照射の影響は 550℃以上では大きくないことが確かめられている。そのため、この温度モニターは 550～800℃まで使用可能とされている。600～750℃の温度範囲では測定精度としては±25℃、それ以外の温度では誤差が少し大きくなるようである。照射試料は直径 2.3mm、

厚さ 0.25mm の薄片状のもので、温度モニターとしては非常に小さなサイズである。結晶成長速度は拡散現象に基づくものであり、したがってここで測定される温度は照射期間中の平均温度を示すものとなる。

4）炭化ケイ素温度モニター
①スエリングの回復開始と照射温度

炭化ケイ素（SiC）を中性子照射すると照射損傷により格子欠陥が導入され、SiC には寸法や熱伝導度、電気伝導度等に変化が生じる。照射後高温でアニールするとこれら物性値は回復するため、この回復開始温度から照射温度を推定する方法である。

例えば、1000℃以下の温度で SiC を照射すると格子間原子と空孔およびそれら点欠陥のクラスターや転位が形成され、体積膨張（スエリング）が生じる。スエリングは照射量とともに増大しフルエンスが約 $3 \times 10^{24} \mathrm{n/m^2}$ に達すると飽和する。この飽和スエリング量には温度依存性が見られ、照射温度が低いと大きく高温になると小さくなる[PR-77, KY-02, TR-67]。しかし、照射温度が 1000℃以上になるとボイドスエリングが発生してスエリングが増大する。図 9.4-4 に室温から 1000℃付近までの SiC の飽和スエリング値(寸法変化)と照射温度の関係を示す。

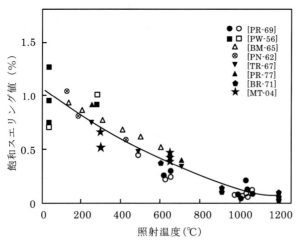

図 9.4-4　SiC の飽和スエリング（長さ変化）と照射温度の関係。
　　　　　黒点は寸法測定、白点は格子定数から求めた値である。

1000℃以下で照射された SiC を高温でアニールすると、スエリングは回復し始める。Pravdyuk らは SiC の格子定数の回復開始温度が照射温度とよく一致することを報告し、このような SiC の特異なスエリング回復挙動を利用することにより、材料の照射温度を求めることができることを示唆した[PN-62]。Thornらはアニール温度が照射温度以上になると SiC の寸法は直線的に減少することを示し、この回復曲線を 2 本の直線で近似してその交点温度から回復開始温度を精度よく求めて照射温度とした[TR-67]。その後、この SiC の回復現象を利用して、格子定数または寸法変化の回復による温度計測の多くの試験が行われた[PR-72, SH-73, PJ-76, PJ-80]。

　一例として、図 9.4-5 には高速実験炉「常陽」で 440℃で照射した SiC の回復の様子を示す。照射後室温から 1000℃までの各温度で 1 時間の等時アニールを行い、格子定数と長さ変化を測定した。アニール温度が 400℃以上になると寸法変化の回復が始まりアニール温度とともにほぼ直線的に減少する。この回復曲線を 2 本の直線で近似し、その交点から SiC の回復開始温度を求めると T_{sic} = 476℃という結果が得られ、計画照射温度との差は 36℃であった。また、格子定数変化も寸法変化と一致していることが示されている。

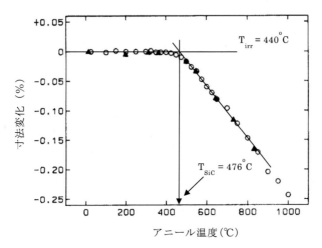

図 9.4-5　高速炉で中性子照射した SiC の等時アニールによる寸法変化(○)と格子定数変化（▲）[ST-87]
　　　　　照射温度： T_{irr} = 440℃ 、回復開始温度 T_{SiC} = 476℃、中性子照射量:4.0 x 10^{24}n/m^2 （E > 0.1MeV）

寸法回復開始温度がなぜ照射温度に対応するのか、また寸法がなぜ直線的に低下するのかなど、このような SiC のスエリング回復機構については明確な説明がなされていない。しかし、広い温度範囲の等時アニールで寸法の回復が見られることから、幅広い値の頻度因子ならびに活性化エネルギーを持つ回復過程が照射 SiC のスエリングに関与しているものと考えられている。

　SiC 温度モニターの測定精度であるが、T_{SiC} は計画した照射温度あるいは熱電対温度と誤差が±20～25℃で良く一致するとの報告が多く見られた。しかし、その後 Palentine は英国ドンレー高速炉 (DFR: Dounreay Fast Reactor)で一連の精度確認試験を行った。その結果によると、SiC の回復開始温度 T_{SiC} は熱電対温度と必ずしも一致せず、最大 100℃もの差が生じることを見出した[PJ-76,PJ-80]。また熱中性子炉を用いて多数の温度モニターの照射試験も行い、T_{SiC} と熱電対温度との関係を与える 3 次式から成る較正曲線を求めた。この結果、450℃では±8℃で、また 659℃で±35℃の精度で温度測定ができることを示した。一方、熱中性子炉で得られた T_{SiC} の較正曲線を高速炉照射に適用すると正しい温度を与えることができず、高速炉と熱中性子炉で異なる較正式を必要とした。

　Maruyama は高速実験炉「常陽」で照射した SiC 温度モニターの寸法回復開始温度と照射温度との関係を比較検討した[MT-99]。その結果によると、寸法回復開始温度 T_{SiC} と熱電対温度 T_{irr} との差 ΔT は 15℃程度から最大 100℃以上にも達することが認められた。また、その温度差 ΔT に対する中性子束との関係は図 9.4-6 に示すように中性子束が小さい場合には回復開始温度は熱電対温度よりも高温側にあり、高中性子束で照射されると回復開始温度は熱電対温度よりも低温側になっていることを見出した。高速炉と熱中性子炉では中性子束が大きく異なり、損傷速度がスエリングの回復開始に影響を与えていることが示唆された。

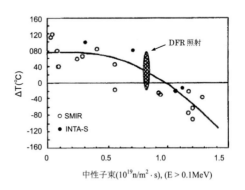

図 9.4-6　寸法回復開始温度と熱電対温度の差 ΔT と中性子束との関係。ここで $\Delta T = T_{SiC} - T_{irr}$ である[MT-99]

② 電気抵抗の回復と照射温度

半導体材料では電荷のキャリヤー濃度、易動度およびトラッピングサイトは複雑に変化するため、照射による電気抵抗の変化と回復機構を適切に説明することは非常に難しい。しかし、半経験的な電気抵抗の回復開始温度を測定すると、±30℃程度で温度測定が可能と言われている。

R.J. Priceは等時アニールによる電気抵抗変化と照射温度との関係について試験した[PR-72]。直径2mm、長さ10mmのSiC温度モニターを米国アイダホ国立研究所のETR (Engineering Test Reactor)で4.3dpa (4.8 x 10^{21}n/cm^2 (E > 0.18 MeV))照射し、照射後4端子法で電気抵抗を測定した。照射中の熱電対温度は525℃である。図 9.4-7 白丸(○)に示すように、電気抵抗は照射後アニールすると照射温度付近から増大し始め、その後指数関数的に急激に大きくなる。電気抵抗の縦軸を対数目盛で表示し、寸法回復と同様に回復曲線を2本の直線で近似してその交点から回復開始温度を求めた。SiCモニター4本の平均の回復開始温度T$_{SiC}$は504℃であった。しかし、そのうち一本は特に低い値を示したのでそれを除く3本の平均は539℃とのことである。

米国アイダホ国立研究所のJ.L. Rempeらは電気抵抗測定によるSiCモニターの可能性を検討した[RJ-10]。温度モニター用SiCとしては100%の密度（3.203 g/cm^3）を持つ化学量論組成のCVD SiCを用い、またアニール中の温度は±0.4℃以内に制御し、さらに超高純度Ar雰囲気の加熱炉でSiCのアニール処理を行うなど取扱いにも細心の注意を払った。オークリッジ国立研究所のHFIR (High Flux Isotope Reactor)で約500℃の温度で8dpa照射して電気抵抗の回復挙動を測定した。電気抵抗の回復開始温度を求めるとT$_{SiC}$=500℃となり、熱電対の

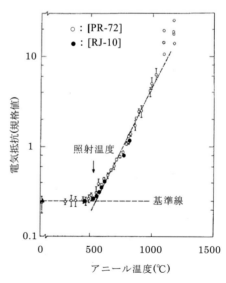

図9.4-7 SiC温度モニターのアニール温度と電気抵抗の回復。照射温度:~500℃、照射量:5~9x10^{21}n/cm^2 (E>0.18MeV)

指示温度との差は 20℃以内であるとしている。これらの結果を基にアイダホ国立研究所とオークリッジ国立研究所では電気抵抗測定による SiC 温度モニターは有力な方法であると報告している。

　Price および Rampe の研究では約 500℃の温度で $5\sim 9 \times 10^{21} \text{n/cm}^2$ の重照射 SiC について電気抵抗の回復試験を行っている。彼らのデータについて、電気抵抗の回復値を規格化して対数目盛で表示して重ねて図 9.4-7 に示すと、Rampe らのデータは Price の値に比べてばらつきが小さいようであるが、全体としてアニール温度に対して同様な電気抵抗の回復挙動を示していることが分かる。

　以上を総合すると、SiC 温度モニターは、耐熱性や化学的安定性に優れ、寸法も小さくできる。この結果、多数の試験片に対してオフラインの温度モニターを配置して照射温度を計測することが可能となる。また、誘導放射能が小さいため、照射後炉外でのアニール処理や寸法や電気抵抗、あるいは熱拡散率等の物性測定は容易に行うことができるなど、多くの利点を有している。

　SiC 温度モニターの測定精度としては±20℃～35℃と高い精度で測定が可能との報告がある一方、熱電対あるいは計画照射温度と最大 100℃以上の差が見られるとの報告もある。オフライン温度モニターとして SiC を使用するためには、基準となる熱電対温度と SiC モニターの温度環境を同一にして精度確認の照射試験を行うことが肝要であろう。その結果をもとに SiC 温度モニターの精度と適用条件、例えば取得する物性データの種類と測定温度範囲、中性子照射量、中性子束、最適アニール時間の影響等を明らかにする必要がある。

第 9 章の参考文献

[BJ-71] J.I. Bramman, A.S. Fraser , W.H. Martin , "Temperature Monitors for Uninstrumented Irradiation Experiments",　Journal of Nuclear Energy ,Volume 25, Issue 6, June 1971, Pages 223-240.

[BM-65] M. Balarin, "Zur Temperaturabhangigkeit der Strahlensattigung in SiC", Phys. Stat. Sol., 11 (1965) K67.

[BR-71] R. Blackstone, E.H. Voice, "The Expansion of Silicon Carbide by Neutron Irradiation at High Temperature", Journal of Nuclear Materials, 39 (1971) 319-322.

[CE-78] Commission of the European Communities, Nuclear Science and Technology - Introduction of Neutron Metrology for Reactor Radiation Damage - EUR 6182, p.25 (1978).

[CF-72] Carpenter F.D., et. al. "EMF Stability of CA and W3%Re/W25%Re-sheathed

Thermocouples in a Neutron Environment", Instrument Soc. of America, Vol.4, Part 3, 1927-1934 (1972).

[HJ-72] Heckelman J.D., et.al., "Measured Drift of Irradiated and Un-irradiated W3%Re/W25%Re Thermocouples at a Nominal 2000K", Instrument Soc. of America, Vol.4, Part 3, 1935-1949 (1972).

[IAEA-RRdata] IAEA、研究炉に係るデータベース、http://www.iaea.org/OurWork/ST/NE/NEFW/Technical-Areas/RRS/databases.html, 2017.

[KY-02] Y. Kato、H. Kishimoto, A. Kohyama, "Low Temperature Swelling in Beta-SiC Associated with Point Defect Accumulation", Materials Transactions, vol.43, No.4 (2002) pp.612-616.

[MT-04] T. Maruyama and M. Harayama, "Relationship between Dimensional Changes and the Thermal Conductivity of Neutron-irradiated SiC", Journal of Nuclear Materials, 329-333 (2004) 1022-1028.

[MT-99] T. Maruyama and S. Onose, " Determination of Irradiation Temperature using SiC Temperature Monitors", JAEA-Conf 99-009, 1999 pp.335-340.

[NK-98] 野口好一、小堀高久、三代敏正、高津戸裕司、宮川俊一、「照射試験用熱膨張差温度モニタ（TED）の製作法の開発」、PNC TN 9410 98-035 (1998).

[NITRC-17] 照射試験炉センター、「JMTR 照射試験・照射後試験に関する技術レビュー」、JAEA-Review 2017-016(2017).

[PJ-76] J. E. Palentine, "The Development of Silicon Carbide as a Routine Irradiation Temperature Monitor, and its Calibration in a Thermal Reactor", Journal of Nuclear Materials 61 (1976) 243-253.

[PJ-80] J. E. Palentine, "The Calibration of Fast Reactor Irradiated Silicon Carbide Temperature Monitors using a Length Measurement Technique", Journal of Nuclear Materials 92 (1980) 43-50.

[PN-62] N.F. Pravdyuk, V. A. Nikolaenko, V.I. Karpuchin and V.N. Kuznetsov, "Investigation of Diamond and Silicon Carbide as Indicators of Irradiation Conditions", *Properties of Reactor Materials and the Effect of Radiation*, ed. by D.J. Littler, Butterworths, London (1962) p.57.

[PR-69] R. J. Price, "Effecs of Fast Neutron Irradiation on Pyrolytic Silicon Carbide", Journal of Nuclear Materials, 33-(1969) 17-22.

[PR-72] R.J. Price, "Annealing Behavior of Neutron –Irradiated Silicon Carbide Temperature Monitors", Nuclear Technology 16 (1972) 536-542.

[PR-77] R. J. Price, "Properties of silicon carbide for nuclear fuel particle coatings", Nuclear Technology 35 (1977) 320.

[PW-56] W. Primak, L.H. Fuchs and P.P. Day, "Radiation Damage in Diamond and Silicon Carbide", Phys. Rev., Vol.103 No.5 (1956) 1184-1192.

[RJ-10] J. L. Rempe, K.G. Condie, D. L. Knudsen, L. L. Snead, "Silicon Carbide Temperature Monitor Measurements at the High Temperature Test Laboratory", INL/EXT-10-17608, January 2010.

[SH-73] H. Suzuki, T. Iseki, M. Ito, "Annealing Behavior of Neutron Irradiated β-SiC", Journal of Nuclear Materials, 48 (1973) 247-252.

[ST-87] T. Suzuki, T. Maruyama, T. Iseki, T. Mori and M. Ito, "Recovery Behavior in Neutron Irradiated β-SiC ", Journal of Nuclear Materials 149 (1987) 334-340.

[TN-83] Tsuyuzaki N. et.al., "Reliability of thermocouples experienced in the JMTR", Proc. Specialists' Meeting in In-core Instrumentation and Reactor Assessment, Fredrikstad, Norway, Oct.10-13 (1983).

[TR-67] R.P. Thorne, V.C. Howard, B. Hope "Radiation-induced Changes in Porous Cubic Silicon Carbide", Proc. Brit. Ceram. Soc., 7 (1967) 449-459.

[US-09] 植田祥平．飛田勉．沢和弘ほか，「高温ガス炉燃料温度計測用温度モニターの照射特性試験」JAEA-research 2008-096, 2009, 日本原子力研究開発機構．

10. 原子炉使用条件下での炭素・黒鉛の各種特性変化

10.1 照射欠陥

　原子炉内で材料が中性子照射を受けると、固体の結晶格子から原子がはじき出され、多数の点欠陥ならびにその集合体が形成されて材料特性に変化が生じる。黒鉛材料においては、例えば巨視的寸法変化や熱伝導度、弾性率、クリープなどの熱・機械的性質はこれら照射による格子欠陥とその2次欠陥の状態により大きな変化が生じ、さらに格子欠陥の生成と消滅に伴う内部エネルギーの蓄積と放出も原子炉の運転に重要な情報となる。

　黒鉛結晶は第4章4.1節に述べたように、六角網目状層面が積み重なった構造をしていて、その層面に垂直方向は結合力が弱く開いた構造である。このような構造をもつ黒鉛結晶に高いエネルギーを持つ中性子を照射すると炭素原子が黒鉛の結晶格子位置からはじき出され、はじき出された原子は図10.1-1に示すように層間に入って格子間原子となり、原子が抜けた後には空孔が形成される。

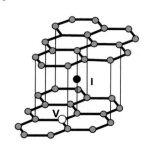

図10.1-1 中性子照射した黒鉛の格子間原子(I)と空孔(V)の模式図

炭素原子が黒鉛結晶の格子点からはじき出されるときのはじき出しエネルギー E_d については 12〜60 eV まで様々な値が報告されているが[TR-07,TP-78, BF-99]、Iwata らは 6〜290K で熱分解黒鉛 HOPG に電子線照射し、電気抵抗測定とその詳細解析から c 軸方向と a 軸方向のはじき出しエネルギーとしてそれぞれ 28eV と 42eV の値を求めた[IT-66, IT-71]。等方性黒鉛の場合、この 2 方向の平均となる約 37eV がはじき出しエネルギーとして適当な値と考えられる。

　以上が黒鉛に高速中性子を照射したときのはじき出し損傷と点欠陥形成の素過程であるが、実際には黒鉛の格子点から炭素原子のはじき出しが起きた時、はじき出された原子は十分に高いエネルギーを持つため次々に別の原子をはじき出す。たとえば、1MeV の中性子により作られる炭素の 1 次はじき出し原子（PKA：Primary Knock-on Atom）は 3×10^5 eV のエネルギーを持つ。この PKA は黒鉛中の炭素原子との衝突で約 30 eV のエネルギーを失って格子欠陥を作り、さらに約 300 eV のエネルギーを持つ 2 次はじき出し原子(Secondary Knock-on Atom) を作る [TR-07]。

　PKA は次から次と格子原子と衝突を繰り返して、図 10.1-2 に示すように平均 10 個以下（PKA エネルギーが 10^3〜10^6 eV の場合）の原子からなる多数の 2 次はじき出しグループ（Secondary Displaced Group）を作る。1 次はじき出し原子 PKA が衝突を繰り返すことによりエネルギーが 500eV 程度まで落ちると 2 次はじき出し原子はただ 1 つのはじき出しグループしか作れなくなる。個々のはじき出しグループ内でははじき出された原子同士の間隔は小さいため、単一空孔以外にも複数の空孔から成る空孔集合体などが作られ、また原子と空孔は容易に再結合する。

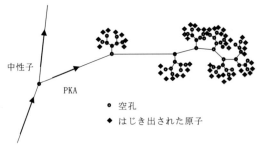

図 10.1-2 高速中性子照射による黒鉛材料の 1 次はじき出し原子の生成と 2 次はじき出し損傷グループの模式図

黒鉛材料中では、照射によって作られた単一の格子間原子は室温で層面内を容易に移動することができ、他の格子間原子と結合してエネルギーの低い原子集合体（クラスター）を形成する。200℃以上では図 10.1-3 に示すように 2〜4 個の格子間原子から成るクラスターを形成する[KB-72]。この格子間原子クラスターは単一の格子間原子よりも移動は遅い。

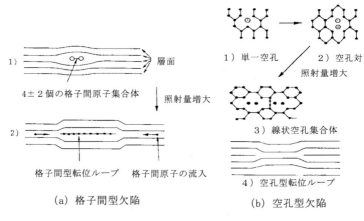

図 10.1-3 中性子照射した黒鉛の欠陥構造モデル[KB-72]

さらに 300℃以上の高温で中性子照射が進むと格子間原子の移動が促進され、格子間原子クラスターへの流入が増す結果、格子間原子の集合体は数 nm から大きなものは μm サイズの格子間型転位ループにまで発達し、層間に新しい一層が形成されるようになる。格子間型転位ループの形成による新しい層の形成は 1400℃程度の高温まで引き続き起きる。

一方、炭素原子が抜けたあとの格子は、図 10.1-3(b)に示すように単一空孔または隣接した原子の抜けた空孔対が形成される。空孔は格子間原子に比べて易動度は低く 300℃以下ではほとんど動けない。300〜400℃で 2〜4 個の空孔クラスターを形成し、これは移動して粒界で消滅することがある。さらに照射量が増大すると空孔集合体が形成されるようになり、650℃以上の高温になると空孔集合体は発達して線状の空孔集合体が形成され、それがつぶれると空孔型の転位

ループが形成されるようになる。表10.1-1に黒鉛の格子間原子と空孔の形成エネルギーと移動エネルギーをまとめて示す。

表10.1-1 黒鉛の格子間原子と空孔の形成エネルギーと移動エネルギー

	格子間原子	空孔
形成エネルギー (eV)	7.0 ± 1.5	7.0 ± 0.5
層面内移動エネルギー (eV)	< 0.1	3.1 ± 0.2
層間方向移動エネルギー (eV)	> 5	

10.2 黒鉛の照射による寸法変化
10.2.1 黒鉛結晶

　黒鉛に中性子を照射すると、格子間原子と空孔の対から成るフレンケル欠陥、少数の格子間原子からなる欠陥集合体、ならびに格子間型転位ループなどの2次欠陥が見られるようになり、黒鉛材料の組織変化ならびに特性変化が進む。

　照射により導入される格子欠陥の寸法変化への寄与であるが、単一の格子間原子は周囲に与えるひずみのため結晶の体積膨張をもたらし、空孔は収縮に寄与する。また照射量が増大する。図10.1-3(a)に示すように格子間原子の流入が増え、格子間型転位ループが形成されて黒鉛結晶は層面に垂直な c 軸方向に膨張する。一方、空孔の周囲では結晶格子の応力緩和により a 方向に沿って収縮する。このため、単結晶黒鉛あるいはそれに近い高配向性黒鉛では中性子照射により黒鉛層面の平行方向（a 軸方向）では収縮し、垂直方向（c 軸方向）では膨張する。このような寸法変化が単結晶黒鉛、あるいはそれに近い高配向性黒鉛（HOPG）に見られる寸法変化の基本的挙動である。

　図10.2-1に高配向性黒鉛の照射による寸法変化を示す。200℃以下の照射温度は黒鉛層面に垂直な c 軸方向はS字型の曲線を描いて照射量とともに膨張し、平行方向の a 軸方向は収縮する。照射温度が350℃以上になると寸法は照射量に対して直線的に変化するようになるが、照射温度が高くなるにつれて膨張および収縮速度は相対的に小さくなる。

第10章 原子炉使用条件下での炭素・黒鉛の各種特性変化

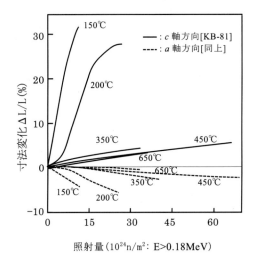

図 10.2-1 中性子照射した高配向性黒鉛(HOPG)の寸変化

10.2.2 原子力用黒鉛

原子力用黒鉛では、黒鉛結晶の発達したフィラー粒子のほかにバインダー成分由来の黒鉛化度の低い結晶や微細亀裂、気孔等があるため中性子照射による寸法変化は複雑な挙動を示す。

図 10.2-2 には準等方性黒鉛 H-451 と等方性黒鉛 IG-110 黒鉛の照射による寸法変化の様子を示す。H-451 は押出し成形材のため黒鉛組織に配向性があり、図に示すように押出し方向に平行(//)と垂直方向(⊥)では異なる寸法変化挙動を示す。

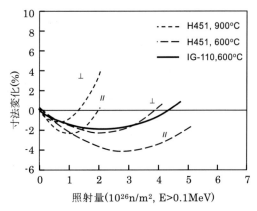

図 10.2-2 H-451 と IG-110 と黒鉛の中性子照射による寸法変化[KE-09]

127

黒鉛に中性子照射すると、中性子照射量の増加とともに体積は最初収縮する。そして、ある照射量で最大収縮を示したのち反転（turnaround）して膨張に転ずる。この反転が始まるまでの照射量や最大収縮量は図 10.2-2 に示すように黒鉛の銘柄や照射温度などによって異なる。

　原子力用黒鉛における照射初期の体積収縮ならびに収縮から膨張に転ずるメカニズムは以下のように説明される。人造黒鉛は粉末の成形時さまざまな大きさの気孔を含むが、さらに約 3000℃の黒鉛化処理温度から室温まで冷却されるとき、黒鉛結晶の熱膨張率の大きな異方性のため気孔や微細なき裂（マイクロクラック）が多数発生すると考えられている。黒鉛結晶は照射により c 軸方向に膨張するが、気孔やマイクロクラックは黒鉛結晶子の c 軸方向の膨張を吸収する。一方、a 軸方向の収縮は残るため全体として照射により体積が収縮する。さらに照射が進むと気孔やマイクロクラックによる c 軸方向の膨張の吸収は限界に達し、結晶子自身のスエリングのほかに異方的スエリングによる粒界での亀裂発生などにより新たな気孔が生成し、急速な体積膨張が生じる。図 10.2-3 に中性子照射による多結晶黒鉛の寸法変化機構の模式図を示す。

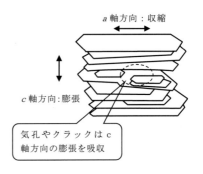

図 10.2-3　中性子照射による黒鉛の寸法変化機構の模式図

　多結晶黒鉛の気孔やマイクロクラックが照射による c 軸方向の膨張を吸収するメカニズムは多結晶黒鉛の熱膨張のメカニズムの考え方と共通するところがある。黒鉛の熱膨張係数は a 軸方向よりも c 軸方向が大きく、多結晶黒鉛内部に気孔やマイクロクラックが多数存在するとそれらが c 軸方向の熱膨張を吸収する。そうすると、体積全体の熱膨張率は小さな値になると考えられる。逆に熱膨張率の大きな黒鉛は c 軸方向の熱膨張を吸収する余地が小さい組織になっていると考えられる。したがって、多少粗い考え方ではあるが、等方性黒鉛では照射による収縮速度は熱膨張係数の値と関係付けられ、熱膨張率の大きな黒鉛材料は照射による収縮速度は小さなものになる。また、一般的には次のよう

なことが言える。黒鉛材料の組織として結晶子径が大きくかつ特定の向きに並んでいる場合は寸法変化が大きくなり、結晶が微細組織から成り結晶子径もそろってこれが等方的に並んでいると寸法変化が小さくなる。このような観点から、高密度、高強度の微粒等方性黒鉛は中性子照射による寸法安定性に優れているといえる。

10.2.3 C/C複合材料

C/C 複合材料の寸法変化に与える中性子照射効果の研究は人造黒鉛のそれに比べるとあまり多くはない。Gray[GW-78]および Price ら[PR-85]は PAN 系およびピッチ系炭素繊維に対して中性子照射による寸法変化を測定した。620℃で 5 x 10^{21}n/cm^2 照射した結果によると、炭素繊維は照射により繊維軸方向（長さ方向）は収縮し、直径は照射初期に収縮し次に膨張に転じる。また高温で熱処理して結晶性を高くしたピッチ系繊維は熱処理を施さない PAN 系繊維に比べて軸方向の収縮は小さく、径方向の膨張は PAN 系繊維のそれより大きな値になる。この結果、ピッチ系繊維では照射すると小さな体積膨張が生じ、PAN 系繊維では体積変化は収縮になる。

上記のような炭素繊維の寸法変化機構は図 10.2-4 に示すようなコア・シースモデルで説明される[BT-92]。このモデルでは、炭素繊維は炭素六角層面が繊維軸を中心にして同心円上に配向しているため、繊維の直径方向は黒鉛結晶の c 軸方向が、また繊維の軸方向と円周方向はそれぞれ a 軸方向が優先的に配向した組織になる。黒鉛単結晶の寸法変化挙動と同様に、コア・シースモデルの a 軸方向は

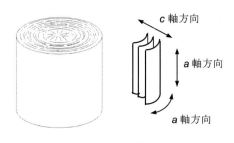

コア・シースモデル

図 10.2-4 炭素繊維組織と黒鉛層面の配向模式図

照射により収縮し、c 軸方向は膨張することになる。また、繊維組織内には気孔や微細亀裂などが存在するため、照射初期には c 軸方向の膨張はそれらに吸収され、一方 a 軸方向は収縮する。その結果、照射初期には繊維軸長さと直径

が収縮し、その後直径方向の収縮が飽和して膨張に転ずることから繊維全体の体積膨張（スエリング）が生じる。

照射により炭素繊維軸の長さが減少するのは黒鉛結晶の a 軸方向の収縮によるものである。結晶性の良いピッチ系炭素繊維の長さ変化が小さいのは結晶性が高い方が格子欠陥と空孔の再結合が容易になるためであると考えられている。全体として結晶性の高い繊維は照射による寸法安定性に優れると言える。

Burchell らは1次元、2次元、3次元ならびにランダム繊維 C/C 複合材を約 600℃ で 1.6dpa まで照射し、寸法変化を測定した[BT-92]。図 10.2-5 に示すように1次元および2次元 C/C 材は繊維の a 軸方向が大きく収縮し、全体に異方的で大きな寸法変化挙動を示している。ランダム繊維 C/C 材（RFC）には a 軸と c 軸の配向に差が見られるようであるが、寸法変化に与える影響は小さい。3次元の C/C 材（PAN 223）の場合、照射による寸法変化は等方的であるが、高温で熱処理したものの方が寸法変化は小さい。また、結晶性の良いピッチ系繊維を使った C/C 複合材は PAN 系繊維を使った C/C 複合材よりも小さな収縮を示し、寸法安定性に優れることを報告している。したがって、望ましい C/C 複合材としては3次元以上の織り方による高い結晶性と等方的な組織を持ち、高い熱処理温度で作られたものが寸法安定性に優れると言える。

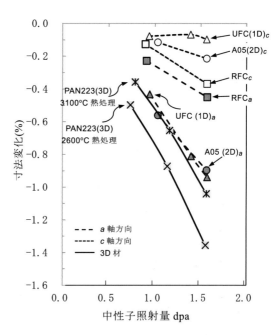

図 10.2-5 中性子照射による各種 C/C 複合材料の寸法変化
RFC：ランダム繊維 C/C 材
UFC：1次元 C/C 材
A05：2次元 C/C 材
PAN 223：3次元 PAN 繊維 C/C 材

10.3 熱的性質
10.3.1 蓄積エネルギー

　高速中性子で黒鉛を照射すると炭素原子は格子位置からはじき出され、格子欠陥が作られる。はじき出された原子は黒鉛結晶の層間に侵入して層面間隔を広げ、はじき出された原子の格子位置には空孔が形成される。格子間原子と空孔は移動・合体などを経て、多数の点欠陥とそれらの集合体、ならびに転位などのより複雑な形の欠陥集合体組織が形成される。このような格子欠陥が黒鉛に導入されると欠陥に伴う格子ひずみのため、内部エネルギーの増加が生じる。このエネルギーは蓄積エネルギーまたはウィグナーエネルギー（Wigner Energy）と呼ばれる。

　照射した黒鉛が加熱されると熱振動により格子原子の再配列が生じ、黒鉛結晶が元のエネルギーの低い状態にもどれば、内部エネルギーの増大成分は熱の形で放出される。例えば、30℃で照射された黒鉛がその後100℃程度まで加熱されると蓄積エネルギーの放出が始まり、やがて自己加熱により400℃程度まで急速に温度上昇することがある。また、高温で照射された場合、低温照射時のような蓄積エネルギーの急速な放出は見られないが、高温で見かけの比熱容量が低下し、原子炉に何らかの熱的過渡現象が生じた時には大きな温度変化をもたらす可能性も指摘されている。このように、原子炉の中性子照射環境で黒鉛を使用する際、意図しない形で黒鉛の急速加熱が生じることを防ぐためにも蓄積エネルギーとその放出機構についての解明は重要である。

（1）照射温度、照射量と全蓄積エネルギー

　中性子照射した黒鉛の全蓄積エネルギーを正確に求めるには、照射前後の黒鉛の燃焼熱の差から求めるのが一般的に行われる方法である。燃焼熱の測定は通常高純度酸素を用いた精密ボンベ熱量計により行われる。単位質量あたりの蓄積エネルギーをS、照射試料と未照射試料の燃焼熱をそれぞれH_iとH_uとすると、Sは

$$S = H_i - H_u \tag{10.3-1}$$

となる。

未照射黒鉛の燃焼熱 H_u は 7800 cal/g (3.26×10^4 J/g) である。照射黒鉛の蓄積エネルギーS は、照射温度と照射量によって大きく異なり、10 cal/g 前後から高い場合には 600 cal/g 以上にもなる。そのため照射量が低い試料では燃焼熱測定は±1 cal/g 前後の精度（0.01％の測定精度）が必要とされ、高照射試料の場合には±3〜4 cal/g 程度で十分となる。

　図 10.3-1 には 30℃から 450℃までの温度範囲で最大 9000 MWd/At(1.3dpa)まで照射されたときの照射量と全蓄積エネルギーの関係を示す。全蓄積エネルギーは照射量とともに増大し、照射量が 5000 MWd/At (0.72 dpa) を超えると飽和してくる。この飽和蓄積エネルギーの値は照射温度が 30℃程度では約 2500J/g (600cal/g)と大きな値であるが、照射温度が高くなると小さくなり、205℃照射では蓄積エネルギーは 1260J/g と 30℃の時の約半分の値になる。305℃と 450℃の温度で照射された場合、全蓄積エネルギーの飽和値はそれぞれ約 167 J/g および 63J/g と大幅に低下している[NR-62]。図 10.3-1 の結果からは、450℃以上の高温で照射された場合全蓄積エネルギーは 60J/g 以下になることが予想されるが、数 dpa 以上の重照射試料でも低い値に留まるのか、この点については確認する必要がある。

　断熱状態に置かれた黒鉛で飽和蓄積エネルギーS(J/g)が熱エネルギーとして放出されると、上昇温度の計算値ΔTは同図の表に示すようになる。全蓄積エネルギーが熱として放出されると黒鉛は非常に高温になることが分かる。

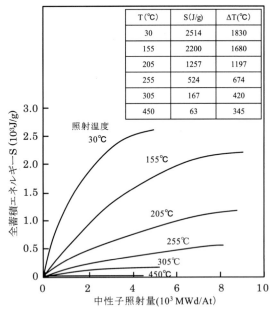

図 10.3-1 単位質量当たりの全蓄積エネルギーS （J/g）と照射温度 T の関係。表のΔT は飽和全蓄積エネルギーS が放出された時の黒鉛の上昇温度である。

T(℃)	S(J/g)	ΔT(℃)
30	2514	1830
155	2200	1680
205	1257	1197
255	524	674
305	167	420
450	63	345

（2）蓄積エネルギーの放出

蓄積エネルギーの放出速度は一般に単位温度上昇に伴う放出蓄積エネルギーとして表される。即ち、

$$\frac{dS}{dT} = \frac{1}{a}\frac{dS}{dt} \qquad (10.3\text{-}2)$$

ここに、Sは単位質量あたりの蓄積エネルギー、Tは温度、aは昇温速度、tは時間である。

照射黒鉛を加熱すると蓄積エネルギーの放出が生じるが、この蓄積エネルギー放出測定には一般に等温法、断熱法および定速昇温法の3種類の方法がある。

① 等温法

図 10.3-2 に示すように、一定温度に保持された恒温槽内の熱量測定用液体に黒鉛試料を急速に投入し、液体の温度変化を測定する。この液体の温度上昇曲線に対する時間変化を解析することにより、黒鉛から放出される蓄積エネルギーが求められる[SJ-65]。液体の熱容量を黒鉛試料のそれに比べて無視できるくらいに大きくすると、蓄積エネルギー放出の時間変化は等温条件下で測定したとみなすことができる。熱量測定用液体の保持温度を変えて同様の測定を繰り返し行うと、蓄積エネルギー放出に関わる活性化エネルギーが求められる。

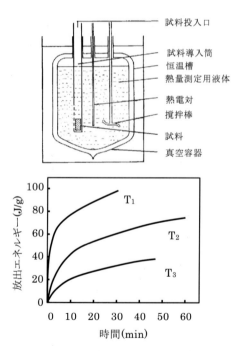

図 10.3-2 等温法による蓄積エネルギー放出の測定概念図

② 断熱昇温法

断熱状態に置かれた照射黒鉛試料をある所定の温度まで急速に加熱し、そのままの状態に保持して温度変化を測定すると蓄積エネルギーの放出が始まるため外部加熱の無い条件下でも自己加熱による黒鉛の急速な温度上昇が起きることがある。図10.3-3は初期外部加熱による温度上昇が不十分な場合で、繰り返し加熱してしきい温度 T_1 に達すると蓄積エネルギーの放出による自己発熱が生じて T_2 の温度まで急速上昇する様子の模式図である。

断熱昇温法は断熱状態に置かれた照射黒鉛の自己発熱による温度上昇の挙動を知るのに適した方法である。

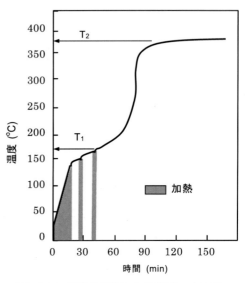

図10.3-3 断熱昇温法による蓄積エネルギー放出模式図。加熱によりしきい温度を越えると急速な温度上昇が起きる。

③ 定速昇温法

照射試料を一定速度で昇温し、その時の試料温度あるいは加熱に要するエネルギー変化などから温度に対する蓄積エネルギー放出速度を測定する方法である。例えば、同一試料を同一の温度プログラム条件で昇温を2度繰り返すと、2回目には蓄積エネルギー放出が無いため加熱に要するエネルギーに初回と2回目で差が生じる。このエネルギー差を解析することから蓄積エネルギーの放出速度が求められる。また一方、照射試料と非照射試料を同時に用いて一定速度で昇温させ、その時の両者の温度差を測定するか、あるいは非照射試料と照射試料を同一速度で昇温させるために要するエネルギー差を検出するなど、基準物質と被測定試料を同時に用いたいわゆる示差走査熱量計（DSC：Differential Scanning Calorimeter）を用いた測定も行われている[SJ-65]。定速昇温法は黒鉛

の蓄積エネルギー放出の最も一般的な測定方法である。なお、蓄積エネルギーの放出速度は単位温度上昇させたときの放出されるエネルギーであり、物質の比熱容量と同じ単位($J \cdot g^{-1} \cdot K^{-1}$)になる。

(3) 蓄積エネルギーの放出挙動

図 10.3-4 は 30℃で照射された黒鉛の蓄積エネルギーの放出速度に対する中性子照射量の影響である。図の実線は中性子照射量が $7.09 \times 10^{19} n/cm^2$ (0.09 dpa) 以下の低照射試料の場合で、同破線は $23.4 \times 10^{19} n/cm^2$ (0.31dpa) の高照射試料についての蓄積エネルギーの放出曲線である。図を見てわかるように、低照射試料グループでは 200℃付近に蓄積エネルギー放出速度に鋭いピークが見られる。一方、破線で示す高照射試料では 200℃付近の鋭いピークは消失してなだらかな曲線を描いてアニール温度とともに低下している。いずれの試料も蓄積エネルギーの放出速度はピーク付近の温度では未照射黒鉛の比熱容量より高い値になっている。

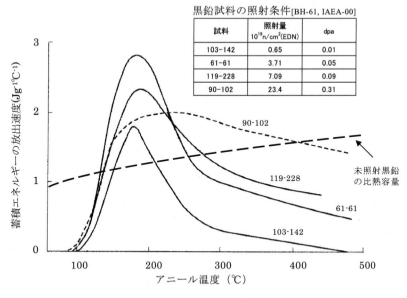

図 10.3-4 照射温度 30℃の黒鉛から放出された蓄積エネルギーの放出速度と中性子照射量の関係

図 10.3-5 は 150℃から 250℃で 0.65dpa まで中性子照射したときの蓄積エネルギーの放出挙動に及ぼす照射温度の影響である[IAEA-00]。蓄積エネルギーの放出は照射温度付近から始まり、エネルギー放出速度はアニール温度とともに上昇するが顕著なピークは示さず飽和してなだらかな減少を示している。放出速度の飽和値は照射温度が高くなると低い値になる。図 10.3-5 に示すように、150～250℃ の比較的高温照射のためか、いずれの温度で照射した試料でも蓄積エネルギーの放出速度は未照射黒鉛の比熱容量の値を超えていない。

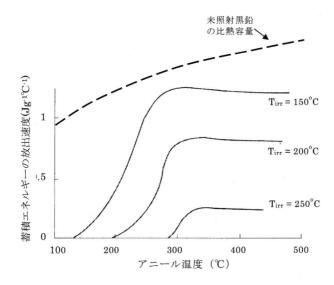

図 10.3-5 照射温度と蓄積エネルギーの放出曲線
照射量 0.65dpa, 5x10^{20}n/cm^2(EDN)

　蓄積エネルギーの放出を考えるとき重要な点としては、照射試料を単位温度上昇させたときの蓄積エネルギーの放出量は昇温速度に対して鈍感であるという事がある。即ち蓄積エネルギーの放出速度は試料の昇温速度にほとんど依らないと言われている。このため、蓄積エネルギーの放出速度と黒鉛の比熱容量の関係を考えると、照射黒鉛に対しては実効比熱容量の概念を導入することが可能となる。即ち、通常の比熱容量から蓄積エネルギーの放出速度（単位温度上昇させたときのエネルギーの放出量）を差し引いた値を実効比熱容量 $C_{p'}$ として定義すると、

$$C_{p'} = C_p - \frac{dS}{dT} \qquad (10.3\text{-}3)$$

と表される。

　もしも式（10.3-3）の右辺がある温度領域で負になるならば、実効比熱容量は負の値になり、黒鉛試料は自己加熱の状態になり断熱状態でも温度上昇が生じる。この様子を図 10.3-6 に模式的に示す。

　例えば、照射黒鉛が図 10.3-6 に示すような蓄積エネルギーの放出挙動を示すものとする。この黒鉛をアニールすると 120℃付近から蓄積エネルギーの放出が始まり 200℃付近でピークを持つ。放出速度 dS/dT が温度 T_1 で黒鉛の比熱容量の値を超えると黒鉛の実効比熱容量 $C_{p'}$ が負になり、断熱状態でも温度上昇が始まる。温度上昇は、蓄積エネルギー放出曲線と比熱容量で囲まれた斜線の面積が比熱容量を下回る領域の面積と等しくなる温度 T_2 に達するまで進む。なお、前述の断熱昇温法の図 10.3-3 で示した

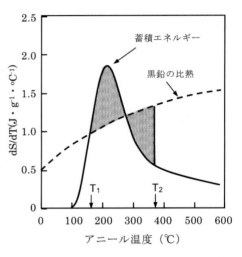

図 10.3-6　蓄積エネルギーの放出による自己加熱の模式図

しきい温度 T_1 と上昇温度 T_2 は図 10.3-6 の T_1 と T_2 の温度に該当する。

　実際、図 10.3-4 に示すように蓄積エネルギーの放出速度が黒鉛の比熱容量を超えれば、アニールにより黒鉛は急速に温度上昇する可能性がある。低温で照射した黒鉛では、意図しない形で黒鉛の急速加熱が生じる可能性がある。したがって、これを防ぐため、低温で黒鉛を使用する原子炉では蓄積エネルギーの状態を随時監視することが必要になる。

　一方、図 10.3-5 に示すように、蓄積エネルギーの放出速度が黒鉛の比熱容量の値を超えない場合には、実効熱容量 $C_{p'}$ は正のままであるので蓄積エネルギー

放出による自己加熱は生じない。しかし、実効熱容量 C_p は高温まで未照射時の比熱容量よりも小さな値になっているので注意を要する。

図 10.3-5 で示す 150℃以上で照射されたときの蓄積エネルギー放出速度に関する結果は、アニール温度が 500℃以下のものであり、さらに高温までアニールしたとき蓄積エネルギーの放出挙動がどのようになるかを知ることは重要である。

Nightingale は 30℃で最大 0.72dpa まで照射した試料について室温～800℃、800℃～1300℃、および 1300℃～1800℃の 3 段階の温度でアニールし、それぞれの温度領域での蓄積エネルギーの放出量を測定し、比熱の値の積分値と比較した[NR-62]。その結果、1800℃でほぼすべての蓄積エネルギーが放出された。また、1800℃までに放出された全蓄積エネルギーは比熱の値から求めたエネルギーよりも少し下回ったが、室温～800℃までの領域では約 280 cal/g と比熱から計算される値とほぼ同じになったとのことである。室温～800℃の領域で放出された蓄積エネルギーの量が比熱から計算される値とほぼ同じになったことは、100~200℃で自己加熱が始まり、1000℃付近まで上昇した可能性があると説明している[ORNL-11]。

Rappeneau らは 70～190℃の温度で 0.66dpa まで照射した黒鉛について、最高 1900℃の温度まで蓄積エネルギー放出を測定した[RJ-66]。図 10.3-7 の実線は

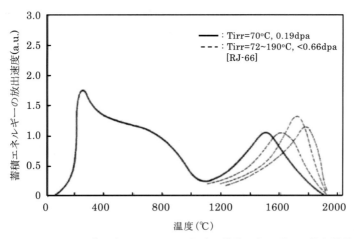

図 10.3-7 高温までアニールした時の蓄積エネルギーの放出挙動

照射温度が 70℃、照射量が 0.19dpa まで照射した試料の蓄積エネルギー放出速度の温度依存性である。図の縦軸は蓄積エネルギー放出速度の相対値（a.u.）であり、定性的な温度変化が示されている。この結果によると、200℃付近には低温で照射した黒鉛で良く見られる放出ピークの後、1500℃付近にも放出ピークが現れている。1500℃付近のピークは 200℃付近の放出ピークの半分くらいの値である。72～190℃で最大 0.66dpa まで照射した他の試料の高温での測定結果においても、破線で示すように1500℃以上に蓄積エネルギーの放出ピークが認められていて、照射黒鉛では1500℃付近にも蓄積エネルギー放出にピークの現れることを示唆している。

　今後さらに次世代超高温ガス炉開発を進めるうえでも、高温・重照射試料に対する高温までの蓄積エネルギー放出の定量的データを取得し、蓄積エネルギー放出のメカニズムを解明することは重要である。

　以上を総合すると、次のようなことが言える。
① 黒鉛を中性子照射すると、蓄積エネルギーは照射量とともに増大しその後飽和する。飽和蓄積エネルギーの値は照射温度に大きく依存し150℃以下では非常に大きくなり、一方450℃以上では大幅に低下する。
② 低温で照射された黒鉛をアニールすると、蓄積エネルギー放出が始まり、放出速度は 200℃付近に大きなピークをもつ曲線となる。照射温度と照射量が高くなると、蓄積エネルギー放出のピーク強度は低下してなだらかな放出曲線を示すようになる。蓄積エネルギーを全て取り除くためには1800℃以上までアニールする必要がある。
③ 照射試料をアニールしたとき、蓄積エネルギーの放出速度が黒鉛の比熱容量を上回るとその後黒鉛が断熱状態に置かれた場合でも急速な温度上昇が始まり、1000℃以上に達することも起こりうる。
④ 照射黒鉛を高温でアニールすると、1500℃付近にも蓄積エネルギーの放出ピークを持つようである。高温・重照射試料、また1000℃以上での蓄積エネルギー放出についてはデータが少ないので、今後測定を積み上げて挙動を確認する必要がある。

10.3.2 熱膨張

図10.3-8には約600℃で30～40dpaまで照射したときの等方性黒鉛Graph NOL N3Mおよび準等方性黒鉛Gilso carbonとH451黒鉛の熱膨張係数の照射量依存性を示す[BT-91,EG-84]。熱膨張係数は照射初期には増大しその後減少に転ずる。このような黒鉛の熱膨張係数の変化機構は寸法変化と併せて、次のように説明される。

黒鉛を中性子照射すると、10.2節の寸法変化のメカニズムのところで説明したように、黒鉛結晶子の c 軸方向の膨張は黒鉛組織に内在するマイクロクラックや気孔に吸収され、一方 a 軸は収縮するため黒鉛は全体として収縮する。この結果、照射初期には熱膨張を吸収できるマイクロクラックや気孔の体積が減少し、熱膨張係数は未照射試料のそれに比べて大きくなる。照射がさらに増すと黒鉛組織は c 軸方向の膨張を吸収しきれなくなり、新たなマイクロクラックや気孔が発生し始め寸法の収縮速度は緩やかになり、その結果熱膨張係数は小さくなる。

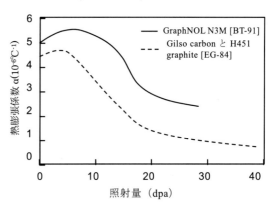

図 10.3-8　等方性黒鉛GraphNOL N3Mと準等方性黒鉛Gilso carbonおよびH451黒鉛の熱膨張係数に与える中性子照射効果

10.3.3 熱伝導

熱伝導度は中性子照射によって低下するが、照射の初期、特に照射温度が低い時に熱伝導度は大きく低下する。これは照射によって導入される比較的小さな欠陥（格子間原子や空孔、またはそれらのクラスター）がフォノンを散乱し、平均自由行程を小さくするからである。高温になるにしたがって、これらの欠陥は再結合し消滅するかまたはより大きなサイズの欠陥や転位ループなどに成長し、フォノン散乱の効果は減少して熱伝導度の低下割合も小さくなる。そのため、熱伝導度は照射温度依存性が大きい。特に照射前に高い値を持つものは照射による劣化が著しい。

第10章　原子炉使用条件下での炭素・黒鉛の各種特性変化

図 10.3-9 には代表的な高密度、高強度等方性黒鉛 IG-110 および ETP-10 と高熱伝導性 C/C 複合材 CX2002U の中性子照射前後の室温から 1600℃までの熱伝導度の温度変化を示す。ここで示される結果をまとめると次のようである。

① **非照射材の熱伝導度**

等方性黒鉛 IG-110 と ETP-10 は室温で 100〜120 W・m^{-1}・K^{-1} の値を有している。熱伝導度は 5.4.2 節で説明したように、室温以上では温度とともに急速に低下して 1000℃で約 60 W・m^{-1}・K^{-1}、1600℃で約 50 W・m^{-1}・K^{-1} の値になる。1000℃以上では図.5.4-2 に示す人造黒鉛 SX-5 の熱伝導度の値とほぼ同様の値になっている。また C/C 複合材 CX2002U は室温で約 280 W・m^{-1}・K^{-1} と非常に高い値を示しているが、温度とともに急速に低下し、1000℃以上になると約 60 W・m^{-1}・K^{-1} 以下の値になり、等方性黒鉛の熱伝導度とほとんど同じ値になる。

② **熱伝導度に及ぼす照射効果**

等方性黒鉛 IG-110U と ETP-10、および高熱伝導性 C/C 複合材 CX-2002U について 200℃と 400℃、0.01dpa〜0.82dpa まで中性子照射したときの熱伝導度の温度変化は次のようになる。

未照射時室温で 100〜120 W・m^{-1}・K^{-1} の熱伝導度を持つ IG-110U と ETP-10 黒鉛は 200℃ 0.02dpa 照射では約 10 W・m^{-1}・K^{-1} の値になり、照射前に比べて一桁下がる。また、室温で 280 W・m^{-1}・K^{-1} という高い熱伝導度を持つ CX-2002U も 200℃、0.01dpa 照射で約 10 W・m^{-1}・K^{-1} に低下し温度依存性も含めて等方性黒鉛の熱伝導と全く同じ変化挙動を示している。200℃で 0.01 と 0.02dpa 照射された試料の熱伝導度は温度

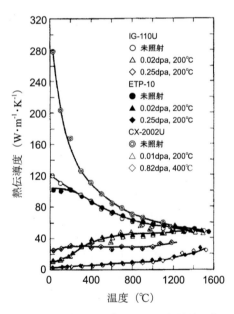

図 10.3-9 中性子照射による黒鉛材料の熱伝導度の変化[MT-92]

とともに上昇して行き、1400℃で非照射試料とほぼ同じ値にまで回復している。

200℃ 0.25dpa 照射した IG-110U および ETP-10 の熱伝導度は、室温で 20 分の 1 以下に低下し、その後温度とともになだらかに上昇するが 1500℃でも非照射時の半分程度の値で回復は十分ではない。また、400℃、0.8dpa 照射した CX-2002U の熱伝導度は室温で約 25 $W \cdot m^{-1} \cdot K^{-1}$ と照射前の 10 分の 1 程度であるが、200℃照射時に比べて照射量が約 2 桁程度高いにもかかわらず熱伝導度の低下は小さい。照射温度は熱伝導度の値に大きな影響を及ぼすことが分かる。

ここで注目されることは、図 10.3-9 に示すように、IG-110U と ETP-10 の両黒鉛とも照射条件が同じならば、照射後の熱伝導度は同じ値になっている。さらに、照射前に熱伝導度が大きく異なる等方性黒鉛と CX-2002U においても、照射条件がほぼ同じならば照射後の熱伝導度ならびにその温度依存性もほとんど同じ値になる。結晶構造が発達した高密度、高純度黒鉛や C/C 材においては、照射によって導入される格子欠陥によって熱伝導度の値が決まるということを示している。このことは以下のように説明される。

照射前の黒鉛のフォノン平均自由行程を l_0、照射後のそれを l とすると

$$\frac{1}{l} = \frac{1}{l_0} + \frac{1}{l_d} \tag{10.3-4}$$

と表される。ここで、l_d は照射により導入された格子欠陥によるフォノン平均自由行程である。

高熱伝導性の黒鉛材料では l_0 は大きな値を持っているが、照射により導入された格子欠陥によるフォノン平均自由行程 l_d は小さな値となるため、実質的に $l \sim l_d$ となり、照射後の熱伝導度は l_0 に依存しなくなる。すなわち、高熱伝導性の黒鉛材料では熱伝導度は照射前の値にはあまり依存せず、照射によって導入された格子欠陥によって熱伝導度の値がほぼ決まるということを示している。

数 dpa を超えてさらに照射が進むと熱伝導度の低下は進むが、寸法変化と違ってあまり大きく変化しない。なぜならば c 軸方向の膨張を吸収する層面に平行な気孔が閉じても層面に沿って伝播するフォノン伝導機構には大きな影響を与えないからである。寸法変化に反転が生じる以上に照射されると新たなマイクロクラックや気孔の発生が伴うため、熱伝導度は低下し始める。

③ 熱伝導度のアニール効果

図 10.3-10 には、200℃で中性子照射した IG-110 と ETP-10 黒鉛について、室温から1700℃まで各温度で30分保持して等時アニールした後室温で測定した熱伝導度の値を示す。

0.02dpa 照射試料ではアニール温度とともに熱伝導度は急速に回復し、200℃付近と1000℃付近に回復ステージが見られる。1700℃のアニールで両黒鉛とも未照射の95〜100%の値まで回復している。一方、0.25dpa 照射試料では熱伝導度は1000℃付近までゆるやかな回復を示し、その後1700℃の温度で熱伝導度は未照射時の値の80%程度であり、十分に回復していない。

0.02dpa 照射試料に見られる200℃付近の回復ステージは低温で照射された黒鉛の蓄積エネルギー放出速度のピーク温度領域にも対応していて、これは単一の格子間原子もしくは少数から成る格子間原子クラスターの

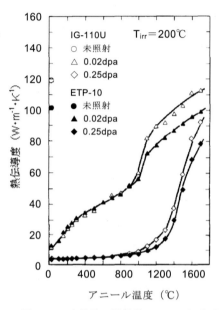

図 10.3-10 黒鉛の照射後アニールによる熱伝導度の回復[MT-92]

消滅に対応している。0.25dpa まで照射された試料に見られる1000〜1200℃付近の回復は、より大きなサイズの欠陥クラスターまたは転位ループの消滅によるものと思われる。

以上をまとめると次のことが言える。黒鉛を中性子照射すると熱伝導度は大きく低下し、低下の度合いは中性子の照射量よりも照射温度の影響が大きい。また、非照射時に熱伝導度が大きく異なる材料においても、照射条件が同じならば照射後の熱伝導度ならびにその回復挙動もほとんど同じになる。このことは、高熱伝導性の黒鉛では未照射時の値にかかわらず、照射によって導入された格子欠陥の状態によって熱伝導度の値が決まるということを示している。

10.4 機械的性質
10.4.1 弾性定数

　黒鉛材料は、結晶性部分（コークス）、結晶性の良くない部分（非晶質；バインダー）、およびその両方に含まれる気孔、き裂などから構成されている。一般に、材料に力を加えると結晶部分の転位が移動して変形を生じる。あるいは気孔の形状が変化したり、き裂が生成進展したりしてこれらが変形に寄与することになる。

　第8章で述べたように主に中性子照射によって黒鉛材料中に変位原子が生成し、それらは材料中の欠陥として、格子間原子、原子空孔、それらのクラスターなどが生成される。照射を受けた黒鉛材料中に新たに生じた照射欠陥は、その材料に応力を加えた場合、転位の運動の障害となり、転位が移動しにくくなる。すなわち照射前と同じ量の変形をさせるにはさらに大きな力が必要になるということである。つまり照射欠陥は転位の運動抵抗を増加させる。これが照射初期の弾性定数の増加や塑性流動応力の増加に寄与することになる。

　ここでは、黒鉛結晶の基底面に平行な方向の弾性スティフネス、C_{44} について考える[KB-81]。さらに刃状転位とらせん転位を区別せずに照射欠陥などの欠陥を転位の運動を妨げるピン止め点とする。最初のピン止め点間の距離を L_0[m]とし、照射後ピン止め点間の距離を L_p[m]とする。また、ピン止め点の数をそれぞれ N_0[m^{-3}]と N_p[m^{-3}]とする。照射によってピン止め点の数は増加し、ピン止め点間の距離は逆に減少する。中性子照射量 Φ[n/m^2]における弾性スティフネス $C_{44}(\Phi)$ は次式で表される。

$$C_{44}(L_p) = C_{44}(L_0) \cdot (1+B)/[1+B(L_p/L_0)^2] \qquad (10.4\text{-}1)$$

ここで、$N_0 L_0 = N_p L_p = \Lambda_0$ であることを考慮し、照射の初期に次式を仮定する。

$$N_p = N_0 + G(T)\Phi \qquad (10.4\text{-}2)$$

ここで、G(T)は温度に依存する定数である。上式を使ってこれを書き直すと

$$L_p/L_0 = [1 + G(T)\Phi/N_0]^{-1} \qquad (10.4\text{-}3)$$

となり、これを(10.4-1)に代入して Φ の関数として次式のように書ける。

$$C_{44}(\Phi) = C_{44}(0) \cdot (1+B)/[1+B\{1+G(T)\Phi/N_0\}^{-2}] \qquad (10.4\text{-}4)$$

ここで、$B = \Lambda_0 L_0^2 (C_{44}/K) / \ln(R/r_0)$

　　　K：転位に働く力学定数[N/m^2]
　　　R：転位応力の及ぶ範囲[m]

r_0：転位芯の大きさ[m]

Bの値は黒鉛の場合、約2になるという[KB-81]。C_{44}の値の最大値は初期値の$(1+B)$倍となるので、約3倍ということになる。これは単結晶あるいは熱分解黒鉛のような結晶性の良い単結晶に近い材料の底面に平行な方向の弾性スティッフネスの結果である。実際の黒鉛材料は多結晶体であり、さらにはじめに述べたように気孔やき裂を含んでいる。これらの欠陥が照射により変化しなければ、単結晶の結果が照射による影響を示していると考えられる。実際には、気孔径分布やき裂サイズは照射によって変化する場合があるので、ヤング率等の弾性スティッフネスの変化に影響する可能性がある。

実際に中性子照射により弾性スティッフネスC_{44}の変化を測定した結果、照

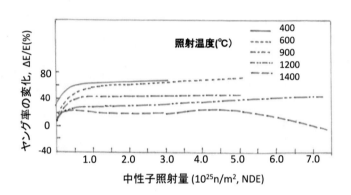

図 10.4-1 石油コークス系黒鉛（押出材）のヤング率に及ぼす中性子照射の影響

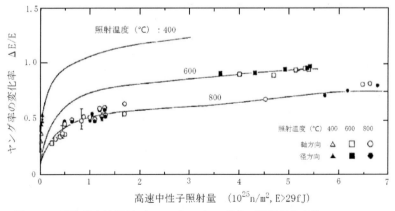

図 10.4-2 微粒等方性黒鉛（IG-110）のヤング率の照射量依存性[IM-91]

射前に比べて照射後 2〜4 倍増加している。50℃、650℃、1000℃での照射が行われているが、低温での照射が最も大きな増加を示している[KB-81]。石油コークス系黒鉛材料（押出材）のヤング率に及ぼす中性子照射の影響をいろいろな照射温度での変化傾向を図 10.4-1 に示す[PR-75]。照射により最初増加し、のちほぼ一定となり、さらに照射量が大きくなると減少していく傾向がある。次に HTTR に使用された微粒等方性黒鉛材料（IG-110）のヤング率に及ぼす高温中性子照射の影響を図 10.4-2 に示す。400℃で照射前の 2 倍以上、600℃と 800℃において照射した材料の場合 1.5 倍から 2 倍弱の増加を示していることが分かる。

中性子照射量に対するヤング率の変化は、照射の初期に増加し、照射量が大きくなると、空孔クラスター、気孔の生成などによりヤング率は飽和から減少する傾向をたどる（図 10.4-1）。これは見かけ密度の減少その他によるヤング率への寄与によるものである（(7.1-6)式参照）。また、照射温度の上昇に伴い、ヤング率の増加率は減少する傾向がある（図 10.4-1、図 10.4-2）。

10.4.2 応力-ひずみ関係

黒鉛材料の応力-ひずみ関係の特徴は、金属材料のように明確な直線関係と降伏点が見られないことである。小さなひずみの段階から非直線性を示し、最大

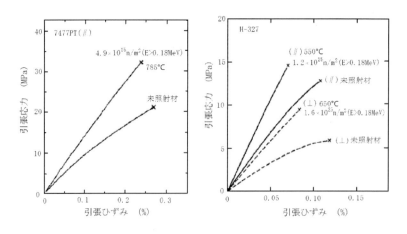

図 10.4-3 微粒等方性黒鉛(7477PT)、粗粒異方性黒鉛(H-327)の室温における引張応力-ひずみ曲線に及ぼす中性子照射の影響[OT-78]

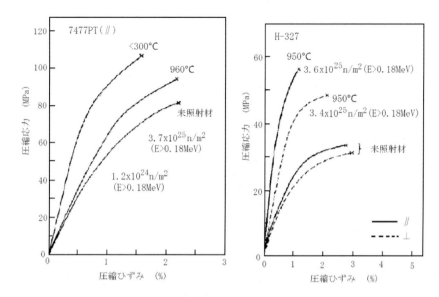

図 10.4-4 微粒等方性黒鉛（7477PT）粗粒異方性黒鉛(H-327)の室温における圧縮応力-ひずみ曲線に及ぼす中性子照射の影響[OT-78]

応力点で破壊することおよび破壊までの引張ひずみは 0.5％程度以下で小さいことである。中性子照射を受けて照射欠陥を生じた場合、照射欠陥は転位の運動に対する抵抗力を増加させ、その結果、同じひずみに対して大きな応力を必要とすることになる。実例を図 10.4-3 及び図 10.4-4 に示す。これらの図は微粒等方性黒鉛（7477PT）と異方性粗粒黒鉛（H-327）について、中性子照射前後の引張応力-ひずみ曲線と圧縮応力-ひずみ曲線である。図中の温度は照射温度を示す。引張・圧縮ともに照射により、ヤング率（原点での曲線の勾配）と破壊応力が増加し、破断ひずみが減少することが分かる。

10.4.3 引張・圧縮・曲げ破壊特性

引張・圧縮・曲げ破壊では、弾塑性変形の過程で転位の運動の障害となる照射欠陥を含む様々な欠陥によって転位の運動抵抗力が増加する。したがって、一般的に言えば、照射により強度は増加する。しかしながら、重照射の場合、気孔やき裂の生成・成長がある程度大きくなると、破壊力学的考察から強度が減少する可能性が考えられる。すなわち、照射の初期に強度は増加し、照射量

の増加に伴い、飽和から減少の傾向を持つ。これはヤング率の照射量依存性と類似の傾向である。これらの特性の照射の進行に伴う傾向は、破壊力学特性と関連づけ考えることができる。

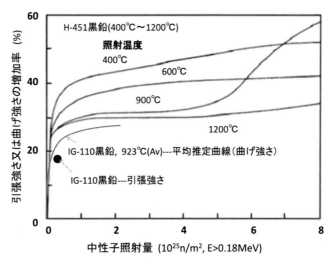

図 10.4-5　準等方性黒鉛(H-451)の引張又は曲げ強さ及び等方性黒鉛(IG-110)の引張強さ(6個の平均)と曲げ強さの増加率の中性子照射量依存性

　Griffith-Irwin の式によれば、破壊強度 σ_f は次の式で表される。
$$\sigma_f = (G_{IC}E/2\pi a)^{\frac{1}{2}} = K_{IC}/(2\pi a)^{1/2} \tag{10.4-5}$$
ここで、G_{IC} はき裂に関するエネルギー解放率、E はヤング率、$2a$ はき裂長さ、K_{IC} は破壊靭性値または臨界応力拡大係数である。上式から破壊強度はこれらのパラメータに依存して変化する可能性があることを示している。

　強度特性に及ぼす中性子照射の影響は、その特性上、多くのデータを取得するのが難しいので、いろいろな照射条件のデータを用いて最適曲線を推定することが多い。図 10.4-5 は準等方性黒鉛(H-451)及び等方性黒鉛(IG-110)材料に関する例であり、中性子照射量の増加に伴い、ヤング率の変化と同様に急激な立ち上がりからやや飽和する傾向を示している。また照射温度の増加に伴い、増加率は減少していることが分かる[PR-75]。この範囲の照射量では、照射後の強度(σ_f)は照射後のヤング率(E)に対して
$$\sigma_f/\sigma_0 = A\,(E/E_0)^{\frac{1}{2}} \tag{10.4-6}$$
によって、表せることが分かっている。ここで、A は照射温度の関数、添字ゼロは照射前の値である。

微粒等方性高強度黒鉛（POCO 社製 AXF-5Q）の 4 点曲げ強さとヤング率の照射量依存性が調べられている[PR-75]。照射は 400℃で $3×10^{25}$ n/m² (E>1MeV)まで行われた。両者の特性はほぼ類似の傾向を示している。この程度の照射量の場合、4 点曲げ強さは(10.4-6)式（予測値）によって表せることが示されている。

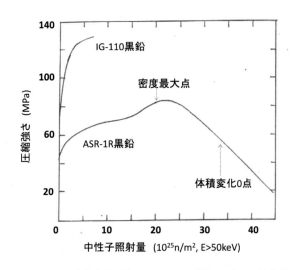

図 10.4-6　準等方性黒鉛(ASR-1R: 照射 620℃)と等方性黒鉛(IG-110:照射 775-1200℃)の圧縮強さの中性子照射量依存性

重照射の場合、き裂・気孔の生成・成長の影響で(10.4-5)式からヤング率、E が減少し、a は増加し、G_{IC} はあまり変化しないと仮定すると、強度は減少する可能性がある。各種黒鉛の高照射量までの引張強さの変化を調べた例[PR-79]によると、高照射下で強度が減少している。

高照射下でもっと明瞭に強度が低下している例を準等方性振動加圧成形黒鉛(ASR-1R)の圧縮強さの変化について図 10.4-6 に示す[KC-85]。この図は照射の進行に伴い高照射下では密度が増加し、最大になる点及びその後密度が減少し元の体積に戻る点が示されている。これから、密度が最大の点で強度がほぼ最大となり、体積が元に戻った点がほぼ照射前の強度に戻っていることが分かる。また、微粒等方性 IG-110 黒鉛は照射初期に他の黒鉛と同様に増加する傾向が図 10.4-6 に示されている[IM-91]。

10.4.4 破壊力学特性

き裂の進展による破壊には、3 つのモードがある（第 7 章）が、ここでは、モード I の破壊を例にとって説明を進める。すでに述べたように問題となる重

要特性は、破壊靭性値 K_{IC}、破壊応力 σ_f、対応するエネルギー解放率 G_{IC}、有効き裂長さ a_c などである。線形弾性破壊靭性値 K_{IC} は次式で表される。

$$K_{IC} = \sigma_f(\pi a)^{\frac{1}{2}} = (EG_{IC})^{1/2} \tag{10.4-7}$$

この式から、照射の初期段階では破壊応力が増加することを考慮すると破壊靭性も増加する可能性がある。しかし、き裂等の欠陥サイズは中性子照射量の増加に伴い、大きくなる可能性があるので、このことを破壊靭性への照射の影響として考慮することが必要となる。前節の例は高照射の場合破壊強度やヤング率が低下するので、上式から破壊靭性もき裂サイズあるいはエネルギー解放率との関連で低下する可能性もある。以下に示す例では照射量は強度低下が起こるほどの大きさではない。

　4 種類の黒鉛(PCEA,N3M, IG-11, H-451)の破壊靭性に及ぼす照射効果の測定例[BT-14]について説明する。石油コークス系黒鉛（PCEA）に関する結果が主体である。他の 3 種類は比較のための例示であり、試験法も異なる。PCEA 黒鉛は Graftech 社製石油コークス系黒鉛であり、粒径約 360μ m の粗粒黒鉛である。

　試験片は ASTM D7779-11(2012)に従って、長さ L=50mm, 幅 B=6mm, 厚さ W=6mm の SENB (Single-edge Notched Beam)試験片であり、$0.35 \leqq a/W \leqq 0.60$, $5 \leqq S/W \leqq 10$ となるようにしている。ここで、a はき裂の深さ、S は支持スパンの長さである。SENB 試験片を用いて 3 点曲げ試験を行い、臨界応力拡大係数、K_{IC} を次式によって計算している。(詳細は ASTM を参照のこと)

$$K_{IC} = g\left[\frac{P_{max}S10^{-6}}{BW^{\frac{3}{2}}}\right]\left[\frac{3\left(\frac{a}{W}\right)^{\frac{1}{2}}}{2\left(1-\frac{a}{W}\right)^{\frac{3}{2}}}\right] \tag{10.4-8}$$

ここで、

$$g = A_0 + A_1\left(\frac{a}{w}\right) + A_2\left(\frac{a}{w}\right)^2 + A_3\left(\frac{a}{w}\right)^3 + A_4\left(\frac{a}{w}\right)^4 + A_5\left(\frac{a}{w}\right)^5 \tag{10.4-9}$$

であり、g の係数の値は ASTM D7779-11（2012）の Table 1 に示されている。ノッチは微細なやすりと剃刀で加工している。照射はオークリッジ国立研究所（ORNL）の HFIR(High Flux Isotope Reactor)を用いて 900℃（896±25℃）で、6.6dpa と 10.2dpa まで行われた。照射温度は SiC 温度モニターを使って決定された。

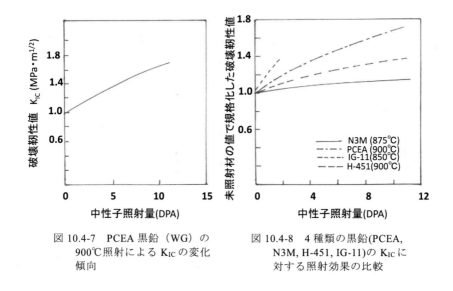

図 10.4-7　PCEA 黒鉛（WG）の900℃照射による K_{IC} の変化傾向

図 10.4-8　4種類の黒鉛(PCEA, N3M, H-451, IG-11)の K_{IC} に対する照射効果の比較

　PCEA 黒鉛の臨界応力拡大係数 K_{IC}（破壊靱性値）の中性子照射による変化傾向を図 10.4-7 に示す[BT-14]。PCEA 黒鉛を 896℃で約 10.2dpa まで照射した場合、K_{IC} は未照射材の $0.97MPa・m^{1/2}$ から照射後の $1.65MPa・m^{1/2}$ まで増加している。照射後の値を照射前の値で規格化して、他の3種の黒鉛材料の変化傾向と比較したのが図 10.4-8 である[BT-14]。GraphNOL N3M 黒鉛（Chevron ノッチ試験片を使用）を 875℃で 10dpa まで照射すると K_{IC} は $1.7MPa・m^{1/2}$ から $2MPa・m^{1/2}$ まで増加した[BT-91]。H-451 黒鉛の場合 900℃で 11dpa まで照射すると $1.45MPa・m^{1/2}$ から $2MPa・m^{1/2}$ まで増加している[EW-84]。また、IG-11 黒鉛について切欠き付円板試験片を用いた結果では、約 850℃で 1.34dpa まで照射した場合 $0.78MPa・m^{1/2}$ から $1.01MPa・m^{1/2}$ まで増加している[SS-89]。

　破壊靱性値に及ぼす照射の影響については約 900℃で 10dpa までは増加の傾向にあるといえる。しかし、破壊力学に基づく構造設計を行うには今後さらにデータの蓄積が必要である。

10.4.5 疲労特性

　疲労強度に及ぼす中性子照射の影響は高純度微粒等方性黒鉛(IG-110)につい

てリング圧縮試験によって調べられている[IS-91]。照射は 575-650℃において 1.92 x 10^{24} から 3.20× 10^{24}n/m^2 (E>29fJ)まで行われた。疲労試験におい

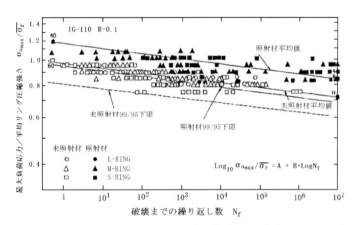

図 10.4-9 照射前後のリング試験片の最適Ｓ-Ｎ曲線と 99％/95％下限Ｓ-Ｎ曲線[IS-87]

て荷重比（最少荷重/最大荷重）は 0.1 であった。照射前後の疲労Ｓ-Ｎ曲線を図 10.4-9 に示す。この図には疲労最適Ｓ-Ｎ曲線と 99％/95％下限疲労Ｓ-Ｎ曲線がデータ点とともに記されている。この図において、縦軸は、未照射材、照射材それぞれの平均のリング圧縮強さ（リング内面の引張応力で破壊する）に対する最大付加応力の比である。照射材の曲線は未照射材の曲線の若干上へシフトしていることが分かる。

　照射材の黒鉛の疲労強度は未照射黒鉛の疲労強度の 1.2 倍となっている。ここで注目すべきことは、照射材の疲労強度の増加は照射材の静的強度の増加量に対応していることである。

10.4.6 照射クリープ特性
(1) 照射クリープの意義

　黒鉛は 7 章で述べたように 1000℃以下ではほとんどクリープ変形を生じない。しかしながら、原子炉の黒鉛構造物は運転中に中性子照射を受け温度と照射量に対応した寸法変化を生じる。中性子照射量や温度の局部的な変化のために黒鉛構造物内にひずみとそれに対応した応力を発生する。これらの応力は中性子照射によって誘起されるクリープひずみにより緩和される。原子炉が運転される温度では熱クリープは生じないが、中性子照射が加わると数パーセント以上のひずみすなわち照射クリープ変形を生じる。もし、照射クリープ現象が

なければ、黒鉛材料は破壊するかもしれないようなひずみである。黒鉛は中性子照射下で応力を受けると、室温でもクリープ変形を生じることが知られている。一方、中性子照射を受けると応力がなくてもひずみを生じることはすでに説明した。さらに応力が加わるとその応力の方向に応じて、つまり引張応力なら引張ひずみが、圧縮応力なら圧縮ひずみが照射寸法変化に加わってくることになる。

　クリープひずみは黒鉛材料を原子炉炉心構造物に使用する場合、構造設計上極めて重要かつ必要な特性であると同時に安全性評価の上でも必要な特性である。構造物が設計上破損するかしないかを評価・判断するには、構造物内に発生する応力とその条件での強度・靭性を比較・評価・検討することが必要である。照射クリープひずみは一般に黒鉛構造物に発生する内部応力を緩和する働きがある。もし、この照射クリープひずみがないとすると、発生応力を緩和できないので、構造物は破壊する危険性がある。しかし、実際には照射クリープ現象により発生応力は緩和され、設計上の破壊までの時間は実用上十分利用可能な時間となる場合がある。その際、構造物に関わるいろいろな特性の温度、照射量に対する変化を考慮して発生応力を評価することが必要である。また、照射クリープひずみを含む定常クリープのクリープ係数なども発生応力評価のため必須の特性である。

(2) 照射クリープの機構

　照射クリープの機構は、KellyとForemanによって提案されている[KB-74]。中性子照射によって黒鉛結晶中の底面にある転位がピン止めされたり、ピン止めを外されたりする。照射によってピン止めが外されることは照射による焼鈍回復現象である。中性子照射下では、転位線は照射量と照射温度に依存して完全にピン止めされたり、部分的にピン止めされたりしていると考えられる。ピン止め点は格子間原子のクラスター4±2原子サイズからなっていると考えられている[MD-67]。この格子間原子クラスターのピン止め点は照射によって一時的にできたもので、照射の進行に伴い、できたり壊れたりするものである。したがって、照射によって転位線は最初のピン止め点の位置から解放され、結晶は底面すべりにより転位のピン止めとその解放によって決まる速度で変形していくと考えられる。

KellyとForemanの理論は、多結晶黒鉛が単一相からなり、気孔は考慮せず、底面すべりによってひずみを生じるものと仮定している。底面すべりのひずみ速度は次式によって決定される。

$$\dot{\varepsilon}_{zx} = k\sigma_{zx}\varphi \qquad (10.4\text{-}10)$$

$$\dot{\varepsilon}_{zy} = k\sigma_{zy}\varphi \qquad (10.4\text{-}11)$$

ここで、$\dot{\varepsilon}_{zx}$と$\dot{\varepsilon}_{zy}$は底面に平行な面内のそれぞれ x 方向と y 方向のせん断ひずみ速度である。（底面の方向は z 軸）k は定常状態のクリープ係数である。φは速中性子束である。一方、底面のせん断ひずみ速度$\dot{\varepsilon}$は移動転位の密度ρと次のような関係にある。

$$\dot{\varepsilon} = \rho b v = k\sigma\varphi \qquad (10.4\text{-}12)$$

ここで、bはバーガースベクトル vは転位の速度である。ピン止め点の濃度は照射の進行に伴い増加し、定常状態の濃度で飽和する。中性子照射により、ピン止め点は生成ばかりでなく、消滅も起こる。ピン止めが外れることにより転位が移動し、変形が進行することになる。初期の照射クリープ速度が増加から飽和への傾向を示すのはピン止め点の濃度の変化に対応しており、これは中性子束と温度に依存している。

(3) 照射クリープ曲線

照射クリープの実験において測定される見かけのクリープひずみは、通常照射下で応力を受けた試料の寸法変化と応力を受けない試料の寸法変化の差として定義される。初期の低照射量における照射クリープデータは2つの領域の粘弾性モデルによって説明できることが分かっている。つまりひずみが大きく増加する遷移（1次）クリープ領域と応力、照射量に比例する定常（2次）クリープの領域である。応力が大きくなったり照

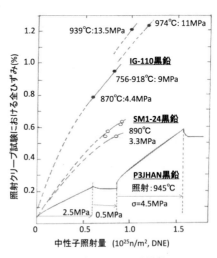

図 10.4-10　石油コークス系黒鉛(P3JHAN)の照射クリープ曲線及び微粒等方性黒鉛(IG-110)と準等方性黒鉛(SM1-24)の推定照射クリープ曲線

第10章 原子炉使用条件下での炭素・黒鉛の各種特性変化

射量がさらに大きくなったりすると定常クリープの直線からずれてさらに大きくなる傾向のあることが分かってきた。

粘弾性モデルによると全体の照射クリープひずみは次式で表される。

$$\varepsilon_c = \frac{a\sigma}{E_0}[1 - \exp(-b\Phi)] \tag{10.4-13}$$

ここで、ε_c は全体の照射クリープひずみ、σ は単軸応力、E_0 は未照射材のヤング率、Φ は中性子照射量、a, b は定数（a は通常1）である。照射クリープ試験における全ひずみは(10.4-13)に初期弾性ひずみ σ/ε_0 を加えたものである。上式は初期弾性ひずみで規格化すると次のようになる。

$$\varepsilon_c/(\sigma/E_0) = 1 - \exp(-b\Phi) + kE_0\Phi \cong 1 + kE_0\Phi \tag{10.4-14}$$

クリープ係数 k は付加応力の符号（引張、圧縮）には無関係であることが分かっており、比較的照射量の低い照射クリープデータに関しては、上記の線形粘弾性モデルが良く合うことが知られている。

照射クリープ曲線の実験例を図10.4-10 に示す。一つは石炭系黒鉛[JG-77]に関する荷重制御ひずみ連続測定式の試験結果である。次に、微粒等方性黒鉛

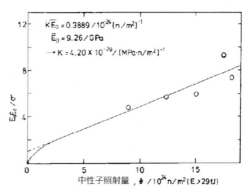

図10.4-11 微粒等方性黒鉛(IG-110)の照射クリープひずみの照射量依存性（縦軸は初期ひずみで規格化したクリープひずみ）[OT-90, OT-02]

(IG-110)[OT-90]と準等方性黒鉛(SM1-24)[OT-88]については、照射クリープ試験後のひずみに熱膨張の効果を考慮した推定照射クリープ曲線を示している。この図は(10.4-13)式の粘弾性モデルとよく一致していることが分かる。いくつかの黒鉛についての結果を解析して、次のような結論が得られている。$a \cong 1$, $b=0.3 \sim 0.4 \times 10^{-19}$（n/cm^2, DNE*）$^{-1}$ である。さらに、a と b には顕著な温度依存性がないということである。2次クリープひずみ速度は(10.4-13)で示されるようにほぼ応力に比例して増加することが示されている。また、微粒等方性黒鉛について規格化した引張クリープひずみの照射量依存性を一例として図10.4-11 に示す。この図から得られる照射クリープ係数 k の値が図中に示さ

れている。各種黒鉛の照射クリープ係数と未照射材のヤング率との積を照射温度に対して整理したものが図10.4-12 である。右上がりのカーブになっている様子が見られる。

高照射量で大きな照射クリープひずみを示す場合は上記の照射量に対する直線関係からかなりずれること

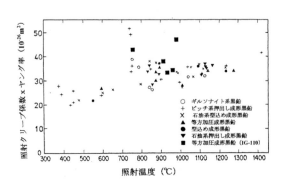

図 10.4-12 照射温度の関数としての照射クリープ係数×初期ヤング率の値[OT-90, OT-02]

が分かった [BJ-93]。このデータを説明するのに照射誘起構造変化としてヤング率変化を含む構造因子が用いられている。

(4) 熱膨張の影響

中性子照射下において応力が加わると熱膨張係数が変化することが知られている。圧縮応力の場合熱膨張係数は増加し、引張応力の場合減少する[BT-08]。このことが照射クリープひずみに影響することが考えられる。Kelly と Burchell は、照射下で応力負荷時と無負荷時において結晶子の熱膨張係数の変化が照射クリープひずみにどのように影響するかを調べた。Simmons の理論[SJ-61]によると,照射中無応力下の黒鉛と応力下の黒鉛の x 方向の寸法の照射量あたりの変化率は次式のようになる。

$$g_x = \left(\frac{\alpha_x - \alpha_a}{\alpha_c - \alpha_a}\right)\frac{dX_T}{d\Phi} + \frac{1}{X_a}\frac{dX_a}{d\Phi} + F_x \tag{10.4-15}$$

$$g'_x = \left(\frac{\alpha_{x'} - \alpha_a}{\alpha_c - \alpha_a}\right)\frac{dX_T}{d\Phi} + \frac{1}{X_a}\frac{dX_a}{d\Phi} + F'_x \tag{10.4-16}$$

ここで、Φ は照射量、α は熱膨張係数、α の添字はそれぞれ x 方向、a 軸方向、c 軸方向の値、X_a, X_c はそれぞれ a 軸方向と c 軸方向の黒鉛結晶子の寸法、F_x, F'_x はそれぞれ照射下無応力、照射クリープ後の気孔生成の項を示す。また、X_T は結晶子の形状変化を表すパラメータであり、次式で表される。

$$\frac{dX_T}{d\Phi} = \frac{1}{X_c}\frac{dX_c}{d\Phi} - \frac{1}{X_a}\frac{dX_a}{d\Phi} \tag{10.4-17}$$

したがって、熱膨張の照射クリープ速度への影響分は、気孔の影響の項を無視すれば、g'_x と g_x との差で表される。

$$g'_x - g_x = \left(\frac{\alpha_{x\prime}-\alpha_x}{\alpha_c-\alpha_a}\right)\frac{dX_T}{d\Phi} \tag{10.4-18}$$

この関係は見かけの照射クリープ速度と真の照射クリープ速度との関係に対しても適用できるものである。その結果、真のひずみ速度は次の式で表せる。

$$\frac{d\varepsilon}{d\Phi} = \frac{d\varepsilon\prime}{d\Phi} - \left(\frac{\alpha_{x\prime}-\alpha_x}{\alpha_c-\alpha_a}\right)\frac{dX_T}{d\Phi} \tag{10.4-19}$$

ここで、ε は真の照射クリープひずみ、ε' は見かけの照射クリープひずみである。したがって、見かけの照射クリープひずみは上式を積分して次式になる。

$$\varepsilon_c{}' = \varepsilon_c + \int_0^\Phi \left(\frac{\alpha_{x\prime}-\alpha_x}{\alpha_c-\alpha_a}\right)\frac{dX_T}{d\Phi} d\Phi \tag{10.4-20}$$

この式で ε_c を(10.4-14)式で置き換えて代入すると次式のようになる

$$\varepsilon_c{}' = \left(\frac{\sigma}{E_0} + k\sigma\Phi\right) + \int_0^\Phi \left(\frac{\alpha_{x\prime}-\alpha_x}{\alpha_c-\alpha_a}\right)\frac{dX_T}{d\Phi} d\Phi \tag{10.4-21}$$

上記の式を実験結果と比較している。900℃で20.7MPa の圧縮照射クリープの場合、熱膨張係数については、圧縮応力がかかることにより、照射だけ受けた場合よりも熱膨張係数が増加し、同じ条件での照射クリープひずみを図 10.4-13 に示す。実験データは予測式としての(10.4-21)と比較的近い値を示している[BT-08]。

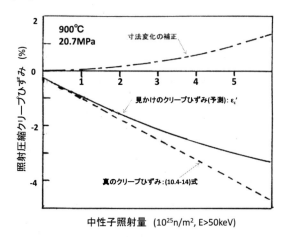

図 10.4-13　900℃で照射、20.7MPa の圧縮応力を付加した H-451 黒鉛の照射クリープひずみの実験データと予測した見かけのクリープひずみ

次に引張照射クリープの例について述べる。図10.4-14に示すように900℃で6MPaの引張応力がかかることにより、照射のみの場合より熱膨張係数は減少しており、このことを考慮に入れた照射クリープひずみは実験データに近い値になっているが、高照射量において予測曲線は実験値からずれていて、熱膨張係数の変化だけでは実験結果を説明できないことが分かる[BT-

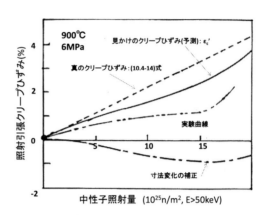

図10.4-14 900℃で照射、6MPaの引張応力を付加したH-451黒鉛の照射クリープひずみの実験データと予測した見かけのクリープひずみ

08]。これは計算ではここで無視した気孔構造の変化等の影響を考慮しなければいけないことを示しているものと考えられる。

結論的には、圧縮応力下の照射クリープひずみは熱膨張の影響を考慮することによって照射クリープひずみの実験値を説明できるように見える。一方、引張応力下の照射クリープひずみに関しては、特に高照射データは熱膨張係数の変化を考慮しても十分説明できない。そこで、今後の課題として、まだ考慮されていない照射クリープによる気孔構造変化のクリープひずみへの影響などを明らかにする必要があると考えられる。

(5) 熱膨張・ポアソン比のクリープひずみへの影響

4種類の準等方性及び異方性黒鉛について、縦方向のクリープひずみ (ε_L) と横方向のクリープひずみ (ε_T) との間には次式の関係が見出されている[PR-81]。

$$\varepsilon_T = \varepsilon_L(0.3+5\varepsilon_L) \tag{10.4-22}$$

照射クリープの進行に伴い、熱膨張係数は次式で表されるように減少する。
準等方性黒鉛では、

$$\frac{\alpha_c}{\alpha_0} = 1 - 18\varepsilon_c \tag{10.4-23}$$

ここで、ε_c は照射クリープひずみで圧縮（負）から引張（正）まで含んでいる。

α_cとα_0はそれぞれ照射クリープひずみを受けた試料の熱膨張係数と無応力照射のみを受けた試料の熱膨張係数である。

異方性黒鉛では、

$$\frac{\alpha_c}{\alpha_0} = 1 - 30\varepsilon_c \qquad (10.4\text{-}24)$$

ここで、ε_cは照射圧縮クリープひずみを表している。ポアソン比は準等方性黒鉛（H-451）について、次式の関係が得られ、照射圧縮クリープひずみの増加に伴い増加するという結果になっている。

$$\frac{\nu_c}{\nu_0} = 1 + 30\varepsilon_c \qquad (10.4\text{-}25)$$

二つのポアソン比の定義も上記の熱膨張係数の定義と同じである。

第10章の参考文献

[BF-99] F. Banhart; "Irradiation effects in carbon nanostructures", Rep. Prog. Phys. 62 (1999) 1181-1221.
[BH-61] H. Bridge, B.T. Kelly, B.S. Gray, "Stored Energy and Dimensional Changes in Reactor Graphite", Proc. Fifth Carbon Conference p.289-316 (1961).
[BJ-93] J.E. Brocklehurst, B.T. Kelly, Carbon 31(1)(1993)155.
[BT-08] T. Burchell, J. Nucl. Mater., 381(2008)46-54.
[BT-14] T.D. Burchell, J.P. Strizak, Nucl. Eng. and Design 271(2014) 262-269.
[BT-91] T.D. Burchell and W.P. Eatherly,"The effects of radiation damage on the properties of GraphNOL N3M", J. Nucl. Mater. 170-181（1991）205-208.
[BT-92] T.D. Burchell, W.P. Eatherly, J.M. Robbins and J.P. Strizak, "The effect of neutron irradiation on the structure and properties of carbon-carbon composite materials", Journal of Nuclear Materials, 191-194 (1992) 295-299.
[EG-84] G.B. Engle and B.T. Kelly, J. Nucl. Mater. 122&123(1984) 122-129.
[EW-84] W.P. Eatherly, Graphite: ORNL-6053(1984)p.1983.
[GN-11] N. C. Gallego, T. D. Burchell, "A Review of Stored Energy Release of Irradiated Graphite", ORNL/TM-2011/378 (2011).
[GW-78] W.J. Gray, Nuclear Technology, 40 (1978) 447.
[IAEA-00] "Irradiation Damage in Graphite due to Fast Neutrons in Fission and Fusion Systems", IAEA-TEC-DOC-1154 (2000).
[IM-91] 石原正博ほか、JAERI-M91-153(1991).
[IS-87] 石山新太郎ほか、日本原子力学会誌 Vol.29, No.11,pp.1014-1022(1987).
[IS-91] S. Ishiyama, et al., J. Nuclear Science & Technology, 28(5), pp.472-483(1991).
[IT-66] T. Iwata and T. Nihira,"Atomic Displacement by Electron Bombardment", Physics Letters, vol.23 No.11 (1966) 631-632.
[IT-71] T. Iwata and T. Nihira, "Atomic Displacements by Electron Irradiation in Pyrolytic Graphite", J. Phys. Soc. Japan, Vol.31 No.6 (1971)1761-1783.
[JG-77] G. Jouquet, M. Masson, R. Schill, G. Kleist, D.F. Leuschacke and H. Schuster, High Temperatures-High Pressures 9(1977)151-162.
[KB-72] B.T. Kelly, J.E. Brocklehurst and J. H. Gittus, "Graphite Structures for Nuclear Reactors",

Proc. The Institution of Mechanical Engineering, 1972.
[KB-74]B.T. Kelly, A.J.E. Foreman, Carbon 12(1974)151.
[KB-81]B. Kelly, "Physics of Graphite", Applied Science Publishers, 1981.
[KC-85]C.R. Kennedy, ORNL/TM-9710(1985).
[KE-09]國本英治、柴田大受、島崎洋祐、衛藤基邦、塩沢周策、沢和弘、丸山忠司、奥達雄,「高温ガス炉用黒鉛構造物の設計用照射データの内外挿法による拡張；IG-110黒鉛構造物の設計用照射データの評価」,JAEA-Research 2009-008(2009).
[MD-67]D.G. Martin, R.W. Henson, Carbon 5(1967)313.
[MT-92]T. Maruyama, M. Harayama,"Neutron Irradiation Effect on the Thermal Conductivity and Dimensional Changes of Graphite Materials", Journal of Nuclear Materials 195(1992) 44-50.
[NR-62]R.E. Nightingale, "Nuclear Graphite", Academic Press, New York and London 1962.
[ORNL-11] N.C. Gallego, T.D. Burchell, "A Review of Stored Energy Release of Irradiated Graphite", ORNL/TM-2011/378.
[OT-02]奥達雄、炭素 TANSO 2002[No.201]35-41.
[OT-78]奥達雄ほか、JAERI-M7647(1978).
[OT-88]T. Oku, K. Fujisaki, M. Eto, J. Nucl. Mater.152(1988)225-234. .
[OT-90]T. Oku, M.Eto, S.Ishiyama, J. Nucl. Mater.172(1990)77-84.
[OT-91]奥達雄、炭素 TANSO 1991[No.150]338-353.
[PR-75]R.J. Price, GA-A13524(1975).
[PR-79]R.J. Price, GA-A15495(1979).
[PR-81]R.J. Price, GA-A16402(1981).
[PR-85]R.J. Price, G.R. Hopkins and G.B. Engle, Proc. 17th Biennial Conf. on Carbon, Kentucky, U.S.A. 1985 p.348-349.
[RJ-66]J. Rappeneau, J.L. Taupin, and J. Grehier, "Energy released at high temperature by irradiated graphite", Carbon 4(1), (1966) 115-124.
[RW-68]W.N. Reynolds, "Physical Properties of Graphite", Elsevier Publishing Co. Ltd., Amsterdam- London- New York (1968).
[SJ-61]J.W.H. Simmons, Radiation Damage to Graphite, Pergamon, London, 1961.
[SJ-65]J.H.W. Simmons, "Radiation Damage in Graphite", Pergamon Press, Oxford, London 1965.
[SS-89]S. Sato, A. Kurumada, et.al. Carbon 27(1989)507-516.
[TP-78]P.A. Thrower, R.M. Mayer; "Point defects and self-diffusion in graphite", Phys. Stat. Sol.(a), vol.47 (1978) 11-37.
[TR-07]R.H. Telling, M.I. Heggie ; "Radiation defects in graphite", Phil.Mag., vol.873 No.31 (2007) 4797-4846.

11. 原子炉用炭素・黒鉛材料の構造設計上の課題

　今までに説明した炭素・黒鉛材料の特性を踏まえて、11.1 節では原子炉内で使用する構造物の構造設計基準について述べる。また、ここで述べた構造設計基準を満足するように詳細な応力解析が実施され、基準を満たすかどうかの応力評価が行われる。そこで、11.2 節では炭素・黒鉛構造物の応力評価について述べる。さらに実用的な理解を深めるため、11.3 章では具体的な構造設計基準の例を示す。

11.1 構造設計基準
11.1.1 破壊基準

　黒鉛材料の塑性変形は非常に小さく、破壊までのひずみは引張りの場合約 0.5%、圧縮の場合でも約 5% であり、金属に比べると著しく小さい。単軸の引張りまたは圧縮応力が負荷されている場合、破壊基準は限界値である引張強さあるいは圧縮強さとなる。しかし、一様でなく複雑な多軸応力を受ける場合、どのような破壊基準を選ぶかということが重要である。これまでに、いろいろな多くの破壊基準が提案されているが、あらゆる荷重条件に対して一般的に適用できると考えられているものはないといってよい。

　以下に述べる破壊基準では、材料は等方性弾性体であると仮定している。また、σ_1、σ_2、σ_3 は 3 つの主応力で、σ_{max} と σ_{min} はそれぞれ最大、最小主応力で

ある。σ_s と σ_s' はそれぞれ引張降伏応力または引張強さと圧縮降伏応力または圧縮強さであり、E はヤング率、ν はポアソン比である。

(1) 最大主応力説

　この説は、最大応力が引張降伏応力（または引張強さ）に達するかあるいは最小強さが圧縮降伏応力（または圧縮強さ）に達したときに破損または破壊するという説である。すなわち、

$$\sigma_{max} = \sigma_s \quad または \quad \sigma_{min} = \sigma_s' \tag{11.1-1}$$

これは最も簡単で破壊基準としてよく用いられているものである。この説は、曲げ応力がかかっているような応力勾配下にある系の破損を予測する場合保守的であるが、2軸引張応力下の黒鉛の破壊を予測する場合過大評価する傾向にある。

(2) 最大主ひずみ説

　この説は、破壊が引張破壊ひずみに達したときに起こるとするものである。すなわち、

$$E\varepsilon_1 = \sigma_1 - \nu(\sigma_2 + \sigma_3) = \sigma_s \tag{11.1-2}$$

この説を $\sigma_2 = 0$ として、2軸で表すと、引張りに対して

$$\sigma_1 - \nu\sigma_3 = \sigma_s \quad または \quad \sigma_3 - \nu\sigma_1 = \sigma_s \tag{11.1-3}$$

また、圧縮に対して

$$\sigma_1 - \nu\sigma_3 = \sigma_s' \quad または$$
$$\sigma_3 - \nu\sigma_1 = \sigma_s' \tag{11.1-4}$$

となり、これらを図示すると図11.1-1が得られる。この図から明らかなことは、2軸応力下の引張り強さが単軸引張り強さより大きくなることであり、黒鉛材料の場合、これは実験事実と合致しない。

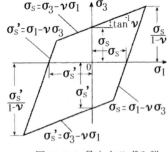

図11.1-1 最大主ひずみ説

(3) 最大せん断応力説

　この基準は金属材料の破壊基準として通常用いられているものである。これ

は、$\sigma_1 > \sigma_2 > \sigma_3$ とすると最大せん断応力 $(\sigma_1-\sigma_3)/2$ が、$\sigma_s/2$ に達したとき、破損に至るとする説である。

$$\sigma_1 - \sigma_3 = \sigma_s \tag{11.1-5}$$

これを図にすると図 11.1-2 のようになる。この説は延性材料に関する実験結果とよく一致することから、金属材料の強度設計に用いられる。

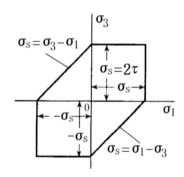

図 11.1-2　最大せん断応力説

(4) 全ひずみエネルギー説

この基準は、単位体積あたりの弾性ひずみエネルギーU が材料に固有の値に達すると破損を生じるとするものである。弾性ひずみエネルギーを応力で表すと次のようになる。

$$U = \frac{1}{2E}\left\{\sigma_1^2 + \sigma_2^2 + \sigma_3^2 - 2\nu(\sigma_1\sigma_2 + \sigma_2\sigma_3 + \sigma_3\sigma_1)\right\} \tag{11.1-6}$$

単軸応力での降伏応力を σ_s とすると $\sigma_1 = \sigma_s$、$U = \sigma_s^2/2E$ から

$$\sigma_1^2 + \sigma_2^2 + \sigma_3^2 - 2\nu(\sigma_1\sigma_2 + \sigma_2\sigma_3 + \sigma_3\sigma_1) = \sigma_s^2 \tag{11.1-7}$$

が降伏条件となる。$\sigma_2 = 0$ のときを図 11.1-3 に示す。この説は延性材料については比較的よく適合する。

(5) せん断ひずみエネルギー説

この説は、von Mises 等によって提案されたものである。せん断ひずみエネルギーは全弾性ひずみエネルギーから体積変化に費やされたひずみエネルギーを差し引いたものとして定義される。全弾性ひずみエネルギーは、(11.1-6)で表され、体積変化に費やされるひずみエネルギーU_v は、

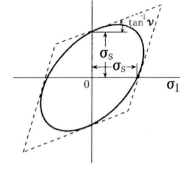

図 11.1-3　全ひずみエネルギー説

$$\varepsilon = \varepsilon_1 + \varepsilon_2 + \varepsilon_3 = \frac{1-2\nu}{E}(\sigma_1 + \sigma_2 + \sigma_3) \tag{11.1-8}$$

$$\sigma = \frac{1}{3}(\sigma_1 + \sigma_2 + \sigma_3) \tag{11.1-9}$$

であるから、

$$U_V = \frac{1}{2}\sigma\varepsilon = \frac{1-2\nu}{6E}(\sigma_1 + \sigma_2 + \sigma_3)^2 \tag{11.1-10}$$

したがって、せん断ひずみエネルギー $U_d = U - U_V$ は

$$U_d = \frac{1+\nu}{6E}\left\{(\sigma_1 - \sigma_2)^2 + (\sigma_2 - \sigma_3)^2 + (\sigma_3 - \sigma_1)^2\right\} \tag{11.1-11}$$

となる。この値と単軸引張りの降伏応力 $\sigma_1 = \sigma_s$ に対する U_d

$$U_d = \frac{\sigma_s^2}{2E} - \frac{(1-2\nu)\sigma_s^2}{6E} = \frac{(1+\nu)\sigma_s^2}{3E} \tag{11.1-12}$$

と比較すれば、このとき、降伏条件は

$$(\sigma_1 - \sigma_2)^2 + (\sigma_2 - \sigma_3)^2 + (\sigma_3 - \sigma_1)^2 = 2\sigma_s^2 \tag{11.1-13}$$

となる。図 11.1-4 は平面応力におけるせん断ひずみエネルギー説を表している。この説も延性材料に対しては割合よく当てはまる。

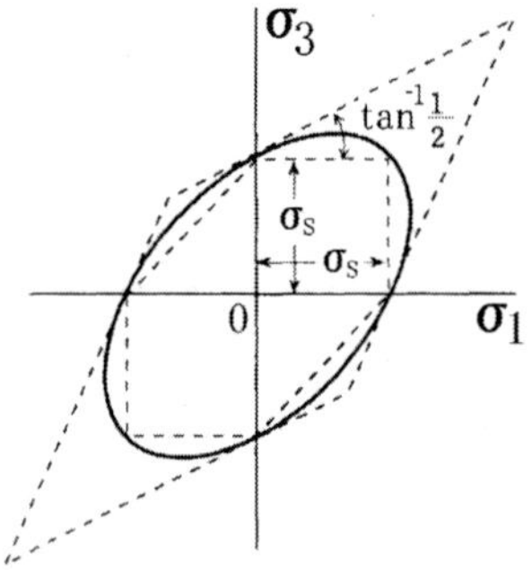

(6) クーロン・モール説

この説はクーロンとモールによって提唱されたものを混合させたものであり、まず、平面応力の場合、引張り-引張りの領域では、主応力説と同じであり、

$$\sigma_1 = \sigma_s \qquad \sigma_3 = \sigma_s \tag{11.1-14}$$

となる。第2象限では、

図 11.1-4 せん断ひずみエネルギー説

$$\frac{\sigma_3}{\sigma_s} - \frac{\sigma_1}{\sigma_s'} = 1 \tag{11.1-15}$$

第3象限では、

$$\sigma_1 = \sigma_s' \qquad \sigma_3 = \sigma_s' \tag{11.1-16}$$

第4象限は第2象限と $\sigma_1 = \sigma_3$ に対して対称となっている。

$$\frac{\sigma_1}{\sigma_s} - \frac{\sigma_3}{\sigma_s'} = 1 \qquad (11.1\text{-}17)$$

これらの式を図で表すと図 11.1-5 のようになる。この説は、脆性材料に適用する場合、若干の修正が必要となる。

(7) 修正クーロン・モール説

この説は脆性材料に適するようにクーロン・モール説を引張りのカットオフ応力 (σ_{st}) を設けることにより修正したもので、黒鉛構造設計基準に採用されている。従って、第1象限では、

$$\sigma_1 = \sigma_{st}(<\sigma_s), \qquad \sigma_3 = \sigma_{st} \qquad (11.1\text{-}18)$$

第2象限、第3象限と第4象限では、引張カットオフ応力部分を除けば、(11.1-15)、(11.1-16)及び(1.1-17)と同じである。これを図示すると図 11.1-6 のようになる。

(8) ワイブルの破壊理論

ワイブルの統計的破壊理論は、任意の体積と任意の応力状態にある脆性材料からなる構造物の破壊確率を予想するのに有効である。特に多軸応力状態あるいは

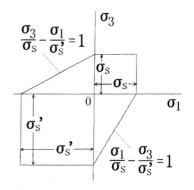

図 11.1-5 クーロン・モール説

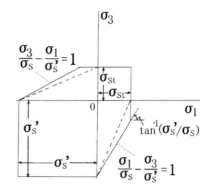

図 11.1-6 修正クーロン・モール説
($\sigma_{st} < \sigma_s$)は引張りカットオフ応力

応力が場所に依存して変化する状態の場合の破壊確率を予測することができる。

脆性材料の強度に関するワイブルの理論は、材料の表面または内部に欠陥の分布があることを仮定している。材料が引張り応力下にあるとき、最も重大な欠陥と最も高い局部集中応力との組み合わせが全体の強度を支配すると考えるのがワイブル理論である。これは最弱リンク仮説の考えとも一致する。

ワイブルによると応力 σ の下にある材料の破壊しない確率 $S_f(\sigma)$は、例えば単軸引張りの場合(7.3-4)式で表されることを説明した。炭素材料では、通常 $\sigma_u = 0$ と仮定される。ここで、$1/S_f$について対数を2回取って整理すると、(7.3-4)式は

次のように書きかえることができる。

$$\ln\ln\left(\frac{1}{S_f}\right) = \ln V_t - m\ln\sigma_0 + m\ln\sigma \tag{11.1-19}$$

この式から分かるように、強度データについて $ln\sigma$ と $lnln(1/S_f)$ をプロットし、直線で近似したときの勾配が m の値である。

ここで、N 個の強度データを取得したとき、それらを小さい値から順に大きい方へ並べる。j 番目のデータ σ_j に対応する破壊しない確率を S_{fj} とすると、

$$S_{fj} = 1 - \frac{1}{N+1} \quad \text{または} \quad S_{fj} = 1 - \frac{j-0.3}{N+0.4} \tag{11.1-20}$$

のように表される。後者の式（メディアンランク法）は中央値で 0.5 となる。このように、実験によって得られた強度データから上記のパラメータの値を求めることができる。

得られたワイブル係数 m を用いると、引張り強さに及ぼす試験片体積の影響については(7.3-8)式、矩形断面の 4 点曲げ強度と引張り強度の関係については (7.3-7) 式により推定できることは既に説明したとおりである。これら異なる試験片で得られた強度間の関係についてはいろいろと計算されていて、例えば、円形断面の 4 点曲げ試験の場合については、曲げ強さと引張り強さの比は上記と同様な計算を行えば次式のようになる。

$$\frac{\sigma_b}{\sigma_t} = \left[2\sqrt{\pi}\,\frac{\Gamma\left(\frac{m+4}{2}\right)}{\Gamma\left(\frac{m+1}{2}\right)}\right]^{\frac{1}{m}}\left[\frac{V_t}{V_{CS} + \frac{1}{m+1}V_{OS}}\right]^{\frac{1}{m}} \tag{11.1-21}$$

(7.3-7)式と(11.1-21)式はともに右辺の最初の[ ]部分は応力分布の影響をあらわす部分で、2 番目の[ ]部分は体積効果を表す部分である。なお、V_{CS} は内スパンの体積、V_{OS} は内スパンと外スパンの間の体積である。

11.1.2 応力制限

炭素構造物に関する設計基準としては、金属構造物に関する設計基準のように米国機械学会（ASME）、日本工業規格（JIS）や日本機械学会「設計・建設規格（JSME S NJ1）」などによって規定されるものは存在しない。しかし、日本原子力研究開発機構においては、高温工学試験研究炉（HTTR: High Temperature

Engineering Test Reactor）を建設するために、コンクリート構造物に関する設計基準等を参考に、新たに永久炭素構造物と交換可能な炭素構造物についての設計基準が設定された[JAERI-89]。これは、日本原子力研究開発機構から公開されている。ここでは、日本原子力研究開発機構において策定された炭素構造物の設計基準[JAERI-89]を紹介する。

(1) 設計の基本的な考え方

　黒鉛材料等の炭素材料は、いわゆる脆性材料で破断までの延びが金属材料に比べると著しく小さい等の特性がある。このため、炭素構造物の設計基準を設定するのに、以下に述べる材料特性が考慮されている。

1) 原子炉内で使用される黒鉛等炭素構造物は、安全上の重要性及び機能等がそれぞれ異なることから、これらを考慮して設計基準が定められている。

2) 構造物の設計では、材料の強度に適切な安全余裕を見込んで構造物が破壊しないように許容応力が設定されている。この許容応力は、原子炉の運転状態により異なる値が定められている。この許容応力を決めるときに基本となるのは、材料強度の統計的ばらつきを考慮して決められた設計上の強度(金属材料の設計基準では「応力強さ(stress intensity)」、黒鉛材料の設計基準では「基準強さ」と呼ばれる)である。これを決めるときには、黒鉛等炭素材料の強度のばらつきが金属材料よりも大きいことが考慮されている。

3) 黒鉛等炭素材料では図 11.1-7 に示すように、金属材料に比べて荷重下の変形が極めて小さい[IM-91]。このため、金属材料では高応力部分が塑性変形により応力緩和される効果が構造設計上取り込めたが、黒鉛等炭素材料ではこの効果があまり期待できない。また、表 11.1-1 に示すように、引張強さと圧縮強さとが異なり、引張強さは圧縮強さの約 1/3 倍程度と低い。さらに、試験片断面内で応力が勾配を持つとき、例えば曲げ強さは引張強さに比べ約 1.5 倍程度高い強度となっている。このように、金属材料とは異なる強度特性を考慮して、応力の分類及び応力の制限値が決められている。

表 11.1-1　IG-110 黒鉛の強度データ[IM-91]

	平均強さ (MPa)	標準偏差 (MPa)	試験片数
引張強度	25.3	2.4	362
圧縮強度	76.8	6.4	373

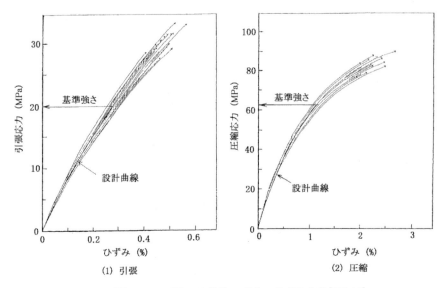

図 11.1-7 IG-110黒鉛の応力-ひずみ曲線[IM-91]

4) 引張、圧縮及び曲げモードの応力が加わる場合の他に、構造物によっては純せん断応力が加わるものや細長い柱状のもので座屈応力が加わるものもある。このような構造物に対しては、これらせん断破壊、座屈破壊を防止するような応力制限値が設定されている。

5) 構造物は、熱荷重、圧力荷重等複雑な荷重が作用し、また構造も複雑なものとなっているため、一般的に多軸応力状態となっている。このため、炭素等黒鉛構造物の多軸応力場の破壊条件（破壊基準）が設計基準として取り込まれている。

(2) 設計で用いられる破壊基準

11.1.1 で各種破壊基準について述べたが、黒鉛材料の多軸応力下の破壊挙動についてはいろいろな研究者により調べられ、最大主応力説、せん断ひずみエネルギー説やクーロン・モール説等への適用性についての検討が行われている。その一方、構造設計基準として採用する場合には簡便なものの方が望ましいことから、最大主応力説あるいはこれを修正した強度理論が採用されている。図 7.4-1 に多軸応力下の破壊特性を示したが、張-引張応力の作用する第 1 象限で

はほぼ最大主応力説に近い破壊挙動をすることがわかる。また引張－圧縮応力の作用する第4象限では、11.1.1(7)で述べた修正クーロン・モール説によくあう破壊挙動が認められる。これらの挙動を考慮して、原子炉用黒鉛に対する構造設計基準では、金属構造物の構造設計で主に用いられている最大せん断応力説とは異なり、引張応力が支配的な領域では最大主応力説に基づき、また圧縮応力が支配的な領域では実測データに基づき最大主応力説を修正した応力制限が採用されている。

(3) 基準強さ
1) 基準強さの設定

一般に、黒鉛等炭素材料の強度のばらつきは、金属材料と比較すると大きく、また強度データのサンプリングごとにも違いが認められる。このことから、材料試験により得られた強度データから、サンプリングによる誤差を考慮して基準強さが定められている。材料試験により得られた強度データを各種の確率分布にプロットしてみると、図11.1-8 (1)～(3)に示すように材料データが正規分布によく適合することから、基準強さの設定においては、正規分布に基づき統計処理を行う。具体的には、材料の強度データに正規分布を仮定して、サンプリングによる強度データの信頼度が95%で非破壊確率が99%となるよう次式で定義される強度を基準強さと規定している。

$$S_u = \sigma_{av} \cdot (k_1 + k_2/\sqrt{n}) \cdot S_{td} \tag{11.1-22}$$

ここで、S_u　：基準強さ

σ_{av}：n個のデータの平均強度

S_{td}：n個のデータの標準偏差

k_1=2.326（99%非破壊確率に相当）

k_2=1.645（サンプリングによる誤差を考慮して、標本の標準偏差が母集団の標準偏差と等しいとした場合の片側95%の信頼度に相当する係数）

なお、黒鉛等炭素材料の引張強度と圧縮強度に大きな違いがあるため、引張強度に対する基準強さ（「引張基準強さ」）及び圧縮強度に対する基準強さ（「圧縮基準強さ」）を定めている。さらに、黒鉛等炭素材料の強度に異方性を示すものもあるため、安全側の設定として最弱方向の強さを基準強さとしている。

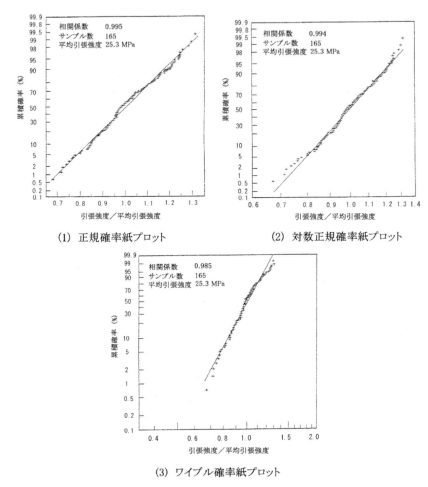

(3) ワイブル確率紙プロット

図 11.1-8 IG-110 黒鉛の引張強さ度の確率分布[IM-91a]

　この基準強さは、受け入れ検査により保証するという考え方に基づき、表 11.1-2 に示すようにレベル分けした基準強さを設定することにより、素材の歩留まりを良くしている。このため、素材の受入れ検査においては、(11.1-22)式を変形した次式を適用し、これに合格した素材ブロックのみを用いることとしている。

$$X_{mean} \geq S_u + (k_1 + k_2/\sqrt{n}) \cdot S_{td} \tag{11-1-23}$$

ここで、X_{mean}：受入れ試験により得られる平均強度

S_u ：基準強さ

S_{td}：n 個のデータの標準偏差

k_1=2.326（99%非破壊確率に相当）

k_2=1.645（サンプリングによる誤差を考慮して、標本の標準偏差が母集団の標準偏差と等しいとした場合の片側 95%の信頼度に相当する係数）

一方、黒鉛等炭素材料の強度は、構造物の使用環境効果等により変化するので、それらを次のように取り扱うことにしている。

表 11.1-2　黒鉛構造設計基準で規定する基準強さ [JAERI-89]

IG-110黒鉛

	基準強さ (MPa)		
	レベルA	レベルB	レベルC
引張	19.4	17.6	15.2
圧縮	61.3	57.3	51.0

PGX黒鉛

方向		基準強さ (MPa)		
		レベルA	レベルB	レベルC
引張	L*	6.4	5.9	5.4
	T**	5.2	4.4	3.4
圧縮	L*	26.6	25.0	23.0
	T**	26.1	25.0	23.0

*：ブロック軸方向　**：ブロック径方向

ASR-ORB炭素

方向		基準強さ (MPa)	
		レベルA	レベルB
引張	L*	4.9	4.4
	T**	4.8	4.2
圧縮	L*	46.9	43.6
	T**	41.6	39.2

*：ブロック軸方向　**：ブロック径方向

2）基準強さの環境効果

ⅰ）酸化効果

第 6 章で述べたように、たとえば黒鉛等炭素材料は O_2 等により酸化されると、CO あるいは CO_2 の気体となり、黒鉛材料の内部が多孔質なものとなる。こ

れにより、図 11.1-9 に示すように強度の著しい低下を示す。このため、図 11.1-10 (1)及び(2)に示すように設計基準では、酸化による強度低下を考慮している。

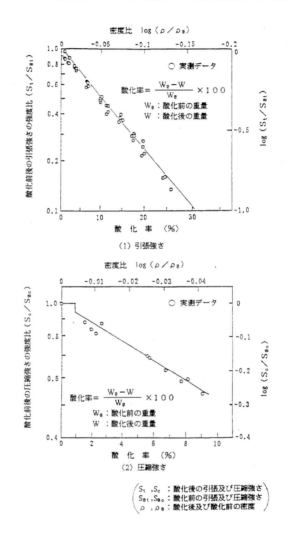

図 11.1-9　IG-110 黒鉛の酸化による強度変化[IM-91]

第11章 原子炉用炭素・黒鉛材料の構造設計上の課題

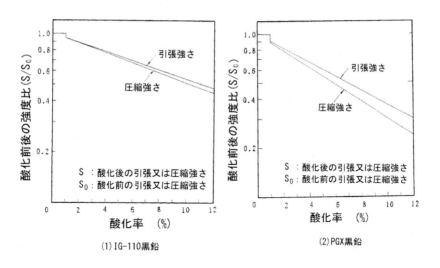

図 11.1-10 設計基準での酸化による強度変化の扱い[JAERI-89]

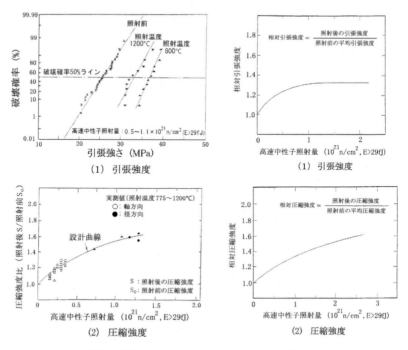

図 11.1-11 IG-110 黒鉛の照射による強度変化 [IM-91]

図 11.1-12 設計基準での照射による度度変化の扱い[JAERI-89]

ⅱ) 照射効果

　中性子照射を受けることにより、応力－ひずみ挙動がより線形の弾性体に近いものとなり破断ひずみが減少するが、図 11.1-11 (1)～(2)に示すように強度は増加する。このため、図 11.1-12 (1)及び(2)に示すように設計基準では、照射による強度の増加を考慮している。

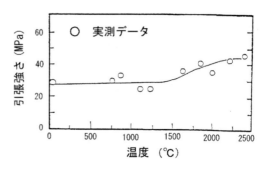

図 11.1-13　IG-110 黒鉛の高温における強度変化 [IM-91]

ⅲ) 高温効果

　黒鉛材料では、図 11.1-13 に示すように、約 2000℃ までの高温領域において強度が増加するが、構造設計基準ではこの高温における強度の増加効果は考慮していない。すなわち、これは構造設計上安全側の評価を与えるものである。

ⅳ) ひずみ速度効果

　黒鉛材料の強度はひずみ速度が変化することにより変化し、ひずみ速度が上昇するにつれて強度も増加する。ひずみ速度が $100\ \mathrm{s^{-1}}$ 以上の高ひずみ速度領域となると、逆に強度の低下も観測されている。一方、実際には HTTR 原子炉内の黒鉛構造物に想定されるひずみ速度は、最高でもおよそ $1\ \mathrm{s^{-1}}$ 程度と見積もられている。そこで、ひずみ速度の増加による強度の増加効果は、高温効果と同様に設計基準上は考慮していない。

(4) 構造物の応力分類

　金属材料の場合には熱応力等の二次応力が大きな塑性変形により応力緩和されるため、設計基準上二次応力を一次応力と区別して扱っている。これに対して、黒鉛等炭素材料では、図 11.1-7 に示したように破断ひずみが引張応力側で約 0.5%、圧縮応力側で約 2.5%と小さく、二次応力の塑性変形による応力緩和がわずかしか期待できないため、二次応力は一次応力と同等に扱われている。したがって、設計基準では一次応力と二次応力を加算した発生応力に対して応力

制限値が設けられている。

この応力制限値の設定には、

 1) 単軸引張強さよりも、応力勾配を有する曲げ強さの方が高い強度を示すこと、

 2) 局部的な高応力部分に対して、塑性変形による応力緩和がわずかしか期待できないとともに、構造的不連続部に生じた応力集中部を起点として破壊が生じる可能性のあること、及び

 3) 局部的な高応力の繰返しにより疲労き裂が発生し、き裂の伝播を生じ、ついには疲れ破壊に至ること

等の黒鉛材料の破壊挙動が考慮されている。

すなわち、

 1)の理由により、応力成分として膜応力及び(膜+曲げ)応力(「ポイント応力」とも呼ぶ)を制限する。

 2)の理由により、応力成分としてピーク応力を含む全応力(膜応力+曲げ応力+ピーク応力)に対して応力制限値が設定されている。これは、金属構造設計基準でピーク応力の制限値が疲労破壊防止の観点から定められていたのに対して、黒鉛等炭素構造設計基準では全応力に対して疲労以外にも通常の発生応力ついても制限値を設けている点で異なっている。

 3)の理由により、全応力の振幅に対して疲れ制限が規定されている。

(5) 構造物の応力制限

　構造物の応力制限として、引張強さや曲げ強さ等の材料挙動を考慮した応力制限(ここでは「一般的な応力制限」とよぶ)と、構造物によっては座屈破壊等の特殊な破壊を防止するための応力制限(ここでは「特別な応力制限」とよぶ)の2種類の応力制限が規定されている。

1) 一般的な応力制限

　一般的な応力制限として、短期荷重による破壊防止及び繰返し荷重による疲労破壊防止の観点から制限値が設けられている。

① 短期荷重による破壊の防止

　短期荷重による破壊特性として、黒鉛等の炭素材料では応力勾配がある場合

には一様な応力状態のものと強度が異なり、たとえば応力勾配のある曲げ強さの方が一様な応力状態である引張強さよりも大きくなることが認められている。この応力勾配下の強度特性については、同一形状の環を直列につないだ鎖の強度が最も弱い環の強度により決定されるとするいわゆる「最弱リンク説」に基づくワイブル強度理論により説明されている。これらについては、試験片の体積とワイブル係数により一般的な解釈がなされている。

設計基準では、この応力勾配下の強度特性を考慮して、一様な応力場となる膜応力状態、膜と曲げ応力を加算したポイント応力状態及び形状不連続等による応力集中により生じた局部的な高応力の全応力状態（膜応力と曲げ応力とピーク応力を加算した応力）に分類し、短期荷重が加わったときの応力制限値が定められている。この応力制限値を定めるということは別の見方をすると、いわゆる材料の基本的な強度（黒鉛構造設計基準では「基準強さ」、11.1.2(3)を参照）と発生応力の制限値との比（これは「安全率、Safety Factor」とよばれる）を十分安全側に定めるということに他ならない。ここで、安全率は基準強さがいかに決められるかにも関係することから、基準強さの決め方も重要となる。

設計基準で定められる基準強さは、黒鉛等炭素材料の強度のばらつきを考慮して、金属構造物の場合と同等またはそれ以上の保守性が保たれるように決められている。すなわち、この基準強さを基にまず基本的な膜応力に対する応力制限が定められ、さらにこれを基に応力勾配がある場合の応力制限値（ポイント応力制限値及び全応力制限値）が定められている。

② 疲労破壊の防止

一方、繰り返し荷重による疲労破壊は、局部的な高応力の繰り返しにより発生した疲労き裂が進展し、き裂長さが材料固有の臨界き裂長さを超えたとき生じる。したがって、疲労破壊の防止という観点から、応力集中部に発生する応力すなわち全応力の繰返し回数が制限される。黒鉛材料の疲れ曲線は、繰返し負荷される応力形態（例えば引張－圧縮応力が交互に負荷されるモードや引張－引張応力が負荷されるモード）により異なる。図11.1-14は負荷される応力形態を応力比（＝最小負荷応力／最大負荷応力）として整理し、応力比＝－1（最小負荷応力と最大負荷応力の絶対値が等しい両振り条件）のときのIG-110黒鉛（原子炉用微粒等方性黒鉛、東洋炭素（株）製）の疲労データを示したものである。

応力形態による疲労曲線の違いを考慮して、設計基準では応力比を関数とした「設計疲れ曲線」が定められている。

また、一般に、構造物には異なる応力レベルで異なる繰返し回数の応力サイクルが作用するため、金属材料の設計基準と同様にマイナー則により疲労破壊の防止が行われている。

2) その他の応力制限

その他の応力制限として、構造物に加わる荷重モードを考慮した特別な応力の制限が行われている。たとえば、構造物に純せん断応力が負荷される場合には、せん断強さに基づき純せん断応力が制限される。また、柱状の構造物に圧縮荷重が負荷される場合、座屈破壊を防止するために軸圧縮荷重が制限される。

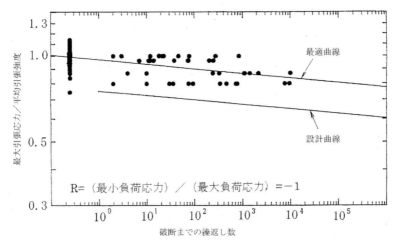

図 11.1-14　IG-110 黒鉛の疲労特性 [IM-91]

11.2 発生応力の解析・評価
11.2.1 炭素・黒鉛構造物に適用する構成方程式

材料の荷重または応力と変位、ひずみによる材料の応答との関係を記述するものが構成方程式と呼ばれる。固体に荷重をかけ、その荷重を除いたときに固体が元の形状に戻り、また応力とひずみの関係が1対1に対応しているとき、その材料は理想的な弾性材料と呼ばれる。この理想的な弾性材料の最も一般的

な記述式は弾性構成方程式で、一般化したフックの法則とも呼ばれ、6個の応力成分は6個のひずみ成分の1次関数で表される。

$$\begin{aligned}
\sigma_x &= c_{11}\varepsilon_x + c_{12}\varepsilon_y + c_{13}\varepsilon_z + c_{14}\gamma_{xy} + c_{15}\gamma_{yz} + c_{16}\gamma_{zx} \\
\sigma_y &= c_{21}\varepsilon_x + c_{22}\varepsilon_y + c_{23}\varepsilon_z + c_{24}\gamma_{xy} + c_{25}\gamma_{yz} + c_{26}\gamma_{zx} \\
\sigma_z &= c_{31}\varepsilon_x + c_{32}\varepsilon_y + c_{33}\varepsilon_z + c_{34}\gamma_{xy} + c_{35}\gamma_{yz} + c_{36}\gamma_{zx} \\
\tau_{xy} &= c_{41}\varepsilon_x + c_{42}\varepsilon_y + c_{43}\varepsilon_z + c_{44}\gamma_{xy} + c_{45}\gamma_{yz} + c_{46}\gamma_{zx} \\
\tau_{yz} &= c_{51}\varepsilon_x + c_{52}\varepsilon_y + c_{53}\varepsilon_z + c_{54}\gamma_{xy} + c_{55}\gamma_{yz} + c_{56}\gamma_{zx} \\
\tau_{zx} &= c_{61}\varepsilon_x + c_{62}\varepsilon_y + c_{63}\varepsilon_z + c_{64}\gamma_{xy} + c_{65}\gamma_{yz} + c_{66}\gamma_{zx}
\end{aligned} \quad (11.2\text{-}1)$$

また、逆にひずみ成分は応力成分の1次関数として

$$\begin{aligned}
\varepsilon_x &= s_{11}\sigma_x + s_{12}\sigma_y + s_{13}\sigma_z + s_{14}\tau_{xy} + s_{15}\tau_{yz} + s_{16}\tau_{zx} \\
\varepsilon_y &= s_{21}\sigma_x + s_{22}\sigma_y + s_{23}\sigma_z + s_{24}\tau_{xy} + s_{25}\tau_{yz} + s_{26}\tau_{zx} \\
\varepsilon_z &= s_{31}\sigma_x + s_{32}\sigma_y + s_{33}\sigma_z + s_{34}\tau_{xy} + s_{35}\tau_{yz} + s_{36}\tau_{zx} \\
\gamma_{xy} &= s_{41}\sigma_x + s_{42}\sigma_y + s_{43}\sigma_z + s_{44}\tau_{xy} + s_{45}\tau_{yz} + s_{46}\tau_{zx} \\
\gamma_{yz} &= s_{51}\sigma_x + s_{52}\sigma_y + s_{53}\sigma_z + s_{54}\tau_{xy} + s_{55}\tau_{yz} + s_{56}\tau_{zx} \\
\gamma_{zx} &= s_{61}\sigma_x + s_{62}\sigma_y + s_{63}\sigma_z + s_{64}\tau_{xy} + s_{65}\tau_{yz} + s_{66}\tau_{zx}
\end{aligned} \quad (11.2\text{-}2)$$

のように表される。(11.2-1)式に含まれる36個のc_{ij}(i=1〜6、j=1〜6)は、弾性スティッフネス(elastic stiffness constants)とよばれ、また(11.2-2)式に含まれる36個のs_{ij}(i=1〜6、j=1〜6)は弾性コンプライアンス(elastic compliance constants)とよばれる。弾性スティッフネスが平面内で互いに鏡像になっている座標系のどの対に対しても不変であるならば、その平面は弾性対象となる。弾性体が1つの面に対して対称である場合には、弾性スティッフネスは13個となる。xz面に対して対称であるときには、これをマトリックスで表すと

$$\begin{bmatrix}
c_{11} & c_{12} & c_{13} & 0 & 0 & c_{16} \\
c_{21} & c_{22} & c_{23} & 0 & 0 & c_{26} \\
c_{31} & c_{32} & c_{33} & 0 & 0 & c_{36} \\
0 & 0 & 0 & c_{44} & c_{45} & 0 \\
0 & 0 & 0 & c_{54} & c_{55} & 0 \\
c_{61} & c_{62} & c_{63} & 0 & 0 & c_{66}
\end{bmatrix} \quad (11.2\text{-}3)$$

となり、さらに直交する3つの面に対称である場合には、弾性スティッフネスはさらに減少して以下のように9個となる。この場合を特に直交異方性と呼ぶ。

$$\begin{bmatrix} c_{11} & c_{12} & c_{13} & 0 & 0 & 0 \\ c_{21} & c_{22} & c_{23} & 0 & 0 & 0 \\ c_{31} & c_{32} & c_{33} & 0 & 0 & 0 \\ 0 & 0 & 0 & c_{44} & 0 & 0 \\ 0 & 0 & 0 & 0 & c_{55} & 0 \\ 0 & 0 & 0 & 0 & 0 & c_{66} \end{bmatrix} \tag{11.2-4}$$

弾性スティッフネス $c_{ij}(i=1\sim6、j=1\sim6)$に物理的意味合いをもたせ、これらを弾性係数($E$)、ポアッソン比($\nu$)及びせん断弾性係数($G$)で表すと直交異方性の場合の構成方程式は次のようになる。

$$\begin{Bmatrix} \sigma_x \\ \sigma_y \\ \sigma_z \\ \tau_{xy} \\ \tau_{yz} \\ \tau_{zx} \end{Bmatrix} = \frac{1}{A} \begin{bmatrix} E_x(1-\nu_{yz}\nu_{zy}) & E_y(\nu_{xy}+\nu_{xz}\nu_{zy}) & E_z(\nu_{xz}+\nu_{xy}\nu_{yz}) & 0 & 0 & 0 \\ & E_y(1-\nu_{xz}\nu_{zx}) & E_z(\nu_{yz}+\nu_{yx}\nu_{xz}) & 0 & 0 & 0 \\ & & E_z(1-\nu_{xy}\nu_{yx}) & 0 & 0 & 0 \\ & & & AG_{xy} & 0 & 0 \\ & SYM. & & & AG_{yz} & 0 \\ & & & & & AG_{zx} \end{bmatrix} \begin{Bmatrix} \varepsilon_x \\ \varepsilon_y \\ \varepsilon_z \\ \gamma_{xy} \\ \gamma_{yz} \\ \gamma_{zx} \end{Bmatrix}$$

(11.2-5)

ここで、

$$A = 1 - \nu_{xy}\nu_{yx} - \nu_{yz}\nu_{zy} - \nu_{zx}\nu_{xz} - \nu_{xy}\nu_{yz}\nu_{zx} - \nu_{yx}\nu_{xz}\nu_{zy} \tag{11.2-6}$$

また、ν_{ij}はi方向の応力により生じるj方向のひずみを、G_{ij}はij平面でのせん断弾性係数を表している。対称条件から

$$\begin{aligned} \nu_{xy}E_y &= \nu_{yx}E_x \\ \nu_{xz}E_z &= \nu_{zx}E_x \\ \nu_{yz}E_z &= \nu_{zy}E_y \end{aligned} \tag{11.2-7}$$

が導かれる。また、黒鉛単結晶のように一つの対称面内のどの方向にも特性が同じ(面内等方性)場合には、(11.2-4)式で $c_{11}=c_{22}, c_{44}=c_{55}, c_{13}=c_{23}, c_{66}=(c_{11}-c_{12})/2$ の関係が成り立ち、弾性スティッフネスは5個となりさらに簡単に次式で表せる。

$$\begin{bmatrix} c_{11} & c_{12} & c_{13} & 0 & 0 & 0 \\ c_{12} & c_{11} & c_{13} & 0 & 0 & 0 \\ c_{13} & c_{13} & c_{33} & 0 & 0 & 0 \\ 0 & 0 & 0 & c_{44} & 0 & 0 \\ 0 & 0 & 0 & 0 & c_{44} & 0 \\ 0 & 0 & 0 & 0 & 0 & (c_{11}-c_{12})/2 \end{bmatrix} \tag{11.2-8}$$

さらに、等方性材料では弾性係数とポアッソン比を用いて以下のように簡単な構成方程式となる。

$$\begin{Bmatrix} \sigma_x \\ \sigma_y \\ \sigma_z \\ \tau_{xy} \\ \tau_{yz} \\ \tau_{zx} \end{Bmatrix} = \frac{E(1-\nu)}{(1+\nu)(1-2\nu)} \begin{bmatrix} 1 & \frac{\nu}{1-\nu} & \frac{\nu}{1-\nu} & 0 & 0 & 0 \\ & 1 & \frac{\nu}{1-\nu} & 0 & 0 & 0 \\ & & 1 & 0 & 0 & 0 \\ & & & \frac{1-2\nu}{2(1-\nu)} & 0 & 0 \\ & \text{SYM.} & & & \frac{1-2\nu}{2(1-\nu)} & 0 \\ & & & & & \frac{1-2\nu}{2(1-\nu)} \end{bmatrix} \begin{Bmatrix} \varepsilon_x \\ \varepsilon_y \\ \varepsilon_z \\ \gamma_{xy} \\ \gamma_{yz} \\ \gamma_{zx} \end{Bmatrix}$$

$$\tag{11.2-9}$$

上式は、平面応力状態、平面ひずみ状態及び 2 次元軸対象状態ではさらに簡単な構成方程式となる。まず、平面応力状態とは、応力が 1 平面に平行に発生してこの面に垂直な面外方向の応力成分が全てゼロとなる状態で、薄い平板が面内応力状態となっている場合に相当する。面内応力を通常 xy 平面にとり、このとき発生する応力成分は $\sigma_x, \sigma_y, \tau_{xy}$ のみで、$\sigma_z=\tau_{yz}=\tau_{zx}=0$ の関係にある。平面応力状態の構成方程式は次式で与えられる。

$$\begin{Bmatrix} \sigma_x \\ \sigma_y \\ \tau_{xy} \end{Bmatrix} = \frac{E}{1-\nu^2} \begin{bmatrix} 1 & \nu & 0 \\ & 1 & 0 \\ \text{SYM.} & & \frac{1-\nu}{2} \end{bmatrix} \begin{Bmatrix} \varepsilon_x \\ \varepsilon_y \\ \gamma_{xy} \end{Bmatrix} \tag{11.2-10}$$

一方、平面ひずみ状態とはひずみが 1 平面に平行に発生してこの面に垂直な面外方向のひずみ成分が全てゼロとなる状態で、厚い平板がその側面に沿って一様に荷重を受けるような場合に相当する。発生するひずみ成分は面内ひずみ

である ε_x、ε_y、γ_{xy} で、面外方向のひずみについては、$\varepsilon_z=\gamma_{yz}=\gamma_{zx}=0$ となる。発生する応力成分は、σ_x、σ_y、σ_z 及び τ_{xy} で、$\tau_{yz}=\tau_{zx}=0$ となる。また、$\varepsilon_z=0$ より $\sigma_z=\nu(\sigma_x+\sigma_y)$ の関係がある。平面ひずみ状態の構成方程式は

$$\begin{Bmatrix}\sigma_x \\ \sigma_y \\ \tau_{xy}\end{Bmatrix} = \frac{E(1-\nu)}{(1+\nu)(1-2\nu)}\begin{bmatrix}1 & \frac{\nu}{1-\nu} & 0 \\ & 1 & 0 \\ SYM. & & \frac{1-2\nu}{2(1-\nu)}\end{bmatrix}\begin{Bmatrix}\varepsilon_x \\ \varepsilon_y \\ \gamma_{xy}\end{Bmatrix} \qquad (11.2\text{-}11)$$

また、2次元軸対象状態では応力分布等が中心軸まわりに対称な状態となっている。これを $r\text{-}\theta\text{-}z$ の極座標系で扱うと、対称性から σ_r,σ_θ の応力は θ に無関係で r のみの関数となって、$\tau_{r\theta}=0$ となる。この場合の構成方程式は

$$\begin{Bmatrix}\sigma_r \\ \sigma_z \\ \sigma_\theta \\ \tau_{rz}\end{Bmatrix} = \frac{E(1-\nu)}{(1+\nu)(1-2\nu)}\begin{bmatrix}1 & \frac{\nu}{1-\nu} & \frac{\nu}{1-\nu} & 0 \\ & 1 & \frac{\nu}{1-\nu} & 0 \\ SYM. & & 1 & 0 \\ & & & \frac{1-2\nu}{2(1-\nu)}\end{bmatrix}\begin{Bmatrix}\varepsilon_r \\ \varepsilon_z \\ \varepsilon_\theta \\ \gamma_{rz}\end{Bmatrix} \qquad (11.2\text{-}12)$$

11.2.2 有限要素法による応力解析

有限要素法による弾性体内の応力解析では、弾性体を仮想の境界で分離した有限要素（finite element）に分割し、各々の有限要素は境界上にある節点で互いに連結することにより固体の応力状態をモデル化する。この節点での変位は、未知の基本パラメータである。各有限要素内の変位状態は、節点変位の関数として一義的に決定されるような関数を選び変位関数とする。したがって、変位関数により要素内のひずみ状態は節点変位の関数として一義的に決定される。

また、得られたひずみ及び応力とひずみの関係式を用いることにより、要素内の応力状態が決定されるとともに、境界上の応力も定まる。このようにして求められた境界応力及び任意の分布荷重（物体力）とつり合って節点に集中する節点力を求め、要素についての荷重と変位の関係を定め、さらにこれらを組み合わせた系全体の剛性方程式を定め、これらを解くことにより固体内の応力、ひずみを解析することができる。

ここでは、二次元問題（平面応力及び平面ひずみ）を例に有限要素法の概要を述べる[YM-70]。さらに詳細な内容に興味を持たれた読者は参考文献を読まれた

い。また、有限要素法については参考文献の他にもたくさんの書籍が出版されているので、これらも参考にされたい。

(1) 変位関数

2次元の平面問題で、解析対象領域を図 11.2-1 に示すように三角形要素に分割するものとする。これらの有限要素のうち要素 e を考え、その節点を i,j,m とする。要素内の任意の点における変位を列ベクトル $\{\delta(x,y)\}$ で表すと、

$$\{\delta\} = [\mathbf{N}]\{\delta\}_e = [N_i, N_j, N_m]\begin{Bmatrix} \delta_i \\ \delta_j \\ \delta_m \end{Bmatrix} \tag{11.2-13}$$

ここで、$[N]$ の成分は座標 (x,y) の関数で、$\{\delta\}_e$ は要素 e のすべての節点変位を表す。

平面応力場では、

$$\{\delta\} = \begin{Bmatrix} u(x,y) \\ v(x,y) \end{Bmatrix} \tag{11.2-14}$$

は要素内の任意の点 (x,y) における変位の x,y (水平及び垂直) 成分を表す。また、

$$\{\delta\}_i = \begin{Bmatrix} u_i \\ v_i \end{Bmatrix} \tag{11.2-15}$$

は節点 i の変位成分を表す。

関数 N_i, N_j, N_m は、対応する節点の座標 $(x_i, y_i), (x_j, y_j), (x_m, y_m)$ をそれぞれ式

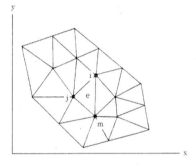

図 11.2-1 三角形要素に分割された解析モデル

(11.2-13) に代入した時、その節点の変位を与えるように選ぶ。たとえば、

$$\begin{aligned} N_i(x_i, y_i) &= I \\ N_j(x_j y_j) &= N_m(x_m, y_m) = 0 \end{aligned} \tag{11.2-16}$$

である。なお、I は単位マトリックスである。

(2) ひずみ

要素内のすべての節点変位より、下式により要素内の任意の点におけるひずみが求められる。

$$\{\varepsilon\} = [B] \cdot \{\delta\}_e \tag{11.2-17}$$

平面応力の場合には、ひずみはよく知られている関係式により、変位の関数として次式で与えられる。

$$\{\varepsilon\} = \begin{Bmatrix} \varepsilon_x \\ \varepsilon_y \\ \gamma_{xy} \end{Bmatrix} = \begin{Bmatrix} \dfrac{\partial u}{\partial x} \\ \dfrac{\partial v}{\partial y} \\ \dfrac{\partial u}{\partial y} + \dfrac{\partial v}{\partial x} \end{Bmatrix} \tag{11.2-18}$$

式(11.2-13)と、すでに決定した N_i, N_j 及び N_m などの関数によりマトリックス[B]が容易に決定される。

(3) 応力

一般に、要素分割した材料は温度変化、収縮、結晶の成長等によって初期ひずみを受ける。このようなひずみを$\{\varepsilon_0\}$とすると、実際のひずみと初期のひずみとの差により応力が発生することになる。一般的な弾性状態を仮定すると、応力とひずみの関係式は線形で、以下のように書ける。

$$\{\sigma\} = [D] \cdot (\{\varepsilon\} - \{\varepsilon_0\}) \tag{11.2-19}$$

ここで、[D]は適当な材料定数を含んだ弾性マトリックスである。
平面応力場の場合、すでに定義したひずみに対して、以下の三つの応力成分を考える必要がある。

$$\{\sigma\} = \begin{Bmatrix} \sigma_x \\ \sigma_y \\ \tau_{xy} \end{Bmatrix} \tag{11.2-20}$$

弾性マトリックス[D]は、等方性弾性体の場合には以下の関係式を用いて容易に求めることができる。

$$\begin{aligned} \varepsilon_x - (\varepsilon_x)_0 &= \frac{1}{E}\sigma_x - \frac{\nu}{E}\sigma_y \\ \varepsilon_y - (\varepsilon_y)_0 &= -\frac{\nu}{E}\sigma_x + \frac{1}{E}\sigma_y \\ \gamma_{xy} - (\gamma_{xy})_0 &= \frac{2(1+\nu)}{E}\tau_{xy} \\ &= G\tau_{xy} \end{aligned} \tag{11.2-21}$$

したがって、

$$[D] = \frac{E}{1-\nu^2}\begin{bmatrix} 1 & \nu & 0 \\ \nu & 1 & 0 \\ 0 & 0 & \frac{1-\nu}{2} \end{bmatrix} \quad (11.2\text{-}22)$$

となる。

(4) 等価節点力

要素に働く境界上の応力や要素内の分布荷重（物体力、body force）と静的に等価な節点力を次のように定義する。

$$\{F\}_e = \begin{Bmatrix} F_i \\ F_j \\ F_m \end{Bmatrix} \quad (11.2\text{-}23)$$

各節点の力$\{F_i\}$はそれに対応する節点変位$\{\delta_i\}$と同じ数だけの成分を有し、変位と対応をつけて、正しい順序にならんでいなければならない。物体力$\{p\}$は、要素内の単位体積あたりについて作用する力として定義され、その作用方向は同じ点における変位$\{\delta\}$の方向に対応している。

平面応力の場合、節点力はたとえば

$$\{F_i\} = \begin{Bmatrix} U_i \\ V_i \end{Bmatrix} \quad (11.2\text{-}24)$$

で、接点力の成分U及びVは変位u及びvの方向に対応している。また、物体力は

$$\{p\} = \begin{Bmatrix} X \\ Y \end{Bmatrix} \quad (11.2\text{-}25)$$

で、X及びYをその成分としている。

実際の境界応力や物体力と静的に等価な節点力を求める簡単な方法は、任意の（仮想）節点変位を与え、それにより種々の力や応力のなす内部仕事と外部仕事を等しく置くことである。節点に与えるこのような仮想変位を$\{\delta_*\}_e$とすると、式(11.2-13)及び式(11.2-17)より、要素内の変位及びひずみが各々次式で与えられる。

$$\begin{aligned} \{\delta_*\} &= [N] \cdot \{\delta_*\}_e \\ \{\varepsilon_*\} &= [B] \cdot \{\delta_*\}_e \end{aligned} \quad (11.2\text{-}26)$$

節点力のなす外部仕事は、個々の力の成分と対応する仮想変位成分の積の和に等しく、マトリックス表示で書くと

$$(\{\delta_*\}_e)^T \{F\}_e \tag{11.2-27}$$

同様に、応力及び物体力による内部仕事は単位体積あたり

$$\{\varepsilon_*\}^T \{\sigma\} - \{\delta_*\}^T \{p\} \tag{11.2-28}$$

または、式(11.2-26)を代入して

$$(\{\delta_*\}_e)^T ([B]^T \{\sigma\} - [N]^T \{p\}) \tag{11.2-29}$$

式(11.2-29)で与えられる外部仕事を、要素の全体積にわたる積分として与えられる全内部仕事に等しく置くと

$$(\{\delta_*\}_e)^T \{F\}_e = (\{\delta_*\}_e)^T (\int [B]^T \{\sigma\} dv - \int [N]^T \{p\} dv) \tag{11.2-30}$$

で与えられる。ここで、$\int dv$ は体積積分を示す。この関係は、いかなる仮想変位 $\{\delta_*\}_e$ に対しても成立するため、以下の等価節点力の式が得られる。すなわち、上式から得られる結果に、式(11.2-17)及び式(11.2-19)を代入して、

$$\{F\}_e = (\int [B]^T [D][B] dv) \{\delta\}_e - \int [B]^T [D] \{\varepsilon_0\} dv - \int [N]^T \{p\} dv \tag{11.2-31}$$

ここで、

$$[k]_e = \int [B]^T [D][B] dv \tag{11.2-32}$$

は剛性マトリックスと呼ばれる。式(11.2-31)で、要素に作用する物体力と等価な節点力を $\{F\}_{pe}$ とすると

$$\{F\}_{pe} = -\int [N]^T \{p\} dv \tag{11.2-33}$$

である。また、温度変化がある場合など、初期ひずみによる節点変位を拘束するのに必要な節点力を $\{F\}_{\varepsilon_0 e}$ とすると

$$\{F\}_{\varepsilon_0 e} = -\int [B]^T [D] \{\varepsilon_0\} dv \tag{11.2-34}$$

平面応力場における三角形要素の特性を求めるには、すでに求めた $[B]$、$[D]$、$[N]$ 及び与えられた物体力 $\{p\}$ ならびに初期ひずみ $\{\varepsilon_0\}$ を代入すればよい。

11.2.3 構造設計基準で要求される応力成分の評価

構造物の応力評価は、有限要素法の普及にともない簡略な規格計算によるものから、より現実的な応力解析によるものが主流となってきている。有限要素法による応力解析では、節点あるいは積分点での応力値が計算される。構造物の健全性を評価するためには、計算された応力値をもとに、11.3 で示す設計基準で規定される各種の応力成分を評価しなければならない。
具体的には、圧力荷重、熱荷重等の構造物に作用する荷重条件を定め、
①内圧や外荷重による一次応力を求め、さらに温度解析などを行い、二次応力を求める。これら一次応力と二次応力を加え合わせた応力の評価（膜応力、ポイント応力、全応力）、
②特別な応力状態として、純せん断応力、支圧応力の評価、及び
③全応力に対する疲労評価
が行われている。

ここでは、内圧が加わった場合のノズル形状の構造物について、一般的な応力評価例を紹介する。図 11.2-2 は、有限要素法によるノズル部の応力解析メッシュ例である[KW-74]。ここで、図中直線 1 から 6 は、評価断面として応力解析結果等を参考に 6 種類の応力評価断面を考えたものである。評価断面 1 は内面に垂直な断面を、2 から 6 は外面に垂直な断面を想定している。図 11.2-3 は、応力解析の結果を例示したもので、ノズル部に発生する円周方向応力値をノズル内圧値で規格化して示している[KW-74]。これら評価断面上の応力分布から、構造設計基準で規定されている応力について、膜応力、ポイント応力（膜応力＋曲げ応力）、全応力（膜応力＋曲げ応力＋ピーク応力）を評価しなければならない。

図 11.2-4 はそれぞれの評価応力成分の計算方法について例示したものである。まず、評価断面ごとに評価断面に沿った応力分布 $\sigma(t)$ を計算する。この計算した応力分布から評価断面の平均応力が膜応力成分として計算される。曲げ応力成分は、この膜応力と断面に沿う応力分布 $\sigma(t)$ との差により生ずる曲げモーメントと等価な線形の曲げ応力値として計算される。さらに、全応力成分は計算された最大応力である。（図中、ピーク応力成分は計算された応力値と等価な曲げ応力値との差として計算される。）一例として、各評価断面において評価した応力成分を図 11.2-5 に示す[KW-74]。

第11章 原子炉用炭素・黒鉛材料の構造設計上の課題

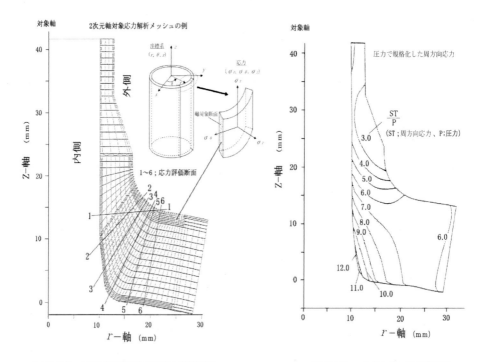

図 11.2-2 ノズル部の形状及び応力評価断面

図 11.2-3 ノズル部の周方向応力

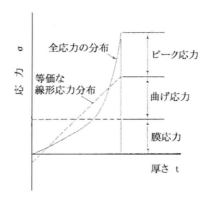

図 11.2-4 曲げ応力とピーク応力の定義 [JAERI-89]

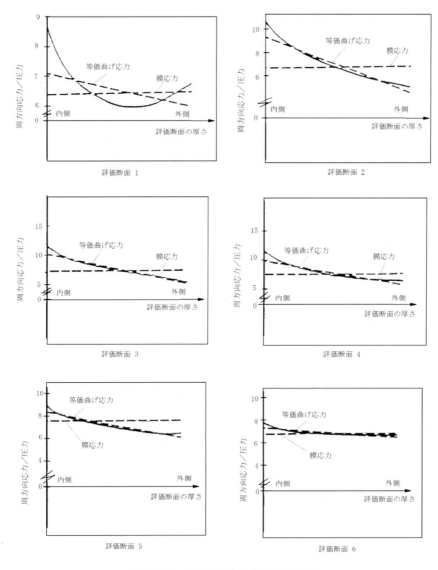

図 11.2-5 評価断面内の応力分布の例

11.2.4 炭素・黒鉛構造物特有の応力解析・評価

次に、原子炉用炭素構造物の応力評価の例を示す。黒鉛材料は10章で示したように中性子照射による寸法変化挙動を示すとともに、通常では2000℃以上の高温でなければ現れないクリープ挙動が、中性子照射下では約400℃程度の温度域においても現れる。さらに、これらによる変形は非可逆的で、残留ひずみとして黒鉛構造物に原子炉の運転とともに蓄積されることから、この残留応力の評価も黒鉛構造物の設計の観点から重要な評価項目の一つとなっている[IM-93a,IM-98]。これらの挙動を考慮した応力の計算は、「ABAQUS」コードや「NASTRAN」コードといったいわゆる汎用の有限要素法による応力解析コードでは困難である。このため、従来、黒鉛の照射下における応力解析のために応力解析コードが開発されてきた[CT-70,DJ-71,IT-91c,IT-91d]。ここでは、黒鉛材料の照射下の物性を扱えるように開発された応力解析コード「VIENUS」[IT-92]の例を示すとともに、構造物の応力評価例を示す。

(1) 照射特性を考慮した応力解析

10.4.6節で示した黒鉛の照射下クリープ現象を適切に表現できるモデルとして、図11.2-6に示すバネとダッシュポットを直列あるいは並列に接続した「Maxwell-Kelvinモデル」が採用されている。遷移クリープ（1次クリープ）はKeivinモデル、定常クリープ（2次クリープ）はMaxwellモデルにより表される。「VIENUS」コードではこのレオロジーモデルを用い、さらに熱ひずみ及び照射ひずみを考慮して変形挙動を解析している。

全ひずみ ε は、弾性ひずみ ε^E、クリープひずみ ε^c、熱ひずみ ε^{th} 及び照射誘起ひずみ ε^{irr} の加算量として計算される。ここで、それぞれのひずみは、単軸応力状態では

$$\begin{aligned}
\varepsilon^E &= \frac{\sigma}{E^E} \\
\varepsilon^c &= \varepsilon^S + \varepsilon^T \\
\varepsilon^{th} &= f^{th}(t,\varphi) \\
\varepsilon^i &= f^i(t,\varphi)
\end{aligned} \qquad (11.2\text{-}35)$$

ここで、σ は応力、E^E はヤング率、ε^S、ε^T はそれぞれ定常クリープひずみ、遷移クリープひずみである。また、$f^{th}(t,\varphi)$ は、温度 t 及び照射量 φ の関数として与えられたヤング率及び熱膨張係数から計算され、$f^{irr}(t,\varphi)$ は照射試験データから

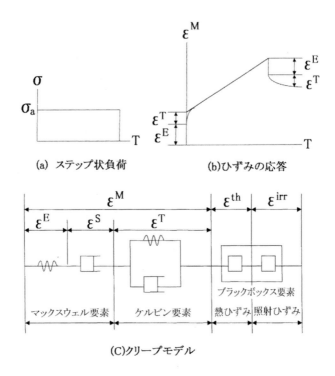

図 11.2-6 黒鉛の照射クリープに対する粘弾性モデルと変形挙動

温度 t 及び照射量 φ の関数として与えられる。

なお、定常及び遷移クリープひずみの時間増分量は

$$\begin{aligned}\dot{\varepsilon}^{S} &= M_{S} \cdot \sigma \cdot \dot{\phi} \\ \dot{\varepsilon}^{T} &= M_{T} \cdot (\sigma - \varepsilon_{T} E_{T}) \cdot \dot{\phi}\end{aligned} \quad (11.2\text{-}36)$$

で計算されている。ここで、M^S は定常クリープ係数、M^T は遷移クリープ係数、ε^T は遷移クリープひずみ、E^T は遷移クリープのヤング率である。VIENUS コードでは、図 11.2-7 に示すように、時間増分法により照射下の応力値が評価される。

第11章 原子炉用炭素・黒鉛材料の構造設計上の課題

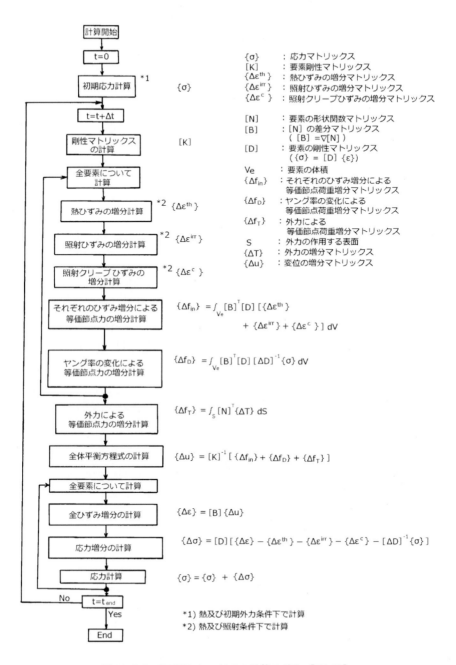

図 11.2-7 VIENUS コードでの計算の流れ [IT-92]

(2) 応力成分の評価

　黒鉛構造物に対する応力評価も基本的には金属構造物に対するものと同様である。まず評価する構造物が中性子照射量依存性の物性値を考慮する必要があるかないかにより炉心黒鉛構造設計基準か炉心支持黒鉛構造設計基準のいずれかがよりどころの基準となる。次に、解析対象の構造物を有限要素法によりモデル化し、これを用いて応力解析を実施する。応力解析の結果、発生応力の高い部分について、破壊の可能性のある部分に応力評価断面を設定する。その後の応力評価断面上の膜応力、曲げ応力及びピーク応力の評価の仕方は金属構造物の場合と同じである。ただし、破壊基準では、膜応力と曲げ応力の合算した応力値をポイント応力に、膜応力と曲げ応力とピーク応力を合算した応力値を全応力とよび、11.3.5 節で述べるように膜応力、ポイント応力及び全応力を対象に応力を制限している。

　具体的な黒鉛構造物に対する応力評価として、図 11.2-8 に示す高温工学試験研究炉（High Temperature Engineering Test Reactor, HTTR）の燃料体黒鉛ブロックについての応力解析例を示す。冷却材であるヘリウムガスは、六角柱状の黒鉛ブロックと内部にウラン燃料を入れた燃料棒との間の環状の流路を流れる。図 11.2-9 は燃料体黒鉛ブロックの解析メッシュ例である。黒鉛ブロックの形状及び境界条件の対象性を考慮して 1/2 領域でメッシュ分割されている。図 11.2-10 は、応力解析の結果から各応力評価断面で膜応力、ポイント応力及び全応力を評価し、これらのうちの最大値を中性子照射量の関数としてプロットしたものである。図から分かるように、運転時に黒鉛ブロックに発生する応力はクリープ変形により照射とともに緩和され、これに対してクリープ変形及び照射による変形によって蓄積される残留ひずみにより、原子炉を停止し黒鉛ブロックが低温状態となるときの応力は照射とともに増大している。

第11章 原子炉用炭素・黒鉛材料の構造設計上の課題

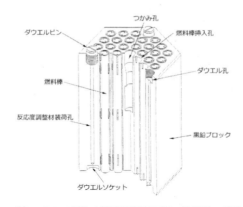

図 11.2-8 高温工学試験研究炉用の燃料体の構造

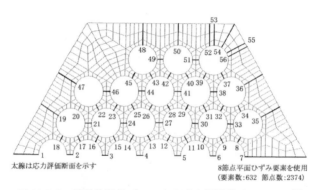

図 11.2-9 燃料体黒鉛ブロックの応力解析用メッシュの例

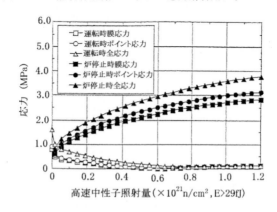

図 11.2-10 燃料体黒鉛ブロックに発生する最大主応力の計算例

11.3 黒鉛構造設計基準の例

黒鉛構造設計基準の具体例として、日本原子力研究開発機構で建設した高温工学試験研究炉（HTTR）用の炉内黒鉛構造物に対して定められた設計基準例［JAERI-89］を概説する。HTTR は黒鉛減速ヘリウムガス冷却型高温ガス炉の試験炉で、表 11.3-1 にその主な仕様を示すように、熱出力 30MW、原子炉出口冷却材ガス温度が最高 950℃に達する。原子炉内の構造物は、図 11.3-1 に示すように運転期間中交換を予定する炉心黒鉛構造物と永久構造物である炉心支持黒鉛構造物から構成されている。

表 11.3-1 高温工学試験研究炉の設計仕様

原子炉熱出力	30MW
冷却材	ヘリウムガス
原子炉入口／出口冷却材温度	395℃／850℃（最高 950℃）
1 次冷却材圧力	4MPa
炉心構造材	黒鉛
炉心有効高さ	2.9m
炉心等価直径	2.3m
出力密度	2.5MW/m^3
燃料	二酸化ウラン（被覆粒子／黒鉛分散型）
ウラン濃縮度	3〜10%（平均 6%）
燃料体形式	ピン・イン・ブロック型
原子炉圧力容器	鋼製（2¼Cr-1Mo 鋼）

11.3.1 原子炉の運転状態

表 11.3-2 は、黒鉛構造設計基準で定められた用語の定義をまとめたものである。この中に、原子炉の運転状態については金属構造物や黒鉛構造物を問わず共通のもので、運転状態Ⅰ〜運転状態Ⅳの 4 段階のものが考慮されている。

運転状態を別な言葉で表現すると、

運転状態Ⅰ：原子炉施設の計画的な運転状態またはこれらの間の計画的な移行状態

運転状態Ⅱ：原子炉施設の寿命期間中に予想される機器の単一故障、運転員の

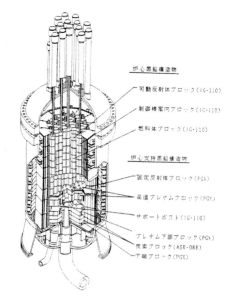

図 11.3-1 高温工学試験研究炉（HTTR）の炉内黒鉛構造物

単一誤操作等により、原子炉が通常の運転状態からはずれた状態

運転状態Ⅲ：発生頻度が十分低い事象により引き起こされる状態で、運転状態Ⅱのうちその発生頻度が十分低い事象のもの。

運転状態Ⅳ：発生頻度が極めて低く、原子炉の寿命期間中に生じるとは考えられない事象により引き起こされる状態で、万一発生した場合の設計の妥当性を評価するために設けられたもの

となる。

それぞれの運転状態に対して異なる応力制限値が規定され、これにより運転状態ごとに構造物の破壊の危険性がほぼ等しくなるような合理的な構造物の設計となっている。

表 11.3-2 炉心黒鉛構造設計方針で用いられる用語

用　語	定　　義
垂直応力	対象面に対して垂直方向に作用する応力成分
せん断応力	対象面に対して接線方向に作用する応力成分
膜応力	断面の垂直応力の平均値に等しい当該断面に垂直な応力成分
曲げ応力	垂直応力の平均値からの変化成分
照射応力	中性子照射による寸法変化およびクリープ現象によるひずみに起因する応力
ポイント応力	膜応力と曲げ応力成分を加算して得られる最大引張、あるいは最大圧縮応力をいい、形状不連続または応力上昇により生ずる非線形応力成分を除外した対象面での最大引張あるいは最大圧縮応力
一次応力	外力、内力およびモーメントに対して単純な平衡の法則を満足する垂直応力またはせん断応力
二次応力	隣接部分の拘束または自己拘束により生ずる垂直応力またはせん断応力
ピーク応力	応力集中、局部熱応力および局部照射応力により、一次応力または二次応力に付加される応力の増加分
全応力	膜、曲げおよびピーク応力の総和
応力サイクル	対象部における全応力が初期値より最大値に達し、さらに最小値を経由して初期値に復帰する状態
疲れ累積係数	各応力サイクルにおける実際の繰返し回数と最大一最小応力の組に対して設計疲れ曲線から定まる許容繰返し回数とのみ合わせ
基準強さ	設計において黒鉛構造物の構造強度を評価する場合に用いる黒鉛材料の基準となる引張強さまたは圧縮強さ
運転状態Ⅰ	原子炉施設の通常運転時の状態
運転状態Ⅱ	運転状態Ⅰ、運転状態Ⅲおよび運転状態Ⅳ以外の状態
運転状態Ⅲ	原子炉施設の故障、異常な作動等により原子炉の運転の停止が緊急に必要とされる状態
運転状態Ⅳ	原子炉施設の安全設計上想定される異常な事態が生じている状態

11.3.2 構造物の分類

構造物はその機能、使用環境及び使用する年数等の条件を考慮して、類似の設計条件を有するように分類されている。これは、構造物を使用環境等の設計

条件が類似なものに分類し、分類毎に破壊モード等を考慮した設計基準を定めて構造設計を行うことがねらいである。
HTTR用炉内黒鉛構造物は、供用期間中に交換が可能でかつ中性子の照射量が多い「炉心黒鉛構造物」と、交換を予定しない永久構造物で中性子照射量の少ない「炉心支持黒鉛構造物」に分類され、それぞれの使用環境等を考慮した設計基準が定められている。

たとえば、中性子照射量の多い炉心黒鉛構造物の設計基準には、黒鉛材料に特有な照射下における寸法変化に起因した照射ひずみ及び照射クリープ変形によるクリープひずみが残留ひずみとして中性子照射とともに増加し残留応力を発生させるため、照射量の多い炉心黒鉛構造物に対してはこの黒鉛の照射挙動を考慮した粘弾性応力解析の規定が盛り込まれている。一方、炉心支持黒鉛構造物に対する設計基準には、中性子照射量が少ないことから粘弾性解析を不要とすることや、座屈破壊を防止する規定等が盛り込まれている。

11.3.3 材料の規定

設計基準では、使用することのできる材料を規定している。炉心黒鉛構造物に使用できる材料は、表11.3-3に示す原子炉級微粒等方性黒鉛（IG-110黒鉛相当）で、炉心支持黒鉛構造物に使用できる材料は、同表に示す原子炉級微粒等方性黒鉛（IG-110黒鉛相当）、原子炉級準等方性黒鉛（PGX黒鉛相当）及び炭素

表11.3-3 黒鉛構造設計基準で規定されている黒鉛材料[IM-91a]

（未照射材）

	IG-110黒鉛	PGX黒鉛	ASR-ORB炭素
かさ密度 (g/cm³)	1.78	1.73	1.65
平均引張強さ*1 (MPa)	25.3	8.1 (径方向)	6.8 (径方向)
平均圧縮強さ*1 (MPa)	76.8	30.6 (径方向)	50.4 (径方向)
縦弾性係数*1 (10⁵kg/cm²) ($\pm \frac{1}{3}$ Su勾配)*2	0.81	0.66 (径方向)	0.89 (径方向)
平均熱膨張係数 (10⁻⁶/℃) (20～400℃)	4.06	2.34 (径方向) 2.87 (軸方向)	4.40 (径方向) 4.89 (軸方向)
熱伝導率 (W/mK) (400℃)	79.5	75.3 (径方向)	10.0
灰分*3 (ppm)	100以下	7,000以下	5,000以下
粒径 (μm)	20	800以下	2,000以下

*1: 室温での値
*2: 応力−ひずみ曲線における基準引張強さ及び基準圧縮強さの1/3の点を結んだ直線の勾配
*3: 耐腐食性を必要としない部材には適用しない

（ASR-0RB 相当）である。これらの使用材料は、不純物、熱的・機械的特性等についてその測定法及び判定値を規定した黒鉛検査基準に適合するものであることが要求されている。

11.3.4 応力分類

金属材料では、二次応力が大きな塑性変形により緩和されるため大きな変形をともなわないことから、二次応力の制限は一次応力の制限と比べるとゆるやかなものとされている。しかし、黒鉛材料では、破断までのひずみが引張りで1%未満と非常に小さいためにこの二次応力の変形による緩和効果が期待できない。このため、一次応力と二次応力が加算された応力値に対して応力制限が規定されている。また、応力勾配下での強度の違いを考慮して、一様な応力状態の膜応力、曲げ応力成分を有するポイント応力及び形状不連続等により生じる応力集中を含む全応力の3種類に分類した応力値に対して応力制限がされている。

11.3.5 膜応力、ポイント応力及び全応力の制限

炉心黒鉛構造物及び炉心支持黒鉛構造物に対する設計基準を表11.3-4に示す。また、それぞれの設計基準に対する応力制限体系を図11.3-2にまとめて示す。運転状態Ⅰ及びⅡにお

表 11.3-4 炉心及び炉心支持黒鉛構造設計基準で規定する膜応力、ポイント応力及び全応力の制限 [JAERI-89]

(1) 炉心黒鉛構造設計方針
S_m:基準強さ×1/3、S_p:基準強さ×1/2、S_F:基準強さ×9/10

運転状態	各運転状態における主応力制限
Ⅰ及びⅡ	1) $(P_m+Q_m) \leqq S_m$ 2) $(P_p+Q_p) \leqq S_p$ 3) $(P_p+Q_p+F) \leqq S_F$
Ⅲ	1) $(P_m+Q_m) \leqq 1.5S_m$ 2) $(P_p+Q_p) \leqq 1.5S_p$ 3) $(P_p+Q_p+F) \leqq S_F$
Ⅳ	1) $(P_m+Q_m) \leqq 2.0S_m$ 2) $(P_p+Q_p) \leqq 1.8S_p$ 3) $(P_p+Q_p+F) \leqq 1.1S_F$

(2) 炉心支持黒鉛構造設計方針
S_m:基準強さ×1/4、S_p:基準強さ×1/3、S_F:基準強さ×9/10

運転状態	各運転状態における主応力制限
Ⅰ及びⅡ	1) $(P_m+Q_m) \leqq S_m$ 2) $(P_p+Q_p) \leqq S_p$ 3) $(P_p+Q_p+F) \leqq S_F$
Ⅲ	1) $(P_m+Q_m) \leqq 2.0S_m$ 2) $(P_p+Q_p) \leqq 2.0S_p$ 3) $(P_p+Q_p+F) \leqq S_F$
Ⅳ	1) $(P_m+Q_m) \leqq 2.4S_m$ 2) $(P_p+Q_p) \leqq 2.4S_p$ 3) $(P_p+Q_p+F) \leqq 1.1S_F$

S_u：基準強さ
P_m：一次膜応力、 Q_m：二次膜応力、P_b：一次曲げ応力
Q_b：2次曲げ応力、 P_p：一次ポイント応力 ($P_p=P_m+P_b$)
Q_p：二次ポイント応力 ($Q_p=Q_m+Q_b$)、 F：ピーク応力
S_m：（一次＋二次）膜応力に対する許容応力限界
S_p：（一次＋二次）ポイント応力に対する許容応力限界
S_F：全応力に対する許容応力限界

(1) 炉心黒鉛構造物

運転状態 \ 応力の種類	一次応力 膜応力 (Pm,Qm)	一次 + 二次応力 ポイント応力 (Pp,Qp)	全応力
Ⅰ及びⅡ	Pm+Qm → Sm ; $Sm = \frac{1}{3} Su$	Pp+Qp → Sp ; $Sp = \frac{1}{2} Su$	Pp+Qp+F → S_F ; $S_F = 0.9 Su$ 及び Us ; $Us \leq \frac{1}{3}$ (運転状態 Ⅰ～Ⅱ)
Ⅲ*	1.5Sm ; $1.5Sm = \frac{1}{2} Su$	1.5Sp ; $1.5Sp = \frac{3}{4} Su$	S_F ; $S_F = 0.9 Su$ 及び Us ; $Us \leq \frac{2}{3}$ (運転状態 Ⅰ～Ⅲ)
Ⅳ*	2Sm ; $2Sm = \frac{2}{3} Su$	1.8Sp ; $1.8Sp = \frac{9}{10} Su$	$\frac{1}{0.9}S_F$; $\frac{1}{0.9}S_F = Su$ 及び Us ; $Us \leq 1.0$

(2) 炉心支持黒鉛構造物

運転状態 \ 応力の種類	一次応力 膜応力 (Pm,Qm)	一次 + 二次応力 ポイント応力 (Pp,Qp)	全応力
Ⅰ及びⅡ	Pm+Qm → Sm ; $Sm = \frac{1}{4} Su$	Pp+Qp → Sp ; $Sp = \frac{1}{3} Su$	Pp+Qp+F → S_F ; $S_F = 0.9 Su$ 及び Us ; $Us \leq \frac{1}{3}$ (運転状態 Ⅰ～Ⅱ)
Ⅲ	2Sm ; $2Sm = \frac{1}{2} Su$	2Sp ; $2Sp = \frac{2}{3} Su$	S_F ; $S_F = 0.9 Su$ 及び Us ; $Us \leq \frac{2}{3}$ (運転状態 Ⅰ～Ⅲ)
Ⅳ	2.4Sm ; $2.4Sm = \frac{3}{5} Su$	2.4Sp ; $2.4Sp = \frac{4}{5} Su$	$\frac{1}{0.9}S_F$; $\frac{1}{0.9}S_F = Su$ 及び Us ; $Us \leq 1.0$ (運転状態 Ⅰ～Ⅳ)

Pm:一次膜応力、Qm:二次膜応力　　　　　F:ピーク応力、Us:疲れ累積係数
Pp:一次ポイント応力(一次膜応力+一次曲げ応力)　Sm:許容膜応力限界、Sp:許容ポイント応力限界
Qp:二次ポイント応力(二次膜応力+二次曲げ応力)　Sp:許容全応力限界、Su:基準強さ

*:構造健全性の評価は不要。ただし、制御棒及び後備停止系素子の挿入機能が確保されること及び崩壊熱除去可能な形状維持が必要。
(要求を満足する一つの方法は、本制限値以下の設計とすることである)

図 11.3-2　炉心及び炉心支持黒鉛構造設計基準の応力制限体系 [JAERI-89]

ける膜応力に対する安全率は基本的な安全率であり、構造物の機能及び重要度を考慮して、炉心黒鉛では 3 に炉心支持黒鉛では 4 に規定されている。これら

の安全率は金属構造物に対する安全率を参考に同等あるいはそれ以上の保守性をもたせるようにして定めたものである。この膜応力に対する安全率をもとに、曲げ強さが引張強さの1.5倍程度高いことからポイント応力の制限値を1.5倍またはそれ以下に設定している。

さらに、局部的な高応力を含む全応力についても、短期荷重による応力制限を切り欠き感度の試験データを参考に定めている。すなわち、引張あるいは圧縮強さのデータをもとに基準強さを定め、これをもとに応力分類ごとに運転状態に対応した応力制限を行っている。

ここで、応力勾配を有する場合の応力制限値（ポイント応力の制限値）については、ワイブルの破壊理論により検討することができる。なお、金属構造物の応力制限においては、一次膜応力制限の考え方として、曲げ応力が加わることにより構造物が完全に塑性変形して崩壊するまで弾完全塑性体が仮定され、曲げ応力は降伏応力の1.5倍となることが弾性力学的に示されている。ここでは、脆性材料の破壊理論から同様の検討を行ってみる。さて、簡単な例として矩形断面の試験片を想定してみよう。試験片に引張り応力と曲げ応力が同時に加わった場合、図11.3-3 (1)に示すように中立軸の位置が y' だけ移動する。このとき、中立軸の移動距離は

$$y' = \frac{bh^3}{12M} \cdot \sigma_t \tag{11.3-1}$$

となる。ここで、図11.3-3 (2)に示すように、b は試験片の幅、h は試験片の高さ、M は試験片に加わっているモーメント、σ_t は引張応力である。ここで、ワイブル統計で(7.3-3)式により計算される非破壊確率うち、exp の項は特に「破壊の危険度」(Risk of rupture)と呼ばれ、ポイント応力状態のときの破壊の危険度は、$y'<h/2$ のとき、

$$\begin{aligned}
R_{tb} &= \int_{-y'}^{\frac{h}{2}} \left(\frac{\sigma_b + \sigma_t}{\sigma_0} \right)^m dv \\
&= \int_{\frac{bh^3}{12M} \cdot \sigma_t}^{\frac{h}{2}} \left(\frac{\frac{12M}{bh^3}y + \sigma_t}{\sigma_0} \right)^m \cdot l \cdot b \cdot dy \\
&= \frac{1}{(\sigma_0)^m} \cdot \frac{b \cdot h \cdot l}{2(m+1)} \cdot \frac{1}{\sigma_{b\max}} \cdot (\sigma_t + \sigma_{b\max})_x^{m+1}
\end{aligned} \tag{11.3-2}$$

$y' \geqq h/2$ のとき、

$$R_{tb} = \int_{-\frac{h'}{2}}^{\frac{h}{2}} \left(\frac{\sigma_b + \sigma_t}{\sigma_0}\right)^m dv$$

$$= \int_{-\frac{h'}{2}}^{\frac{h}{2}} \left(\frac{\frac{12M}{bh^3}y + \sigma_t}{\sigma_0}\right)^m \cdot l \cdot b \cdot dy \qquad (11.3\text{-}3)$$

$$= \frac{1}{(\sigma_0)^m} \cdot \frac{b \cdot h \cdot l}{2(m+1)} \cdot \frac{1}{\sigma_{b\max}} \cdot \left\{(\sigma_t + \sigma_{b\max})^{m+1} - (\sigma_t - \sigma_{b\max})^{m+1}\right\}$$

で計算される。ここで、m, σ_0 はそれぞれワイブル係数、規格化因子で、σ_{bmax} は、

$$\sigma_{b\max} \equiv \frac{6M}{bh^2} \qquad (11.3\text{-}4)$$

で与えられる。

一方、引張応力状態での同一矩形断面の試験片に対する破壊の危険度は

$$R_t = \int_{-\frac{h}{2}}^{\frac{h}{2}} \left(\frac{\sigma_t}{\sigma_0}\right)^m dv$$

$$= \frac{1}{(\sigma_0)^m} \cdot (\sigma_t)^m \cdot b \cdot h \cdot l \qquad (11.3\text{-}5)$$

で計算される。したがって、(11.3-2)式または(11.3-3)式と(11.3-5)式を等しく置くことにより、ポイント応力状態での破壊曲線が得られる。図 11.3-4 は、ワイブルの破壊理論により求めた破壊曲線を示したものである。黒鉛のポイント応力下での破壊については、General Atomic 社において、原子炉級黒鉛（H-451 黒鉛）を用いた試験を行っており[GA-78]、同図にここで得られた実測データも示す。なお、計算に用いたワイブル係数は m=8.6 で H-451 黒鉛の引張試験データ[GA-78]から定めた。

　以上ワイブル理論から定めた破壊曲線と設計上の応力制限値との関係を図 11.3-5 に示す。引張応力と曲げ応力の組み合わせが変わると応力制限値と破壊曲線との間の安全率が異なっているが、設計上の応力制限値は十分安全側に定められている。

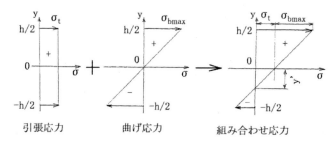

(1) ポイント応力が作用した場合の応力状態

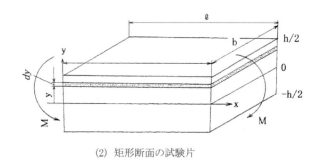

(2) 矩形断面の試験片

図 11.3-3　矩形断面試験片にポイント応力が作用した状態

11.3.6 破壊基準

　黒鉛材料の 2 軸破壊データは、図 7.4-1 に示したように第 1 象限の引張-引張領域では最大主応力説による適合するが、第 4 象限の引張-圧縮の領域では最大主応力説が適用できない。そこで、設計基準においては、表 11.3-5 に示すように圧縮応力の支配的な領域において実測データに基づき補正した破壊基準（修正クーロン・モール説、11.1.1(7)節を参照）を採用している。

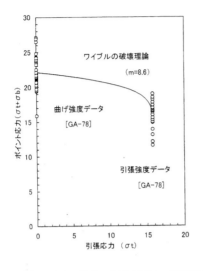 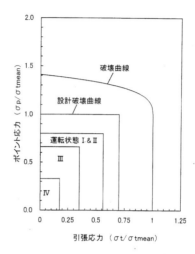

図 11.3-4 ポイント応力下での破壊曲線　　図 11.3-5 炉心支持黒鉛構造物に対するポイント応力制限図

表 11.3-5 黒鉛構造設計基準で採用している強度理論[JAERI-89]

最大及び最小主応力を各々 σ_1 及び σ_3 とするとき、σ_1 が正、σ_3 が負で、かつ σ_3 が運転状態別に次の①式より定まる応力値 (S_J) 以下の場合には、σ_3 は次の②式の制限値を満足すること。

$S_J = -\alpha m (Suc - 2\alpha m \, Sut)$ ----------①

$\sigma_3 = -\alpha m (Suc - 2\sigma_1)$ ----------②

　αm：運転状態別応力制限値の安全率の逆数（応力制限値／基準強さ）
　Suc：基準圧縮強さ
　Sut：基準引張強さ

11.3.7 疲労破壊

　黒鉛材料の疲労挙動は、負荷する応力形態により影響されることから、応力比をパラメータに疲れ曲線が求められる。設計疲れ曲線は、繰返し荷重が負荷された場合の基準強さに相当するもので、前に述べた基準強さと同様に、材料試験時のサンプリングによる誤差を考慮して信頼度が 95%で非破壊確率が 99%となるように定められている。

　応力比が-1 で両振り条件のときの疲れ試験データと設計曲線の関係は、図 11.1-14 に示したように設計曲線が十分試験データを下回るように安全側に設定

されている。黒鉛構造設計基準で規定されている設計疲れ曲線は、図 11.3-6 (1) 及び(2)に示すように、応力比 R を関数として設定されている。

この設計疲れ曲線に基づいて、表 11.3-6 に示すように応力サイクルにより応力比や応力レベルが異なる場合には、金属材料と同様にマイナー則を適用して累積された疲労損傷の程度を評価することが設計基準で規定されている。すなわち、疲れ累積係数を最大繰返し回数と許容繰返し回数の和として求めることが規定されている。また、金属材料と異なり、黒鉛構造物に加わる繰返し数は、表 11.3-7 に示すように運転状態 I 及び II において疲れ累積係数が 1/3、運転状態 I ～ III では 2/3、さらに運転状態 I ～ IV では 1 を超えないように制限している。

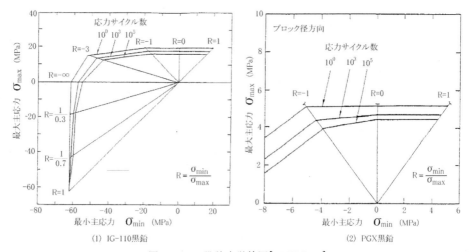

図 11.3-6 設計疲労線図[JAERI-89]

表 11.3-6　黒鉛設計基準で規定する疲労評価法[JAERI-89]

(1) 繰返し回数の設定
　　黒鉛構造物の寿命期間中に、設計上発生すると想定した各種の応力サイクル(i)の繰り返し回数niを定める。各種の応力サイクル(i)に対する繰返し回数は、運転計画により定める。
(2) 応力比の算定
　　疲れ評価が必要な黒鉛構造物の各点において、各種の応力サイクル(i)の最大応力（σmax）及び最小応力（σmin）を求め、応力比(Ri)を算出する。
　　　Ri=σmin／σmax
(3) 許容繰返し回数の算定
　　各種の応力サイクル(i)について、最大応力（σmax）、最小応力（σmin）及び応力比(Ri)に対応する許容繰返し回数N_1, N_2,‥‥‥, N_nを設計疲れ曲線より求める。
(4) 疲れ係数の算出
　　各種の応力サイクル(i)に対して、実際の最大繰返し回数(ni)と許容繰返し回数(Ni)との比（疲れ係数）U_1, U_2, ‥‥U_nを算出する。
　　　$U_1=n_1/N_1$, $U_2=n_2/N_2$, ‥‥, $U_n=n_n/N_n$
(5) 疲れ累積係数の評価
　　疲れ累積係数Usを求め、Usが各運転状態の制限値を越えないことを確認する。
　　　$U_S = \sum_i U_i$

表 11.3-7　黒鉛設計基準で規定する疲労制限[JAERI-89]

運転状態	疲　　労　　制　　限
Ⅰ及びⅡ	運転状態Ⅰ～Ⅱを含めた疲れ累積係数は次の制限値を満足すること。 　$\sum_i n_i / N_i \leqq 1/3$
Ⅲ	運転状態Ⅰ～Ⅲを含めた疲れ累積係数は次の制限値を満足すること。 　$\sum_i n_i / N_i \leqq 2/3$
Ⅳ	運転状態Ⅰ～Ⅳを含めた疲れ累積係数は次の制限値を満足すること。 　$\sum_i n_i / N_i \leqq 1.0$

n_i：黒鉛構造物の寿命期間中に設計上発生すると想定した各種の応力サイクル(i)の繰り返し数
N_i：各種応力サイクル(i)の最大応力（σmax）と最小応力（σmin）の組に対して、設計疲れ曲線より求まる許容繰返し回数

11.3.8　その他の制限

(1) 純せん断応力の制限

　構造物に純せん断応力が負荷する場合には、せん断強さに基づき純せん断応力が制限される。応力の制限値は、一般に黒鉛材料のせん断強さが引張強さよ

りも大きいことから、引張強さを基本とした純せん断応力の制限体系がとられている。各運転状態に対する断面平均の純せん断応力の制限値は、表11.3-8 (1)及び(2)に示すように、炉心黒鉛構造物及び炉心支持黒鉛構造物とも膜応力の制限値と同じである。

(2) 軸圧縮荷重の制限

炉心支持黒鉛構造物のうち炉心からの自重を支える両端球面座形状をした直径 150*mm* で高さ 600*mm* のサポートポストがこの制限の対象である。このサポートポストの座屈は、直径と高さの比を変えた構造強度試験により、以下のランキン型の実験式で整理される。

$$\sigma_{crit} = \frac{b \cdot \sigma_c}{1 + a \cdot (L/D)^2} \tag{11.3-6}$$

ここで、σ_{crit} ：サポートポストの座屈応力
　　　　σ_c ：平均圧縮強さ
　　　　a, b ：座屈試験で定まる定数(a=0.00448, b=0.942)
　　　　L ：サポートポストの高さ
　　　　D ：サポートポストの直径

である。図 11.3-7 は座屈試験結果を上式により整理したものである。そこで、上式の平均圧縮応力を基準圧縮強さとおくことにより、設計座屈応力は、図 11.3-8 に示すように規定される。座屈破壊を防止するための軸圧縮荷重は表 11.3-9 に示すように、純せん断応力の制限値と同じように、膜応力の制限値と同様に制限される。

(3) 寸法の制限

黒鉛材料は、図 11.3-9 に示すように試験片サイズを小さくしてゆくと、最大粒径の 10 倍程度以下となると粒径による効果を受けて強度の低下が認められる。このため、設計基準では構造物の最小の寸法を規定している。

表 11.3-8　黒鉛設計基準での純せん断応力の制限[JAERI-89]

(1) 炉心黒鉛構造物

運転状態	断面平均のせん断応力の制限値
Ⅰ及びⅡ	$\tau m \leqq 1/3\ Sut$
Ⅲ	$\tau m \leqq 1/2\ Sut$
Ⅳ	$\tau m \leqq 2/3\ Sut$

純せん断荷重を受ける炉心黒鉛構造物は、図11.3-2(1)で定められる応力制限の他に、断面平均のせん断応力τmが上記制限値を満足すること。なお、基準強さは各材料の基準引張強さSutと同じとする。

(2) 炉心支持黒鉛構造物

運転状態	断面平均のせん断応力の制限値
Ⅰ及びⅡ	$\tau m \leqq 1/4\ Sut$
Ⅲ	$\tau m \leqq 1/2\ Sut$
Ⅳ	$\tau m \leqq 3/5\ Sut$

純せん断荷重を受ける炉心支持黒鉛構造物は、図11.3-2(2)で定められる応力制限の他に、断面平均のせん断応力τmが以下の制限値を満足すること。なお、基準強さは各材料の基準引張強さSutと同じとする。

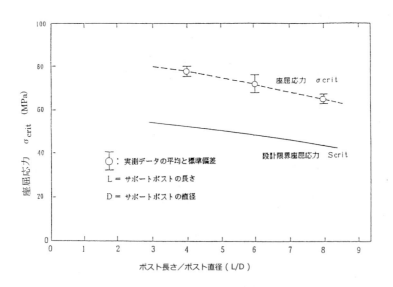

図 11.3-7　サポートポストの座屈破壊データ[IM-91a]

第11章　原子炉用炭素・黒鉛材料の構造設計上の課題

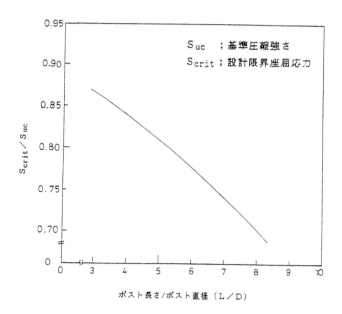

図 11.3-8　サポートポストの座屈応力制限[JAERI-89]

表 11.3-9　黒鉛構造設計基準での軸圧縮荷重の制限[JAERI-89]

運転状態	断面平均圧縮応力の制限値
Ⅰ及びⅡ	$\bar{\sigma} \leqq 1/4\ S_{crit}$
Ⅲ	$\bar{\sigma} \leqq 1/2\ S_{crit}$
Ⅳ	$\bar{\sigma} \leqq 2/3\ S_{crit}$

軸圧縮荷重を受ける炉心支持黒鉛構造物は、図11.3-2(2)で定められる応力制限の他に、断面平均圧縮応力 $\bar{\sigma}$ が上記制限値を満足すること。ここで、S_{crit} は設計限界座屈応力である。

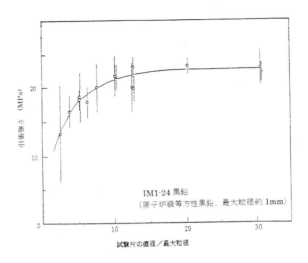

図 11.3-9　黒鉛材料の引張強さに及ぼす試験片寸法の影響[IM-91a]

第 11 章の参考文献

[CT-70]T.Y.Chang and Y.R.Rashid, Nucl. Eng. & Des. 14(1970) 181-190.
[DJ-71]J.Donea and S.Giuliani, EUR 4674e(1971).
[GA-78]GA-A 15903(1978).
[IM-91]石原ほか、JAERI-M 91-153(1991).
[IM-91a]石原ほか、JAERI-M 91-154(1991).
[IM-93a]M.Ishihara et al., Trans. 12th Int. Conf. on Structural Mechanics in Reactor Technology, C08/1,167(1993).
[IM-98]M.Ishihara et al.,Proc. of Int. Symp. on Carbon, Tokyo, IP11-04, 644(1988).
[IT-91]伊与久ほか、JAERI-M 91-070(1991).
[IT-91c]T.Iyoku, et al., Nucl. Eng.Des. 132(1991)23-30.
[IT-91d]T.Iyoku, M.Ishihara and H.Shirai, J.Nucl.Sci.Tech.28, No.10(1991)921.
[IT-92]伊与久ほか,JAERI-M92-019(1992).
[JAERI-89]　日本原子力研究所、JAERI-M89-006 (1989).
[KW-74]W.C.Kroenke, "Classification of Finite Element Stresses According to ASME Section III Stress Categories", Pressure Vessel and Piping Conference, Miami Beach, Florida, 107(1974).

12. 高温ガス炉用炭素・黒鉛材料の選定法

12.1 基本的考え方

　高温ガス炉の各種炭素・黒鉛構造物は、構造物の使用条件(第 2 章)で説明したように、核燃料の位置と周辺の構造に依存して温度と中性子などの放射線を受ける量が異なっている。材料の諸特性に影響を与えるのは主として温度と高速中性子であるから、原子炉運転中の材料の温度と高速中性子照射量の大きさによって材料選定を分けて考える必要がある。原子炉の寿命を 40 年と仮定すると、その寿命中健全性を保持する必要のあるものと、寿命中に何回か交換する必要のあるものとに分けて考える必要がある。前者は炉心支持・炉床部構造物用素材であり、後者は燃料要素を含めた炉心構造物用素材である。高温ガス炉用各種炭素・黒鉛構造物に使用する材料の種類銘柄を選定する場合、主として次の 5 つの因子・方法が一般的な考え方である[OT-83]。

(1) ASTM（米国材料試験協会）規格のような基準となるような原子炉用黒鉛材料に関する基本仕様（ASTM D7301-11）に基づいて選定する。この方法は第一段階として、すべての原子炉用黒鉛に適用できるものである。

(2) 熱応力因子（あるいは熱衝撃因子）と呼ばれる、メリットファクター（熱伝導率×引張強さ/熱膨張係数×ヤング率）およびその時間依存性によって材料を比較する方法である。この方法は、熱応力を受ける構

造物、照射下において応力・ひずみを受ける可能性のある構造物用材料の選定にあたって適用してみることは簡易な手法として意味がある。しかし、最終的には参考程度として扱うことが適当である。

(3) 各種構造物用材料の候補材の各種必要特性を利用して、構造物の使用状態における発生応力とその材料の許容応力等を評価し、構造物の使用寿命を評価することによって、使用前において材料の適否を判断しようとする方法である。この方法は、特に過酷な条件で使用される可能性のある炉心黒鉛構造物用材料の選定に有効である。

(4) 構造物として特別な性能が要求される場合、それらの性能を重点的に評価して材料を選定する方法である。炉床部断熱構造物や炉心支持ポストなどである。前者は低熱伝導率材が要求され、後者は座屈強さなどの優れた材料が要求されるので、この方法が有効であると考えられる。

(5) 入手可能性に関連あるものとして、供給性、加工性、経済性なども材料選定の要因の一つである。たとえば、性質はよくても構造物を製作するほどの大きなサイズのものが製造困難あるいは適当な価格でできないとか、原料コークスの入手が困難になる見通しがあるといったことは考慮の対象になる。

以上の5つの材料選定の基本的考え方は、実際上はいくつかを組み合わせて用いられることが多いし、その方が有効である。

12.2 炉心構造物用黒鉛材料の選定

炉心黒鉛構造物は一般に高温かつ放射線特に高中性子束にさらされる。ブロック型あるいはペブルベッド型の高温ガス炉において炉心構造物が受ける温度と照射量の範囲は図 2.3-1 に示すとおりである。このような条件で使用される黒鉛構造物は一般的には材料の設計寿命に応じて交換できるように設計しておくことが必要である。しかしながら、放射線照射量の特に少ない部分たとえば、HTTR の場合、燃料体、可動反射体を取り囲むように配置されている固定反射体については原子炉の寿命中使用することができるように設計される。ここでは、燃料体、可動反射体に使用される比較的高温で、高い放射線照射を受ける

第12章　高温ガス炉用炭素・黒鉛材料の選定法

黒鉛材料の選定法について考える。

まず、黒鉛材料を炉心構造物に使用する場合、耐久性がどのくらいかを定量的に推定することが必要である。つまり、材料の構造物としての使用寿命である。この使用寿命が少なくとも3-5年は実用上必要であると思われる。そこで、この使用寿命を、材料を使用する前に何らかの方法で推算し、まず、いくつかの候補材料について相互に比較検討する。寿命の推定は困難であるが、相互比較は上記の（1）〜（3）によって可能である。

次に、材料の使用寿命の決定基準については、構造物中に使用中発生するこ

表 12.2-1 黒鉛材料（4種類）の特性、メリットファクター、破壊確率の相互比較[KA-79]

黒鉛の種類	A	B	C	D
原材料	石油コークス	ピッチコークス	ピッチコークス	ピッチコークス
E (低温部照射材)M pa	8320	9050	12780	14350
E (高温部照射材)M pa	9550	10490	14610	17260
α (20℃〜T)×10^6	5.28	6.20	4.36	5.26
照射による収縮　%	0.109	0.177	0.176	0.317
C (M pa×中性子照射量)$^{-1}$	0.815	0.827	0.499	0.901
温度(寿命中の平均、高温部)℃	995	1019	995	1108
K W/(m ℃)	39.9	34.7	43.9	25.1
S (低温部照射材)M pa	15.1	16.4	15.8	21.3
σ 炉停止時(PERCON/BLOC)M pa	11.9	16.3	14.9	32.6
e %	0.18	0.18	0.12	0.15
β	(収縮に比例するものと仮定された)			
K/Eα	908	618	788	333
SK/Eα	13710	10140	12440	7080
SKC/β	4.51	2.66	1.97	1.52
PERCON/BLOC 破壊確率				
PERCON/BLOC 炉停止時 %	15	50	40	90
PERCON/BLOC 運転中　%	<10	<10	<10	15

E:ヤング率　　　　　　　S:引張強さ
α:熱膨張係数　　　　　σ：PERCON/BLOCプログラムによる発生応力の計算値
C:照射クリープ係数　　　e:破壊までの公称ひずみ
K:熱伝導率　　　　　　β:照射収縮率, d(ΔL/L)/dΦ

211

とが予想される熱応力と照射誘起応力が使用時間の経過に伴い、設計応力に達した時を使用寿命と定義するのが一つの考え方である。この定義では使用寿命に達したとき、き裂の発生あるいは部分的な破壊の生じる確率が大きくなることを意味している。候補材料の使用寿命を使用前に推算することにはいくつかの問題点がある。まず、候補材料について、原子炉で使用中の熱応力や照射誘起応力を計算するためには、いくつかの物理的機械的性質に関する照射データが取得済みであることが必要である。照射データの取得には多くの時間と多額の費用が掛かるので、完璧なデータセットの入手は困難なことが多い。

そこで、現実的な方法としては、最低限の照射寸法変化に関するデータと、未照射の特性データセットがあれば、ある程度の精度で、寿命の相互比較が可能であると考えられる。このことから、最低限照射寸法変化のデータは取得した上で他のデータはその傾向を仮定して推定することになる。ここでは、4種類の黒鉛材料について図12.2-1に示すような一体型燃料ブロック用黒鉛の銘柄選定評価を行った結果を説明する。

4種類の黒鉛、A, B, C, Dについて、材料特性、メリットファクターなどを比較したものを表12.2-1に示す。燃料ブロックの断面図にあるのは黒丸が、燃料チャンネル、白丸がヘリウムの流れる冷却材チャンネルである。原子炉の運転中燃料チャンネルの周囲の黒鉛ブロックの温度が高く、冷却材チャンネルの周囲の黒鉛ブロックの温度は低い状態にある。黒鉛材料の照射寸法変化は高温ほど大きく収縮する。つまり、寸法変化は温度に依存し、照射量にも依存する。このために応力が発生するが、構造物全体としては、照射と応力により照射ク

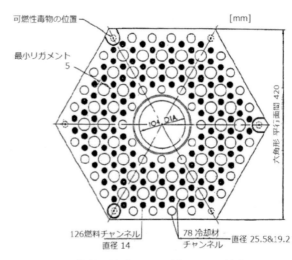

図12.2-1 一体型燃料ブロック（英国の設計例）[KA-79]

リープひずみを生じ、発生応力を緩和する。このため、直ちに破壊応力に達することはないが、時間の経過とともに発生応力が増加する。この応力が破壊応力を基準にして決めた設計応力に達した時を寿命と定義するのは一つの考え方である。

　4種類の黒鉛について考える。表12.2-1において、A黒鉛は石油コークス系で中程度の強度の黒鉛であり、寸法変化は小さい。一方、D黒鉛は高強度であるが、寸法の収縮が大きい。これら物性値の組み合わせの結果としてのメリットファクター、$K/E\alpha$, $SK/E\alpha$, SKC/β を比較すると、A黒鉛のものが最も大きく、D黒鉛のものが最も小さい値となっていることが分かる。次に、PERCON/BLOCプログラムを用いた原子炉停止時の最大引張応力はA黒鉛で11.9MP, D黒鉛が最も大きく32.6MPaとなっている。これらの値をそれぞれの引張強さと比較するとA黒鉛では最大発生引張応力は引張強さより小さいが、D黒鉛では引張強さより大きくなっているので、当然設計応力より大きい。D黒鉛の場合原子炉停止時に内部応力により局部的にき裂を発生し、破壊する確率がきわめて高いことを示している。原子炉運転停止中と運転中の黒鉛ブロックに発生する応力の時間変化を示したのが図12.2-2である。A黒鉛の発生応力

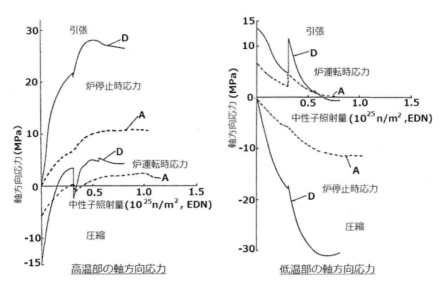

図12.2-2 燃料黒鉛ブロック内の最大発生応力（左：高温部、右：低温部）；高温部に高い引張応力を発生する。これが寿命を支配する。[KA-79]

が小さく、D 黒鉛より適正度が大きいと言える。図にはないが、B, C 黒鉛はこれらの中間に位置している（表 12.2-1 参照）。どちらかといえば C 黒鉛の方がよいが、大差はなく同程度と考えてよい。D 黒鉛は不適と判断してよい。したがってこの例の結論は A, (B, C), D という順位になる。

12.3 炉心支持／炉床部構造物用炭素・黒鉛材料の選定

　これらの構造物は、固定反射体、支持ポスト、炉床プレナムブロック、炉床部断熱ブロックなど原子炉の寿命中使用する構造物である。中性子などの放射線の照射量は 30 年以上の時間の間受けたとしても材料特性の変化が構造物の健全性を支配するほどの量ではないと想定される。しかし、事故時空気侵入によって構造物が酸化重量減を生じ、強度、ヤング率、寸法などを減少させる可能性がある。また、長時間高温荷重を受けて寸法変化が小さいことが重要である。

　断熱炭素ブロック材料の場合、熱伝導度が高温において小さいことが要求される。断熱材の場合、炭素材料を 1 次焼成したままのものをブロック構造物として利用することになる。熱伝導度は黒鉛のものより一桁程度小さなものが要求される。したがって、この構造物の場合、未照射状態において、空気、水蒸気等による酸化重量減とその結果の強度への影響に関するデータの比較により選定を行うことが大事である。すなわち、選定の要件は、(1) 高温長時間荷重下において寸法変化が小さいこと、(2) 酸化による寸法、強度への影響が小さいこと、断熱炭素ブロックについては、(3) 熱伝導率が黒鉛より一桁程度小さいことなどである。

第 12 章の参考文献

[ASTM-1]ASTM D7301-11:"Standard Specification for Nuclear Graphite Suitable for Components Subjected to Low Neutron Irradiation Dose".
[KA-79]A.N. Knowles, IWGHTR/3, 'Specialists Meeting on Mechanical Behavior of Graphite for HTRs, France (1979).
[OT-83]奥達雄、「炭素原料の有効利用」、ＣＰＣ研究会（4.3 高温ガス炉用黒鉛に要求される性質）pp.186-202(1983).

13. C/C複合材料の原子力分野への応用

13.1 概要

　炭素繊維強化炭素複合材料（C/C複合材）は、連続する長炭素繊維あるいは短炭素繊維で強化した母材を炭素とする複合材料で、炭素繊維との組み合わせにより耐熱性、耐磨耗性、導電性、高強度高弾性率等の優れた特性が発現できる。耐熱材料としては、航空関連のロケットノズル、タービンブレード、一般工業用途としての高温成形用型材等に使用されている。一方、耐磨耗材料としては、航空機や高速車両のブレーキ材、モータのブラシ材等に、また、骨、関節などの生体用材料として使用されている。C/C複合材料は、先端複合材料として、1960年代から宇宙や原子炉の分野、核融合炉への利用が期待された[KS-85、ST-93、YE-98、EN-09]。しかし、当初の期待ほど利用されていないのが現状である。

　原子炉分野への利用においては、原子炉出口ガス温度が約1000℃に達する高温ガス炉（High Temperature Gas-cooled Reactor, HTGR）用材料や現在世界規模で開発が進められている核融合炉構造材料用等への利用が期待されている[IM-03]。高温ガス炉への応用では、原子炉内の耐熱構造機器としてのニーズがあり、材料としては高強度、低照射寸法変化（中性子照射による寸法変化が小さいこと）等の特性が要求されている。また、複雑な構造体としての使用が要望されることから、発生応力が単純でなく複雑な応力に対応した構造設計も必要となることが特徴として挙げられる。

一方、核融合炉への利用では、超高温プラズマと接する機器用材料（プラズマ対向材）としてのニーズがあり、高熱伝導性、耐熱衝撃性、耐エロージョン（損耗）性が要求され、タイル等の比較的単純な形状での使用を念頭に材料開発が進められてきた。なお、高温ガス炉と比べると核融合炉への応用の方がより極限環境下での使用となり、現在では損耗速度が速い等の点から、発電炉ではC/C複合材よりもタングステンの方が有力視されている[EK-09、SY-05、SM-04]。

　以下、C/C複合材の原子炉分野への応用として高温ガス炉への利用、極限環境下への応用として核融合炉への利用について述べる。

13.2 高温ガス炉での利用
13.2.1 C/C複合材料の高温ガス炉へのニーズ

　今後の開発が見込まれる第4世代の原子炉の一つである高効率発電や水素製造などの熱利用が可能な超高温ガス炉（VHTR; Very High Temperature Reactor）[USDOE-02]は、出口ガス温度が約1000℃と高温であるため、金属材料の利用が困難である。このため、耐熱性に優れた高強度のC/C複合材、SiC繊維強化SiC複合材（SiC/SiC複合材）やセラミックス材料の使用が期待されている。現在、C/C複合材の使用が期待される構造物は、図2.2-1で前述した原子炉を停止させるために炉内に挿入する制御棒の被覆管、炉心を回りから締め付けている炉心拘束機構等で、これら構造物への適用についての検討が進められている[SJ-11、EM-11]。　なお、現在、高温ガス炉用としてC/C複合材の系統的な研究開発を進めているのは日本をはじめ米国、韓国、仏である[OECD-13]。

13.2.2 高温ガス炉用C/C複合材料の研究開発
(1) PAN系及びピッチ系C/C複合材料

　炭素繊維には大別してPAN系（PAN(Poly Acrylo Nitrile)樹脂を紡糸しアクリル樹脂にした耐炎化処理した後に炭素化もしくは黒鉛化したもの）及びピッチ系（石炭もしくは石油から得られるピッチを溶融状態で紡糸した後不融化して炭素化もしくは黒鉛化したもの）に大別され、PAN系繊維は高強度、ピッチ系繊維は高弾性率と一般に言われている。

　ＰＡＮ系及びピッチ系を原料とする2D（二次元）-C/C複合材について、非照射状態での強度試験の結果から、PAN系材料のものの方がピッチ系材料のもの

より破断までの変形が大きいことが示されている[EM-96]。また、PAN系の2D-C/C複合材について、900℃の温度で$1\times10^{25}\mathrm{m}^{-2}$(E>29fJ)の中性子照射試験を行い、図13.2-1に示すように照射による強度増加が認められている[EM-96]。さらに、引張、圧縮、曲げ、せん断強度試験も行なわれるとともに、制御棒要素の試作開発も行なわれ、複雑な形状の構造物の製作可能性についても検討されている[EM-98、IS-99]。

(2) PAN系 2D-C/C 複合材料の開発

　PAN系の2D-C/C複合材を中心に試作・開発が行われ[ST-02a]、繊維の選定、繊維含有率の最適化、マトリックス材料の選定[TY-00、IM-02]、製造工程の最適化等が行われた。その結果、材料特性、素材の安定性や製作コストの面からCX-270G材を第1候補材料として挙げている。図13.2-2はCX-270Gの製造工程[ST-02a]を示したものである。この材料は、高照射下での使用も考慮し、照射による寸法収縮等の損傷を減らすよう黒鉛化熱処理を施している。さらに、放射化を軽減させるために高純度化処理も施され、表13.2-1[ST-02a]に示すように不純物の量を低減化している。

　また、CX-270Gを中心に、非照射状態で熱物性（熱伝導度、熱膨張率）、機械物性（引張強度、圧縮強度、曲げ強度、層間せん断強度、ヤング率、ポアッソン比等）についてのデータが蓄積されている。

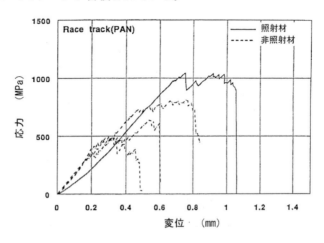

図13.2-1　PAN系C/C複合材料の照射による応力―変位曲線の変化[EM-96]

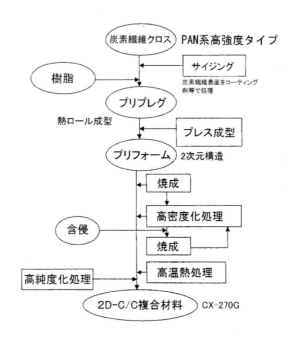

図 13.2-2　　CX-270G の製造工程[ST-02a]

表 13.2-1　　CX-270G の不純物[ST-02a]

元素	高純度化処理 (mass ppm) 処理前	処理後	測定
Al	1.1	<0.08	ICP-AES
B	0.3	<0.1	ICP-AES
Ca	10	<0.04	ICP-AES
Fe	6.9	<0.04	ICP-AES
K	0.4	<0.1	AAS
Mg	0.04	<0.02	ICP-AES
Na	0.87	<0.05	AAS
Ni	0.5	<0.1	ICP-AES
Si	8.2	<0.1	AM
Ti	2.4	<0.09	ICP-AES
V	1.4	<0.07	ICP-AES
Ash	49	<5	–

ICP-AES：ICP(高周波誘導結合プラズマ)発光分光分析法
　AAS　　：原子吸光分析法
　AM　　 ：吸光高度分析法

(3) 強度特性

CX-270G の引張強度、圧縮強度、曲げ強度、せん断強度などの強度試験及び試験後の試験片の SEM 観察から、基本的な破壊モードとして引張破壊モード、圧縮破壊モード及びせん断破壊モードが挙げられている[IM-04]。さらに、これら基本的な破壊モードを考慮することにより、応力分布を有する曲げ強度等の予測が可能であることが示されている。さらに、複雑な構造物の強度予測についても、有限要素法による詳細な応力解析から上記破壊モードに対応する応力成分を評価する方法が検討されている[HS-06]。

(4) 酸化損傷

CX-270G の熱拡散率に及ぼす空気酸化の影響について、繊維を横切る方向（垂直方向）と繊維方向（平行方向）で熱拡散率の挙動が検討され、垂直方向では酸化初期段階で急激な熱拡散率の低下が観測され、その後緩やかに低下するのに対して、平行方向では酸化初期から緩やかな低下傾向が認められている（図 13.2-3）[ST-02b、ST-03]。これは、酸化後の試験片の SEM 観察から、炭素繊維クロス間のマトリックス部分の選択的な酸化に起因するとしている。また、CX-270G の層間せん断強度に及ぼす空気酸化の影響について検討され、酸化により破壊様式が変化して、未酸化状態ではラミナ間のマトリックス部分が破壊の起点となるが、酸化が進行するとラミナ間のマトリックス部分と同時にラミナ内にある酸化されたマトリックス部分も破壊の起点となるとされている[YM-02]。

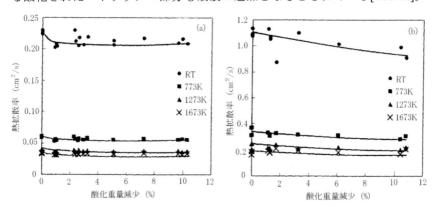

図 13.2-3　2D-C/C 複合材の酸化による熱拡散率の変化[ST-02b]
((a) 層面方向　(b) 層面に垂直方向)

(5) 製造時残留応力

中性子回折により円筒形状にした 2D-C/C 複合材の製造時に生じる残留応力が評価され、製造過程で圧縮の残留応力が存在することが示されている（図 13.2-4[BS-02]）。また、残留ひずみが格子ひずみとして蓄積されるよりも気孔や結晶粒のすべり等により吸収されていることが示され、円筒形状の 2D-C/C 複合材の製造法改善の必要性が指摘されている[BS-02]、[BS-03]。

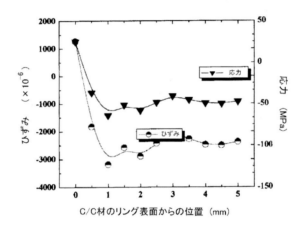

図 13.2-4 中性子回折による残留応力の測定結果[BS-02]

(6) 海外での開発状況

米国の提案により国際協力として進められることとなり今後の開発が見込まれる第 4 世代原子炉の研究開発 GIF（Generation IV International Forum）において、表 13.2-2 に示す 6 種類の炉型開発が提案されている[USDOE-02]。これらの炉型のうち、VHTR 開発においては、制御棒の被覆管や高温炉内構造物に C/C 複合材の開発が位置づけられ、各国において研究開発が進められている。ここでは、各国の C/C 等複合材の開発状況について述べる。

1) 米国

米国では、発電及び水素製造用として、原子炉出口温度が 900℃〜950℃でヘリウム圧力が 5MPa〜9MPa の VHTR 開発を目指している[USDOE-02]。GIF での国際協力の枠組みと並行して、次世代原子力プラントの研究開発プログラム

表 13.2-2 GIF を活用した第 4 世代原子炉開発[USDOE-02]

第4世代の原子炉	略称
ガス冷却高速炉(Gas-cooled Fast Reactor)	GFR
鉛合金冷却高速炉(Lead-cooled Fast Reactor)	LFR
溶融塩炉(Molten Salt Reactor)	MSR
ナトリウム冷却高速炉(Sodium-cooled Fast Reactor)	SFR
超臨界圧軽水冷却炉(Supercritical-Water-cooled Reactor)	SCWR
超高温ガス炉(Very-High-Temperature Reactor)	VHTR

（NGNP；Next Generation Nuclear Plant Research and Development Program）をエネルギー省（DOE）が中心となって進めており、表 13.2-3 に示すように C/C 複合材のみならず SiC 繊維強化 SiC 複合材（SiC/SiC 複合材）の開発も積極的に行っている[INL-05]。原子炉寿命を 60 年とし、それを達成するため耐照射損傷に優れる SiC/SiC 複合材の開発に力点を置き、オークリッジ国立研究所を中心に照射データの取得が進められている。なお、SiC/SiC 複合材は高額なため経済性の課題が残ることから、そのバックアップとして C/C 複合材の開発も同時に進めている。さらに、具体的な SiC/SiC 複合材の設計、製作を見込んで、米国機械学会(ASME；American Society of Mechanical Engineers)の設計基準の検討や米国材料試験協会（ASTM；American Society for Testing Materials）の試験方法の検討も進められている[INL-05]。

2) 韓国

韓国でも発電及び水素製造用の高温ガス炉として、熱出力 200MW、出口ガス温度 950℃の VHTR の検討が行われ、米国同様に C/C 複合材及び SiC/SiC 複合材の利用を計画している[12]（表 13.2-4 参照）。特に、C/C 複合材については、酸化速度データの取得や酸化後の曲げ強度や層間せん断強度データの取得などが進められている[KW-13]。

表 13.2-3　米国における VHTR のための材料開発[INL-05]

構造物	黒鉛	C/C複合材	SiC/SiC複合材
高温配管(ホットダクト)		○	○
炉心支持構造物	○		
燃料ブロック	○		
可動反射体ブロック	○		
上部／下部遮蔽ブロック	○		
上部プレナムブロック	○		
炉床部ブロック	○	○	○
炉心上部拘束機構／上部シュラウド		○	○
制御棒被覆管		○	○

表 13.2-4　韓国における VHTR のための材料開発[OECD-13]

構造物	材料	タイプ	温度(℃)	規格
圧力容器	SA 508/533	低合金鋼	380	ASME
	改良型 9Cr-1Mo	F/M鋼	593	ASME2004
中間熱交換器 高温配管	ハステロイX (22Cr-18Fe-9Mo)	Ni基合金	900	Section II 2004
	インコネル 617 (22Cr-9Mo-12Co)	Ni基合金	982	ASME Draft Code
	Haynes 230 (22Cr-14W-5Co)	Ni基合金	900	Section II 2004
制御棒被覆管 炉内構造物	X8CrNiMoNb 1616 (16Cr-16Ni-2Mo-1Nb)	オーステナイト鋼	650	Irradiation service
	C/C複合材、SiC/SiC複合材	繊維強化複合材	～1000	－
黒鉛反射体 黒鉛支持構造物	黒鉛	原子力級	600	ASME draft

3) その他の国における材料開発状況

　これらの国の他、フランスやスイスにおいても VHTR のための材料開発を目指している。これらをまとめて表 13.2-5 に示す[OECD-13]。スイスにおいては、短期的な開発目標として出口ガス温度 750℃の炉、長期的な開発目標として出口ガス温度が 900℃～920℃の炉を設定している。このため、耐熱金属材料のデータ取得を目指すとともに、セラミックス繊維強化材料の開発も視野に入れている。また、フランスにおいては、他国と同様に制御棒被覆管用や高温炉内構造

表 13.2-5　GIF 参加国による VHTR のための材料開発[OECD-13]

炉型	候補材	課題
VHTR	日本 ・黒鉛、C/C複合材(炉心、炉心支持構造物) ・2.25Cr-Mo鋼(高温二重管)、9Cr F/M鋼(寿命延長) ・ハステロイXR(高温二重管の内管、中間熱交換機の伝熱管) ・アロイ800H(制御棒被覆管、900℃以下、寿命5年) 　C/C複合材、SiC/SiC複合材(制御棒被覆管) 米国 ・低合金鋼(SA508)、Grade 91鋼(圧力容器) ・アロイ800H、黒鉛、C/C複合材、SiC/SiC複合材(炉内構造物) ・ニッケル基合金(Haynes230、アロイ800H、インコネル617、ハステロイ X)、 　セラミックス(伝熱管、熱交換器) フランス ・9%Cr F/M鋼(改良材を含む)(圧力容器) ・C/C複合材、SiC/SiC複合材(制御棒被覆管) ・ニッケル基合金(インコネル617、Haynes230)、ODS鋼(中間熱交換器) ・ニッケル基合金(インコネル617、Haynes230)(一次冷却系配管) ・黒鉛(炉内構造物) ・C/C複合材、SiC/SiC複合材(被覆材) 韓国 ・F/M鋼(改良型9Cr1Mo)、低合金鋼(圧力容器) ・高温用ニッケル基合金(ハステロイX、インコネル617、Haynes230) 　(高温ガス配管、中間熱交換器) ・C/C複合材、SiC/SiC複合材、オーステナイトステンレス鋼 　(16Cr-16Ni-2Mo-1Nb、アロイ800H)(制御棒被覆管) ・原子炉級黒鉛(反射材) スイス ・圧力容器用材料、Grade91、インコネル617、アロイ800H(機器材料) ・ODS鋼、TiAl鋼、繊維強化セラミックス(高温機器用)	・クリープ疲労、脆化、熱膨張、熱疲労、き裂抵抗性、耐酸化性、熱伝導 ・ニッケル合金の高温クリープ(950℃) ・ニッケル合金のヘリウム中耐腐食性 ・複合材の曲げ強度 ・複合材のヘリウム中耐腐食性

材用の C/C 複合材または SiC/SiC 複合材の開発が進められている[OECD-13]。

13.2.3　高温ガス炉用 C/C 複合材料開発の課題

　C/C 複合材は、航空関連で実用化され使用されているが、原子力用材料として実用化するためには、中性子照射データも含めた熱・機械的特性に関するデータ取得が必要である。特に、中性子照射データ取得には膨大な費用と期間を要することから、非照射条件下でデータを取得し検討することにより、素材の可能性を見極めつつ照射データ取得を開始することが重要である。今後、特性のばらつきの少ない素材製造技術の確立は言うまでもないが、以下の課題が考えられる。

(1) 構造設計基準

　等方性材料であれば HTTR 用に確立された構造設計基準が参考となるが、C/C 複合材は異方性の大きな材料であるために、材料の破壊挙動を適切に考慮した

構造設計基準の確立が必要である。

(2) 設計用データベース

照射、酸化等の環境効果も含めて、設計上必要となる熱・機械的特性データを取得し、設計曲線を策定することが必要である。

(3) 構造解析法

コンピュータの発達により、有限要素法等を用いる計算力学的手法の進歩が著しく、応力状態や変形状態等についての詳細な情報を得ることが可能である。この計算力学的手法により得られた応力分布等から、いかに構造物としての健全性を評価するかの手法の確立が必要である。

(4) 非破壊検査技術の開発

構造物の製作段階で有害な欠陥を排除する観点から、超音波探傷検査等の非破壊検査手法の検討が必要である。また、原子炉運転時の供用期間中検査法としての検討も必要と考えられる。

以上、課題と考えられる点を列挙したが、黒鉛材料を原子力用として使用した場合も同様にこれらについての検討がなされている。したがって、黒鉛材料を原子力に応用した時の構造設計基準や検査基準等の知見が今後の C/C 複合材や SiC/SiC 複合材の原子力利用に有用なものと期待される。

13.3 核融合炉での利用

13.3.1 C/C 複合材料の核融合炉へのニーズ

2019 年の運転開始を目指し、日本・欧州連合(EU)・ロシア・米国・韓国・中国・インドの七極により、南仏サン・ポール・レ・デュランス（フランス原子力庁のカダラッシュ研究センターに隣接）に建設を進めている国際熱核融合実験炉（ITER、International Thermonuclear Experimental Reactor）の概念を図 13.3-1 [MEXT-17]に示す。核融合炉で最も熱的に厳しい環境におかれる機器は、プラズマに直接接する機器で、一般にプラズマ対向機器と呼ばれている。このうち、特にダイバータにはプラズマ中の荷電粒子や中性子が直接当たるために、高熱及び粒子負荷にさらされる。ITER では表面熱流束が $10 \sim 20 \mathrm{MW/m^2}$ と見積もられ、さらに、トカマク型のプラズマでは、ディスラプション現象（プラズマが 1/1000s 程度の間に消滅する異常放電現象）があり、この場合には $1000 \mathrm{MW/m^2}$ の高い熱流束が予想されている。このように、プラズマ対向機器は極限条件下で使用

第13章 C/C複合材料の原子力分野への応用

される。

　また、プラズマ対向機器材料の表面から発生する粒子がプラズマに影響を与えないようにするため、プラズマ対向機器材料として影響の少ない低原子番号の材料が有望視され（プラズマエネルギーの放射損失が原子番号の 3 乗に比例するため）、炭素系材料の使用が試みられてきた。たとえば、JT-60 では初期に Mo 材の表面に TiC を CVD 蒸着してプラズマ対抗機器としたが、Mo の溶融、被覆層の剥離や Mo のプラズマ中への混入の問題から、耐熱性・高強度で低原子番号の黒鉛材料に変えた。しかし、耐熱衝撃性の点で問題があり、黒鉛材料でも破壊を生じたことから熱伝導率の高い C/C 複合材に変えて、良好な特性を得ている[AM-95]。ここでの経験から、ITER ではダイバータの保護材（アーマ材）として C/C 複合材を採用してきた。一方、C/C 複合材では下記に述べる化学スパッタリングによって炭化水素を形成し、重水素・トリチウムと再付着するため壁面でトリチウムを吸蔵する課題と、プラズマとの相互作用による損耗速度が速い（寿命が短い）課題が残るため、ITER では損耗速度の遅いタングステンの採用に変更されている[SY-05、SM-04]。

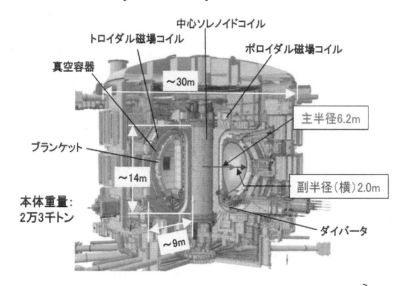

図 13.3-1　ITER（国際熱核融合実験炉）の概要[MEXT-17]

13.3.2 核融合炉用 C/C 複合材料の研究開発
(1) プラズマによる損耗

　プラズマと直接面する対向壁ではプラズマからの熱及び粒子に曝されるために、プラズマと壁との相互作用により壁材が損耗（エロージョン）される。C/C複合材のエロージョンとしては、物理スパッタリング（衝突粒子により炭素原子がはじき飛ばされる現象）、化学スパッタリング（炭素材に水素もしくは酸素のイオンや原子が衝突した際に、メタン等の炭化水素あるいは一酸化炭素などを放出して損耗する現象）、照射促進昇華（Radiation Enhanced Sublimation:イオンを照射することにより通常の昇華温度（2000K以上）より低い温度（約1200K以上）から昇華が始まる現象）等がある。

　ITERのような大型の核融合装置の場合、プラズマからの粒子エネルギーが50～100eVと壁材料の物理スパッタリングの閾値より小さくなるため、物理スパッタリングよりも化学スパッタリングによる損耗の方が大きいと予測されている[ITER-96]。

　化学スパッタリングを抑えるには、TiC,SiC等のコーティングが効果的であることが知られている。また、Bの混合により、水素リテンションがかなり低減し、このため化学スパッタリングが低下することも報告されている[HY-09]、[HY-91、HT-94]。ITERの工学設計（EDA）において、Be, W, C/C複合材のエロージョン量を、プラズマディスラプション時（Disruption erosion）、非定常運転時（Transient erosion）及び定常運転時（Sputtering erosion）について評価し、表13.3-1のようにC/C複合材では高寿命の予測結果が示された[NK-97]。その後の検討の結果、C/C複合材の損傷速度が速いことが課題となり、前述したようにWがITER用候補材として挙げられている[SY-05、SM-04]。

　照射促進昇華については、損耗率の温度依存性が調べられ[UY-99、UY-96、PV-88]、図13.3-2に示すように1273K以上の温度域において急激な増加が認められる。この照射促進昇華は、イオンの種類によらず観測され、損耗率は入射イオンの質量の増加にともない増加し、またビームエネルギーが100eV以下では急激に減少する[UY-99]。不純物（B,Tiなど）を添加した炭素材では、1800K以下の温度で照射促進昇華の損耗量低下が認められる[HY-90、HT-94、VE-90、FP-95]。また、B添加黒鉛では、B/C比が5%程度で大きな損耗率低下が見られる[FP-95]。

　しかし、1800K以上の温度ではBが昇華により失われるために、B添加では

損耗率の抑制効果はなく、照射促進昇華の開始温度を若干高温側に移す効果程度である。照射促進昇華のメカニズムとしては、イオン衝突により格子位置からはじき出された炭素原子（格子間原子）が表面まで拡散し、この格子間原子は格子原子との結合エネルギーが低いため、低い温度から昇華するとされている。

表 13.3-1　Be, W 及び C/C 複合材の ITER 応用への評価[NK-97]

材料	初期厚さ(mm)	損耗量 (mm) Disruption時	定常運転時	非定常運転時	寿命（ショット回数）
Be[*1]	11	4.3	2.8	1.9	570
Be[*2]	11	2.3	5.2	1.6	1010
W3Re[*1]	20	18	≒0	≒0	2400
W3Re[*2]	20	18	≒0	≒0	7820
Carbon[*3]	40	28	7.9	2.1	9330
Carbon[*4]	40	31.5	4.4	2.1	10490

*1: Melt loss 50%、　　　　　　　*2: Melt loss 10%
*3: 化学スパッタリング収率の依存性低、*4: 化学スパッタリング収率の依存性高

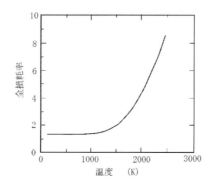

図 13.3-2　$5kV$ の Ar イオン照射による黒鉛の損耗率の温度依存性

(2) 中性子照射効果

　黒鉛系材料の照射損傷は、はじき出し損傷で層状の結晶構造の面間にはじき出された格子間原子が集まり、格子間原子面を形成するために c 軸方向に膨張する。一方、空孔が残っている a 軸方向には収縮する。このため、基本面（Basal-plane）に平行方向に良好な熱伝導度や電気抵抗は照射により著しく低下し、全

体として寸法も収縮する。黒鉛の中性子照射効果としては、寸法変化と熱伝導度の低下が重要とされている。

寸法変化は、配向性の高い黒鉛ほど変化量が大きい。また、照射量の増大にともなって一旦収縮した後、膨張に転じることが知られ、この変化量や膨張に転じる照射量は粒界や気孔の構造に依存するとされている。C/C複合材では、マトリックス部分と繊維部分の照射変化に加え、繊維の織り方等の因子も加わるため、照射挙動が複雑でその予測は難しい。

照射にともなう熱伝導度の変化については、既に図10.3-9[MT-92]で示したが、熱伝導度の低下は照射される温度が高いほど照射中の回復効果が生じるために小さくなる。また、1000℃を超える高温まで加熱しても劣化した熱伝導度は回復しない。中性子照射によるはじき出し損傷により生じた格子間原子クラスターや原子空孔によるフォノン散乱が熱伝導度を決めていることから、照射による熱伝導度の低下は黒鉛系材料の本質的な挙動で、避けることはできない。

なお、図13.3-3に熱伝導度とディスラプション損耗の関係[AM-95]を示すが、熱伝導度が高いほどディスラプション損耗（試料表面からの重量減少）が少なくなっている。すなわち、高熱伝導度を有するC/C複合材の開発が重要な因子となっている。

(3) JT-60用C/C複合材料[SM-95、FME-93]

JT-60では1989年～1991年にかけて大電流化改造を行い、JT-60Uとしての運転を再開した。JT-60Uでは高熱流束のプラズマにさらされるダイバータ板にC/C複合材を使用し、それ以外の容器内面には等方性黒鉛タイルを使用した。ダイバータ板への熱流束は5～10MW/m^{2}と高いが、C/C複合材の優れた耐熱性により亀裂や破損はなかった。また、高い熱伝導度を有することから、タイル表面温度が1000℃以下に保持され、プラズマ入射により促進される炭素の昇華についても深刻な問題は生じなかった。

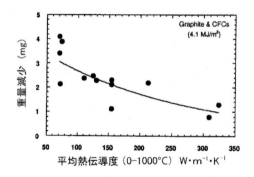

図 13.3-3　黒鉛及び C/C 複合材の熱伝導率とディスラプション損耗の関係[AM-95]

　炭素系材料は低原子番号であるため放射損失は小さいが、スパッタリング率が大きいためプラズマへの混入量が大きく、軽減の必要がある。また、酸素もプラズマの不純物として観測されているが、炭素は酸素ゲッター作用がほとんどないことから、酸素の低減化を期待できない。さらに、炭素壁では水素を表面層に保持し、粒子入射に伴い再放出するため、過剰の粒子補給となりプラズマ密度が高くなる傾向がある。このような水素粒子循環（リサイクリング）の軽減が必要とされた。また、JT-60Uでは重水素プラズマの核融合反応により中性子とトリチウムが生成され、炭素壁にはこのトリチウムが残存することから、残存トリチウム低減のため炭素材の水素保持特性の軽減が必要である。また、プラズマとの相互作用により壁から生成される炭素粉はプラズマ中への混入やトリチウム吸蔵などの点から好ましくない。

　このように、JT-60U炭素系プラズマ対向材で、耐熱負荷特性としては十分な性能が認められたが、表面特性に関して改善の余地が残された。このため、JT-60Uではボロンコーティング処理（ボロニゼーション）を施し、酸素の低減とともにリサイクリング特性の改善を実現した。また、厚さ数百 μm の B_4C 層を有する表面改質炭素材の応用も試みている。特に、熱流束の高いダイバータ板には B_4C 添加 C/C 材を使用し、おおむね良好な熱粒子負荷特性が得られている。

　なお、ITER と並行して補完的に日本と欧州が取り組んでいる「幅広いアプローチ（BA）」（2007 年より 10 年間の計画で協定が締結されている）において、ITER を支援するためにサテライト・トカマク計画が位置づけられており、JT-60 を超伝導化（JT-60SA）し、ITER ではできない高圧力実験を実施予定である。こ

のJT-60SAのプラズマ対向材にはC/C複合材の使用が予定されている[EK-09]。

(4) ITER用炭素系プラズマ対向壁

1988年から1990年の3年間検討されたITERの概念設計[TH-91]でまとめられたプラズマ対向壁材料の主な設計条件は以下のとおりである。
①プラズマ対向壁材料は炭素系等の低原子番号材料であること。
炭素系壁材料の場合、厚さは10mm以上で表面温度は1000℃以下であること。これを満たすために、高熱伝導性の材料が必要となり、1000℃で200W/(m・K)以上の熱伝導度を有するC/C複合材が開発された。
②15～30MW/m^2の定常熱負荷に耐えること。

このような高熱負荷に耐えるために、プラズマ対向材料と冷却構造との間に十分な熱伝導を確保する必要がある。このため、ITER用のダイバータ板では炭素系プラズマ対向壁材料と金属とを冶金的に接合する方法が採用された。また、C/C材と無酸素銅を組み合わせることにより、最大20MW/m^2の熱負荷に耐える試験体の開発に成功した。
③運転時のダイバータ板の熱変形量を可能な限り小さくすること。

これを満たすため、数々の熱変形を制御するダイバータ支持構造が提案された。

1992年から2001年にかけて検討された工学設計では、ダイバータ受熱器のアーマ材は、C/C複合材とタングステン材料を使用し、冷却管には銅合金を使用している。C/C複合材は、20MW/m^2の非定常熱負荷及びディスラプション熱負荷がかかる高熱負荷部分に、またタングステンは5MW/m^2の定常熱負荷しかかからない部分に使用している。工学設計で選定された材料を表13.3-2に示す。なお、C/C複合材のスパッタリング等により生成される堆積層に含まれるトリチウム量が多くなることが懸念され、真空容器内のトリチウムインベントリー制限の観点からC/C複合材が適用できない場合にはタングステンが使用される計画である。

工学設計の素材開発として、3次元のHIP（高温等方加圧）を用いた高熱伝導度のC/C複合材が開発されている。炭素繊維を3次元に織る際に、プラズマ対抗面から冷却構造部への繊維配向を工夫するとともに、HIPによりC/C複合材内のボイド率を減少させ、高い熱伝導度を確保している。また、スパッタリング

損耗を低く抑える観点から、シリコンや炭化ケイ素を混入したC/C複合材の開発も行われている。

さらに、無酸素銅製冷却管と接合したC/C複合材の試験体は、20MW/m^{2}の熱流束下で1000サイクルの繰返し加熱を行っても疲労損傷が観測されないこと、また、中性子照射によりC/C複合材の熱伝導度は低下するが、ダイバータの寿命である中性子照射量が0.3dpa（照射温度は約320℃）で照射を行った後に20MW/m^{2}の熱負荷に1000回以上耐えることも確認された。なお、設計上評価されている疲労寿命は、10MW/m^{2}の熱流束に対して2.8×10^{5}回、20MW/m^{2}に対して806回である。ここでの要素技術開発の成果を受けて、実規模の部分要素試験が米国で実施されている[SY-01]。

13.3.3 核融合炉用C/C複合材料開発の課題

核融合炉への応用としては、高熱負荷部のアーマ材として注目されているが、黒鉛系材料を使用する場合の課題点は、リサイクリング、ガス放出、照射促進昇華、酸素のリサイクリングによるエロージョン等である。リサイクリングやガス放出については、1000℃くらいまでの昇温（ベーキング）や放電洗浄により低減される。また、BやBeの添加により酸素ゲッタリングするとともに、リサイクリング特性を向上させることもできる。さらに、C/C複合材の表面温度を1000℃以下に抑えることにより、照射促進昇華等による損耗も低減できる。

また、トリチウムインベントリーの低減及び照射による熱伝導度の低下も課題である。黒鉛のトリチウムインベントリーはかなり大きく、特にエロージョンした炭素が再堆積した部分でのインベントリーが大きくなるので、放電による堆積部分の除去やベーキング等による低減法を工学的に確立する必要がある。なお、熱伝導度の照射による低下は材料本来の特性であるため避けられないが、素材開発の観点からは熱伝導度が高くかつ照射による低下の少ないC/C複合材の開発が課題である。

ITERの初期実験段階（物理段階）では、アーマ材料にC/C複合材が考えられ、後期実験段階（工学段階）では動力炉への展望を開くために高い中性子負荷で運転されることから、照射劣化の著しいC/C複合材からタングステン等の高Z材料がアーマ材料として考えられている[TE-92]。また、将来的に原型炉での高い中性子照射量に耐える長期的視野に立った構造材料の開発として、低放射化

材料の開発が進められており、低放射化フェライト鋼、バナジウム合金、SiC 繊維強化 SiC 複合材料等についての検討が盛んに進められている[TS-92、KA-99]。

表 13.3-2　ITER のダイバータ用に選定された材料

アーマー材	CFC	候補材	3D－CFC
		バックアップ材	2D-CFC、1D-CFC、Si(SiC)添加CFC
	タングステン	候補材	粉末焼結タングステン ($W-La_2O_3$、$W-Y_2O_3$他)
		バックアップ材	化学蒸着W、プラズマスプレー W、傾斜機能 W、単結晶W
冷却管熱交換器	銅	バックアップ材	アルミナ分散強化銅(DSCu)、CuCrZr
構造材	ステンレス鋼	候補材	SS316L

CFC：C/C複合材料

第 13 章の参考文献

[AM-95]荒木ほか、 プラズマ・核融合学会誌、 71 (1995)384-388.
[BS-02]馬場ほか、第 32 回 FRP シンポジウム講演論文集（2002）261-262.
[BS-03]S.Baba et al., Int. Conf. on Advanced Technology in Experimental Mechanics 2003, Sept, Nagoya(2003) .
[EK-09]江里、プラズマ・核融合学会誌、85 (2009)548-550.
[EM-11]M.Eto et al., IOP Conf. Series: Materials Science and Engineering 18(2011)162003.
[EM-96]衛藤ほか、JAERI-Research 96-043(1996).
[EM-98]衛藤ほか、JAERI-Research 98-003(1998).
[EN-09]浴永ほか、炭素 239(2009)184-194.
[FME-93]「核融合炉用黒鉛材料の総合的評価」研究専門委員会、日本原子力学会誌, 35 (1993) 1066-1075.
[FP-95]P. Franzen et al., J. Nucl. Mater. 226(1995)15.
[HS-06]塙ほか、材料、vol.55,No.9 (2006) 868-873.
[HT-94]T. Hino et al., J. Nucl. Mater. 211 (1994)30-36.
[HY-90]Y. Hirooka et al., J.Nucl.Mater. 176&177(1990)473-480.
[HY-91]Y. Hirooka et al., Fusion Technol. 19(1991)2059-2069.
[IM-02]M.Ishihara, T.Kojima and T.Hoshiya, International Conference on Carbon, Beijing, China (2002) Paper No.H026.
[IM-03]石原、炭素 208(2003)184-194.
[IM-04]M.Ishihara et al., Materials Science Research International, 10(2004) 65-70.
[INL-05]Idaho National Engineering and Environmental Laboratory, Next Generation Nuclear Plant research and Development Program Plan, INEEL/EXT-05-02581(2005).
[IS-99]石山ほか、日本原子力学会誌、41 (1999)1092-1098.

[ITER-96]ITER-Engineering Design Activity Documentation Series No.7 (1996).
[KA-99]香山、プラズマ・核融合学会誌, 75 (1999)1018-1028.
[KS-85]木村ほか、日本金属学会会報、24(1985)403-409.
[KW-13]W. Kim et al. Journal of Ceramic Processing Research, Vol.14, No.2 (2013)238-242.
[MEXT-17]文部科学省HP　ITER（イーター）計画・幅広いアプローチ活動
　　　　　http://www.mext.go.jp/a_menu/shinkou/iter/021.htm, 2017.
[MT-92]T. Maruyama and M. Harayama, J. Nucl. Mater. 195(1992)44-50.
[NK-97]中村ほか、　プラズマ・核融合学会誌, 73 (1997)594-599.
[OECD-13]Nuclear Science 2013, Status Report on Structural Materials for Advanced Nuclear Systems, OECD/NEA(2013).
[PV-88]V. Philipps et al., J. Nucl. Mater. 155-157(1988)319.
[SJ-11]J.Sumita et al., IOP Conf. Series: Materials Science and Engineering 18(2011)162010.
[SM-04]嶋田、プラズマ・核融合学会誌、80 (2004)222-226.
[SM-95]西堂ほか、　プラズマ・核融合学会誌, 71 (1995)372-378.
[ST-02a]曽我部ほか、JAERI-Research 2002-026 (2002).
[ST-02b]曽我部ほか、第46回日本学術会議材料研究連合講演会講演論文集、(2002)285-286.
[ST-03]T.Sogabe et al., Materials Science Research International, vol.9, No.3 (2003) 235-241.
[ST-93]菅原ほか、繊維と工業、49(1993)183-189.
[SY-01]下村ほか、日本原子力学会誌, 43 (2001) 109-113.
[SY-05]鈴木、日本原子力学会誌、47 (2005)266-271.
[TE-92]多田ほか、核融合研究, 68 (1992)249-267.
[TH-91]高津ほか、　日本原子力学会誌, 33 (1991) 737-746.
[TS-92]戸田ほか、日本原子力学会誌, 34 (1992) 918-930.
[TY-00]Y.Tachibana et al., Proceedings on 7th Annual International Conference on Composite Engineering, Denver, USA, (2000) 841-842.
[USDOE-02]U.S.DOE, A Technology Roadmap for generation IV Nuclear Energy System, Nuclear Energy Research Advisory Committee and the Generation IV International Forum, GIF-002-00(2002).
[UY-96]Y. Ueda et al., J. Nucl. Mater. 227(1996)251.
[UY-99]上田、プラズマ・核融合学会誌, 75 (1999)384-393.
[VE-90]E. Vietzke et al., J. Nucl. Mater. 176&177(1990)481.
[YE-98]安田ほか、高分子、47(1998)555-558.
[YM-02]山地ほか、第３２回FRPシンポジウム講演論文集（2002）119-120.

14. 原子炉用黒鉛の使用後廃棄処理技術

14.1 概要

　高温ガス炉を廃炉にするとき、大量の放射性物質を含む黒鉛が処理の対象になる。ここでは、原子炉の運転中放射線にさらされた燃料体、減速材・反射材、炉床部材などの黒鉛構造物を対象とする。放射線を受けた黒鉛の放射性核種のうち短寿命で主なものは ^{60}Co（半減期 5.3 年）と ^{3}H（半減期 12.3 年）であり、長寿命で主なものは ^{14}C（半減期 5730 年）, ^{36}Cl（半減期 30 万年）及び ^{94}Nb（半減期 2 万年）である[EPRI-06, JAEA-14]。これらを含めた放射能の種類、強さ、量などを明らかにする。

　黒鉛の廃棄処理方法としては、主なものが 3 つある。それらは、焼却処理による気相への酸化と二酸化炭素としての空気中への放出、次に、液体としての希釈等による水路への放出、及び固体状に処理して地層処分・海洋投棄などの埋設処分である。これらについて、現在考えられている技術内容を概略説明する。

14.2 黒鉛の放射能
14.2.1 概要

　高温ガス炉用黒鉛は高い中性子照射量（$5\times10^{22}n/cm^2$ 程度まで）を受けている。その結果、黒鉛に含まれる不純物の放射化及び原子炉の配管系を通じて

運ばれてくる材料（鋼材の酸化生成物）からの放射性核種の成分が黒鉛材料に付随してくる。黒鉛を廃棄する前に、適当な廃棄ルートを決定するために核種成分を評価しておかなくてはならない。黒鉛構造物が減速材あるいは反射体または燃料要素かによって、いろいろな量の短寿命核種と長寿命核種ができる。重要な短寿命核種のうち主なものは ^{3}H と ^{60}Co である。短い減衰時間を経て、時間の経過とともに長寿命核種の中で、主に ^{14}C と ^{36}Cl が残ってくる。腐食生成物や微量の不純物のような他の源から生じる放射性核種は、^{3}H,^{60}Co,^{41}Ca,^{55}Fe,^{59}Ni, ^{63}Ni,^{110m}Ag と ^{109}Cd である。このほか、核分裂生成物からのもの（^{90}Sr,^{93}Zr,^{99}Tc,^{107}Pd,^{113m}Cd,^{121m}Sn,^{129}I,^{133}Ba,^{134}Cs,^{147}Pm,^{151}Sm,^{152,154,155}Eu ほか）及びウランと超ウラン元素（主に ^{238}Pu,^{239}Pu,^{240}Pu,^{241}Pu,^{241}Am,^{243}Am,^{242}Cm,^{243}Cm,^{244}Cm）、原子炉の運転中燃料破損の結果生じるものあるいは製造後燃料表面から炉心へ運ばれたウランの微量成分などである。

14.2.2 残留放射能とその減衰

黒鉛構造物の持っている放射能は、黒鉛材料に含まれている不純物に起因するものと配管系に生じた汚染に起因するものの両方がある。汚染としては原子炉の鋼材部分の腐食生成物の放射化と燃料破損の結果出てくる固体あるいは気相の放射化（たとえば 冷却材又はカバーガス内の ^{14}N 放射化からの ^{14}C）したものである。

原子炉用黒鉛の各種構造物によって放射能のインベントリーはかなり違っている。たとえば、燃料スリーブの場合、比較的短時間の照射ののち原子炉から取り出されるので、減速材の放射能とはかなり違ってくる。減速材ブロックのように長時間照射の場合、多くの放射能が平衡に達し、短い半減期の放射能は完全に燃え尽きてしまう。

^{14}C, ^{3}H, ^{36}Cl（β線放出体）は食物連鎖に入ってくる可能性があるという点で最も重要なアイソトープである。一方、^{60}Co, ^{94}Nb, ^{152}Eu, ^{154}Eu は非常に重要なγ線放出体であり、遮蔽が必要で、取扱上制限を受ける。

次に、放射能を生成する要因として考慮すべきことについて述べる。炉心内に存在する他の不純物を考慮する必要がある。たとえば、燃料要素黒鉛スリーブ内に用いられるステンレス鋼のワイヤーは全体の放射能に寄与する。また、黒鉛中のウラン不純物は、通常 0.1ppm 以下であるが、核分裂生成物にな

る。同様に、新しく製作された燃料要素の外表面にある微量のウランから核分裂生成物を生じる。一般的言えば、これら不純物の核分裂による放射能量は、直接の放射化生成物に比べて小さい。燃料破損が起こった原子炉の場合、かなりの量のウランが炉心を汚染し、相当量の核分裂生成物と超ウラン核種ができる[IAEA-06, BV-95]。

英国のマグノックス炉とAGRの場合は、γ放出体の分布と半減期を10年間の貯蔵期間にわたって考慮すれば、その後の黒鉛の取り扱いと遮蔽への要求は、事実上およそ^{60}Coのみによって決定されるという。

100年後、事情は大きく変わる。β放出体の^{3}H（半減期12.3年）と^{60}Co（半減期5.3年）はその時無視できるほどの濃度になる。^{14}C（半減期5730年）、^{36}Cl（半減期30万年）、^{94}Nb（半減期2万年）は1000年〜1万年以上の半減期を持っているので、100年程度では、目立った減衰は起こらない。したがって、これら3つの核種が黒鉛の放射能全体の主体となり、取扱と貯蔵への要求事項の基本になる。ただし、^{14}Cの放射能の総量の評価は、可能な源が種々あるために特に難しいので注意が必要である。熱中性子束の下では、^{14}Cが生成するのに3つの主要な核反応があり、それらを表14.2-1に示す[BB-99]。

表14.2-1 原子炉用黒鉛中の^{14}Cの生成に対する3つの主な核反応

反応	捕獲断面積 Barns(10^{-24}cm^2)	親同位元素の天然存在比（％）
^{14}N(n, p)^{14}C	1.8	99.63
^{13}C(n, γ)^{14}C	0.0009	1.07
^{17}O(n, α)^{14}C	0.235	0.04

（注）^{14}Cは ^{16}O(n,γ)^{17}O(n,α)からの2段過程でも生成する。

廃炉措置による廃棄計画を立てる前に、まず必要なことは、対象となる原子炉における生成する同位元素の計算を行うことである。その際次のような情報が必要である、

1) 黒鉛と冷却材中の不純物の元素成分濃度。（冷却材は運転寿命中）
2) 重要な同位元素の生成と減衰のルート
3) 反応断面積

4) 黒鉛中の熱中性子束
5) 配管材料、冷却材及び燃料からの 2 次的汚染に関する実験事実

表 14.2-2　AVR 炉の炭素と黒鉛の放射能（1988.12.31 停止、1999 初頭に測定、AVR は、ドイツ、ユーリッヒ研究センターにあり、1969.5.19 運転開始）

核種	半減期 (年)	炭素ブロック (Bq/g)	黒鉛 (Bq/g)
^{228}Th	1.91	<10	4
$^{239/240}$Pu	239：2.41x10^4 240：6561	<2	2
^{241}Am	432.2	<2	<1
^{3}H	12.3	3.8x10^7	1.2x10^6
^{14}C	5730	3.7x10^6	6.3x10^4
^{36}Cl	3.01x10^5	800	24
^{41}Ca	1.02x10^5	n.d.	<5000
^{55}Fe	2.7	1.22x10^6	2.55x10^5
$^{59/63}$Ni	59：7.6x10^4 63：100.1	6.4x10^4	1.06x10^5
^{90}Sr	28.8	9300	9.2x10^5
^{93}Zr	1.53x10^6	<250	<100
^{126}Sn	2.30x10^5	<230	<100
^{60}Co	5.27	2.4x10^6	4.1x10^5
^{133}Ba	10.7	4300	1700
^{134}Cs	2.06	1.3x10^4	<210
^{137}Cs	30.1	4400	4400
^{152}Eu	13.54	n.d.	<150
^{154}Eu	8.59	9.0x10^4	9700
^{155}Eu	4.75	3.75x10^4	2100

（注）半減期が年単位以上の核種について文献から抜き出したものである。

実際の高温ガス炉で使用した黒鉛の放射能の測定例としてドイツのユーリッヒ研究センターにあった実験炉 AVR から取り出した黒鉛と炭素ブロックについて得られた結果を主な核種について、表 14.2-2 に示す。この表においてたとえば、^{137}Cs を含む黒鉛 1kg を日本で地下に埋設廃棄する場合、4.4×10^9Bq/ton となるので、第二種廃棄物埋設規制により、地上において実効線量が 1mSv/y 以下となるように、適当な容器に封入し、地表から 50m 以上の地下に埋設することになっている[GK-15]。

14.2.3 気相への放射能放出

　マグノックス炉の炉停止時点での線量率は 10^{-2}Sv/hr であると評価され、80 年後には 1μSv まで減少する傾向があるという[IAEA-06]。しかしながら、黒鉛減速材の廃棄措置において長期間保存による環境への影響に関してその危険性を注意深く検討する必要がある。

　照射黒鉛から気相への放射能放出は主に ^{14}C と ^{3}H である。^{14}C は半減期がおよそ 5730 年なので、貯蔵・廃棄の如何にかかわらず、1000 年単位の時間スケールでの考慮が必要である。他方 ^{3}H は半減期が 12.3 年と比較的短いので、時間の経過とともにその重要性が減っていく。

　まず、気相環境に接した固体状黒鉛からの放射能の放出を考える。通常の貯蔵と廃棄では ^{14}C と ^{3}H の気相放出は問題ない。しかしながら、事故条件下（たとえば、密閉または輸送中の予期しない加熱）では、放射能放出の可能性を考えなくてはならない。たとえば、英国 Harwell 研究所の実験炉から取り出した黒鉛ブロックを焼却炉において 1150℃で約 3 時間加熱すると ^{3}H の約 87％と ^{14}C の約 63％が放出されることが分かっている[IAEA-06]。

　東海 1 号炉（炭酸ガス冷却炉）の黒鉛モニタリング報告によると窒素分子は弱い相互作用で黒鉛結晶の底面上に吸収されるという[BJ-80]。^{14}C の浸出と黒鉛表面上の窒素の分布を考慮すれば、^{14}C の放射能は安定な黒鉛マトリックス中に残留し、照射黒鉛表面上に局在化している ^{14}C だけが環境に放出されることをその結果は示唆している。

　黒鉛中のトリチウムは ^{14}N+n=^{12}C+^{3}H 及び ^{16}O+n=^{14}N+^{3}H の反応及び黒鉛中の不純物、^{6}Li からも ^{6}Li+n=^{4}He+^{3}H の反応によって生じる。しかし、マグノックス型炉におけるトリチウムのソースは核分裂反応からのものであると考え

られている。英国の Bradwell 炉と Wylfa 炉において気相の動力学実験が行われ、表面の ^{3}H は気相水素へ容易に変わっていくことが示された[GW-68, BJ-76]。その報告によると、黒鉛の表面上に吸着したトリチウムが雰囲気の水分とトリチウムを交換し、そのトリチウムは原子炉の運転を停止すると直ちに失われてしまうということを意味するという。これはトリチウムの放出は黒鉛内部でのトリチウムの移動拡散に依存し、その拡散速度は黒鉛表面からの移動交換速度よりもはるかに小さいことによる[IAEA-06]。

14.2.4 液体への放射能浸出

黒鉛から放射能が浸出することは主に廃棄処分の問題である。しかし、それはまた「安全な封じ込め」または長期間の貯蔵処理の問題でもある。貯蔵所にある黒鉛の破片についても同じことが言える。

黒鉛廃棄物から放射能の浸出を防ぐには、多くの選択肢が提案されている。それらは、黒鉛のコーテイング、いろいろなマトリックス材料に閉じ込める、コンテナーに入れて封じ込める、などである。

黒鉛の表面に束縛されたトリチウムは水と直ちに交換される可能性がある。他の放射性同位元素の脱着の可能性も考えなくてはならない。原子炉で照射した黒鉛からの放射能の浸出に関する次の研究は重要である[IAEA-06]。

1) 酸化の初期段階では、まず ^{14}C が酸化され、安定な ^{12}C より大きな速度で浸出する。^{36}Cl については 6×10^{-7} から 5×10^{-13} g/m^{2}day の範囲の値が得られた。一方、^{14}C については、1×10^{-10}〜5×10^{-13} g/m^{2}day が得られた。

2) 初期のフランスのガス冷却炉からの材料を、^{3}H, ^{14}C, ^{36}Cl, ^{60}Co, ^{63}Ni, ^{133}Ba, ^{137}Cs, ^{154}Eu について 90 日間浸出試験を行った結果、浸出速度（浸出効率）は、次の順序で減少している。 ^{137}Cs,>^{133}Ba> ^{60}Co> ^{63}Ni> ^{36}Cl >^{154}Eu> ^{14}C　ここで、^{3}H は変動したが ^{60}Co と ^{14}C との間にあった。

一般に、浸出速度は、はじめ不規則であるが、50-140 日程度になると安定してくる傾向がある。また、10-100 年の時間スケールになると浸出速度が大きく減少してくることが期待される。水の成分と固相（黒鉛、固体水酸化物、炭素化合物、無定形酸化物）に対する熱力学データを用いて浸出挙動を計算するための計算コードが開発されているので、浸出速度の計算による予測が可能となっている[IAEA-06]。

14.3 廃棄処理技術

　原子炉で使用した多量に発生する黒鉛廃棄物については、そのまま埋設処分として地中に隔離する方法と、焼却処理等して減容させた後埋設処分する方法が検討されている。特に、焼却処理等をする場合には、焼却炉等の設備費が膨大になることが予想されるため、最終的な判断は多分に経済的視点が加味される。我が国においては、日本原子力発電（株）の黒鉛減速炭酸ガス冷却型原子炉で排出された黒鉛廃棄物について、現在、焼却処理等による減容をせずに埋設処分することが計画されている[FEC-15]。

14.3.1 焼却処理

　黒鉛廃棄物の減容処理として、黒鉛の焼却技術開発が行われている。たとえば、フランスにおいては、1950年代～1970年代にかけてガス炉の運転で生じた約6000tの汚染された黒鉛の処理のため、流動床方式による焼却処理の試験スケールのプラントが建設され、さまざまな技術的知見を蓄積した[GJ-96]。特に、黒鉛の酸化反応を効率よく行うために、体積に対する比表面積を大きくして約1mm程度に砕いて燃焼させるとともに、100μm以下の微粒子は粉塵となった後処理工程に移行してしまうため、粉塵を含まないよう工夫している。これにより、1100K以上の流動床温度で高い焼却効率を達成している。一方、Jaroshenkoらは、黒鉛に触媒として酸化硫黄や過塩素酸マグネシウムなど添加することにより4～27倍酸化処理を加速できるとしている[JP-96]。

　1980年代には関連する技術として、Roehは低照射量の黒鉛マトリックス製ロケット燃料に流動床による焼却技術を適用した[RP-84]。燃料は球状の炭化ウランを熱分解炭素で被覆しこれを黒鉛マトリックスに分散させたものである。処理プロセスでは、微粒子の発生や汚染を防ぐために燃料要素は粉砕せずに処理し、酸化性雰囲気のアルミナ流動床において黒鉛マトリックスを酸化し、炭化ウランは酸化ウランとして灰分とともに分離する。最終的に、酸化ウランは硝酸やフッ化水素酸で溶解し、溶媒抽出して回収された[BA-78]。

　日本においても使用済み燃料棒のスリーブ及び炉心の黒鉛ブロックのような放射性黒鉛廃棄物を減容し、かつ埋設処分する方法として、黒鉛廃棄物を粉砕し、800℃～1200℃で焼却して ^3H を H_2O、^{14}C を CO_2 として分離回収し、^{60}Co などの残渣及び回収物をセメント等で固化する方法が提案されている[TK-94]。

なお、排気ガスとして分離回収された H_2O と CO_2 は、たとえばセメント固化により処理することが想定されているが、まだ経済性も含めて具体化はされていない。たとえば、CO_2 については、触媒反応を利用して CO_2 から CH_4 に変換し、細孔活性炭を用いて ^{14}C の結合した CH_4 を濃縮・分離後、触媒反応で ^{14}C のみ固体として分離する方法[KK-13]などが提案されている。特に、^{14}C については半減期が約 5730 年と長く、長期にわたり管理しなければならないことから、下記の自己燃焼合成反応を利用して炭化チタンに変換する試みも検討されている[YA-14]。

$$3C + 4Al + 3TiO_2 \rightarrow 2Al_2O_3 + 3TiC \tag{14.3-1}$$

さらに黒鉛廃棄物を粉砕する方法を改良したものとして、粉砕による汚染拡大を避けたものも提案されている[UK-01]。具体的には、焼却炉に入れた黒鉛廃棄物を誘導加熱により高温状態にして空気（酸素）を送り込んで黒鉛廃棄物を焼却する。焼却により生じた焼却灰のある焼却炉に新たな黒鉛廃棄物を入れ、今度は空気の供給を遮断した状態で誘導加熱により炉体内を高温にし、焼却灰を溶融させてこれを取り出し、ガラス固化体とするものである。

前処理や粉砕の必要がないレーザーを用いた黒鉛廃棄物の燃焼試験も行われている[CR-94]。熱伝達パラメータについての実験室レベルでの実測の後、実証レベルでのレーザーによる燃焼実験が行われた。燃焼炉はステンレス製でその周りを断熱材で覆った構造で、5kW～22kW のビーム径約 35mm の CO_2 レーザーが用いられ、黒鉛の表面温度は約 1100℃～1200℃に昇温された。空気とともに酸素が燃焼炉内に供給され、実測による燃焼速度は最大 14kg/h を達成している。実測データをもとに数値解析による最適化を検討した結果、7kW の CO_2 レーザーを用いれば酸素リッチの雰囲気で自己発火点 1800℃が達成され、処理量としては 10kg/h が達成可能となるとされている。

14.3.2 熱分解及び水蒸気改質

熱分解と水蒸気改質を組み合わせた処理は、有機系放射性廃棄物の減容処理として一般的に行われている技術である。この処理は、通常、2段階で行われる。最初に酸素を制限した雰囲気下で加熱し、有機物を炭化させる。次の段階で、この炭素材料を水蒸気改質の下記反応によりガス化する。

$$C + H_2O \rightarrow CO + H_2 \tag{14.3-2}$$

さらに、ここで生じた一酸化炭素と水素は、空気または酸素で酸化され、二酸化炭素及び水となる。

　本処理の利点は、前節の直接燃焼処理法に比べて、排気されるガスの管理がし易いことである。すなわち、直接燃焼処理では、有機物を焼却するのに十分な空気を供給して焼却プロセスを進行させるため、多量の空気供給により多量の排気ガスを生ずる。一方、対照的に、熱分解と水蒸気改質を組み合わせた処理では、閉じた系統構成により反応を進行させるため、排気ガスの管理がし易い。本処理については、有機系放射性廃棄物の減容処理技術として、既に実用規模で適用されている[SV-17]。

　この熱分解と水蒸気改質を組み合わせた処理は、黒鉛廃棄物の減容処理にも適用できるものである。したがって、黒鉛廃棄物の場合には、(14.3-2)式で示される水蒸気改質のみ行えばよいこととなる。通常、有機物の減容処理には約700℃程度の温度に加熱するが[SV-17]、黒鉛の水蒸気改質には900〜1100℃の温度に加熱する必要がある。水蒸気改質で発生した二酸化炭素のうち、^{14}Cについて、固体として分離回収し、管理する必要がある。

14.3.3 埋設処分
(1) 地層処分
　放射性廃棄物の最終処分方法の一つとして、地中に処分する処理方法がある。これには原子力発電所から発生する使用済み燃料の再処理の際に発生する高レベル放射性廃棄物や TRU（TRans-Uranium；超ウラン元素）廃棄物の最終処分方法の一つである地層処分と低レベル放射性廃棄物の処分である「浅地中処分」がある。なお、低レベル放射性廃棄物の中でも、高レベルの物は余裕深度処分、低レベルの物は浅地中ピット処分、レベルの極めて低い物は浅地中トレンチ処分に分類されている。埋設処分の概略について図 14.3-1 に示す[NRA-15]。また、法律で規制されている放射性廃棄物の廃棄事業体系について図 14.3-2 に示す[NRA-15]。さらに、表 14.3-1 に放射性廃棄物の区分[WP-17]、表 14.3-2 に放射性廃棄物の処分方法[WP-17]を示す。

　放射性黒鉛廃棄物については、そのまま埋設処分として地中に隔離する方法と、焼却処理等して減容化した後埋設処分する方法が検討されており、最終的な廃棄物のレベルに応じて表 14.3-1 の濃度制限値に応じて埋設処分される予定

第14章 原子炉用黒鉛の使用後廃棄処理技術

である。前述したように、現在、我が国の黒鉛減速炭酸ガス冷却型原子炉で排出された黒鉛廃棄物については、放射性物質の濃度の検討の結果、余裕深度処分対象の廃棄物として埋設処分することが計画されている[FEC-15]。

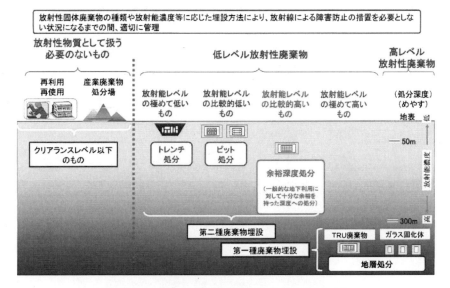

図 14.3-1 放射性固体廃棄物の処分概念[NRA-15]

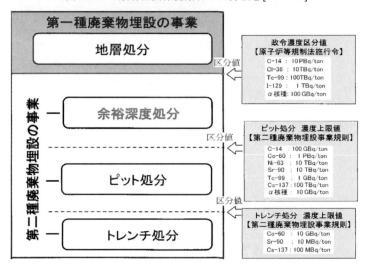

図 14.3-2 放射性廃棄物の廃棄事業[NRA-15]

表 14.3-1 放射性廃棄物の区分　[WP-17]

廃棄物の種類		廃棄物の例	発生源	処分方法
高レベル放射性廃棄物		ガラス固化体	再処理施設	地層処分
低レベル放射性廃棄物	高レベルの物	制御棒、炉内構造物、放射化金属	原子力発電所	余裕深度処分[*1]
	低レベルの物	廃液、フィルター、廃器材、消耗品等を固形化		浅地中ピット処分[*2]
	レベルの極めて低い物	コンクリート、金属等		浅地中トレンチ処分[*3]
	超ウラン核種を含む廃棄物（TRU 廃棄物）	燃料棒の部品、廃液などプロセス廃棄物、フィルター	再処理施設 MOX 燃料加工施設	特性に応じトレンチ処分以外の3段階
	ウラン廃棄物	消耗品、スラッジ、廃器材	ウラン濃縮 燃料加工施設	特性に応じ全4段階の処理
	研究所廃棄物		大学・企業等研究機関	
	放射性同位体(RI)廃棄物		医療機関等	

*1：余裕深度処分の濃度制限値（原子炉等規制法施行令）
　　^{14}C：10PBq／ton、^{36}Cl：10TBq／ton、^{99}Tc：100TBq／ton、^{129}I：1TBq／ton、　α核種：100GBq／ton
*2：浅地中ピット処分の濃度制限値（第二種廃棄物埋設事業規則）
　　^{14}C：100GBq／ton、^{60}Co：1PBq／ton、^{63}Ni：10TBq／ton、^{90}Sr：10TBq／ton
　　^{99}Tc：1GBq／ton、^{137}Cs：100TBq／ton、α核種：10GBq／ton
*3：浅地中トレンチ処分の濃度制限値（第二種廃棄物埋設事業規則）
　　^{60}Co：10GBq／ton、^{90}Sr：10MBq／ton、^{137}Cs：100MBq／ton

表 14.3-2　放射性廃棄物の処分方法[WP-17]

処分方法	廃棄物の例	封入容器	人工構造物	深度	管理期間
地層処分	高レベル放射性廃棄物およびTRU廃棄物	ガラス固化体キャニスター	多重人工バリア 鉄筋コンクリート構造物	300m以深	数万年以上
余裕深度処分	制御棒、炉内構造物 放射化金属および加工・再処理におけるプロセス廃棄物等	200リットルドラム缶等	鉄筋コンクリート構造物	50～100m	数百年、管理内容未定
浅地中ピット処分	廃液、フィルター 廃器材、消耗品等	セメント等で固化した廃棄物を入れた200リットルドラム缶等	鉄筋コンクリート構造物	十数m	約300年
浅地中トレンチ処分	コンクリート、金属等	廃棄物のまま	人工構造物無し		約50年

(2) 海洋投棄

海洋投棄については、1946年に米国により開始されたが、海洋の汚染を防止することを目的として、陸上発生廃棄物の海洋投棄や、洋上での焼却処分などを規制するための国際条約（ロンドン条約）が締結されて以来、海洋投棄をしない方向で議論が加速された。我が国においては、2007年に廃棄物処理法施行令改正施行により、海洋投棄が禁止されている。

表14.3-3 海洋投棄に係るこれまでの動き

- 1946年　アメリカが放射性廃棄物の海洋投入開始
- 1954年　油による海水の汚濁の防止に関する国際条約が採択（1958年発効）
- 1955年　日本が放射性廃棄物の海洋投入開始
- 1957年　IAEAにより、放射性廃棄物の海洋投入に関する多国間会合が設置
- 1969年　日本が放射性廃棄物の海洋投入を廃止
- 1972年　ロンドン条約が採択（日本は翌年署名、1980年批准）
- 1973年　マルポール条約が採択
- 1974年　高レベル放射性廃棄物について、海洋投入を認めない勧告
- 1975年　ロンドン条約発効（日本の批准は1980年）。高レベル放射性廃棄物は海洋投入を禁止、低レベル放射性廃棄物は許可制とされる
- 1983年　調査・研究のため海洋投入を一時停止
- 1989年　バーゼル条約が採択
- 1993年　旧ソ連およびロシアによる違法な海洋投入の実態が明らかになる
- 1993年　海洋投入を認めない措置を、すべての放射性廃棄物に拡張
- 1996年　ロンドン条約の新しい議定書により、海洋投入の全面禁止が採択
- 2007年　日本の廃棄物処理法施行令改正施行により、海洋投入が禁止される

第14章の参考文献

[BA-78] S.A.Birrer, "Pilot-plant Development of a ROVER Waste Calcination Flowsheet", ICP-1148, 1978.
[BB-99] B. Bisplinghoff, et al., 'Radiochemical Characterization of Graphite from Juelich experimental Reactor (AVR)', Proc. IAEA Technical Committee Meeting on Nuclear Graphite Waste Management, Manchester UK, October 1999, IAEA.
[BF-99] F.J. Brown, et al., IAEA-NGWM/CD01-00120(1999).
[BJ-76] J.V. Best, et al., J. British Nuclear Energy Soc. (1976)325-331.
[BJ-80] BNFL-JAPC, Document from 9th Meeting, October 1980.
[BV-95] V. Bulnenko, et al., Atomic Energy,(1995)304-307(in Russian).
[CJ-90a] J.R. Costes, et al., Report EUR 12815, 1990.
[CJ-90b] J.R. Costes, et al., Waste Management, 10, 1990, pp.297-302.

[CJ-94]J. Carlos-Lopez et al., WINCO-1194(1994).
[CR-94]Costes J.R. et al., "CO_2 –Laser-Aided Waste Incineration ", The International Society for Optical Engineering, Vol.2502, pp.590-596(1994).
[DM-98]M. Dubourg, IAEATECDOC-1043, pp.233-237.
[EPRI-06]Graphite Decommissioning, EPRI Technical Report, 2006.
[FEC-15]電気事業連合会、"原子力発電所等の廃止措置及び運転に伴い発生する放射性廃棄物の処分について"、平成27年2月12日.
[FP-82]P. Field, "Handbook of Powder Technology Vol.4", edited by J.C. Williams , T. Allen, Elsevier (1982).
[GJ-96]GuiroyJ.J," Graphite Waste Incineration in a Fluidised Bed", IAEA-TECDOC-901,1996,pp.193-203.
[GJ-96]J. J. Guiroy, IAEA-TECDOC-901, IAEA, Vienna(1996).
[GK-15]原子炉等規制法第二種廃棄物埋設事業に関する規則、2015.
[GW-68]W. Godfrey, P.J. Phennah, J. British Nuclear Energy Soc. (1968)151-157, 217-232.
[GW-82]W.J. Gray, Rad. Waste Management and the Nuclear Fuel Cycle, 3, 1982, pp.137-149.
[HG-01]G. Holt, Proceedings IAEA Technical committee meeting, Manchester, UK, October 1999, CD-ROM, IAEA, Vienna (2001).
[IAEA-06]IAEA-TECDOC-1521(2006).
[JAEA-14]WWW Chart of the Nuclides 2014（核図表）.
[JP-96]Jaroshenko A.P., Savos'kin M.V. and Kapkan L.M., "Graphite Gasification via Exfoliation: Novel Approaches to Advanced Texhnologies", Proc. Europian Carbon Conference 'Carbon96', Newcastle UK 1996, pub. The British Carbon, pp.218-219.
[KK-13]金子克美、"黒鉛からの炭素同位体の分離方法および黒鉛からの炭素同位体の分離装置"、特開013-031833、平成25年2月14日.
[MB-02]B.J. Marsden, K. Hopkinson, A.J. Wickham, SA/RJCB/RD03612001/R01 Issue 4, March 2002.
[NRA-15]原子力規制庁、"第二種廃棄物埋設に係る規制制度の概要"、平成27年1月26日.
[NS-83]S. Nair, J. Soc. Radiol. Protection, 3, 1983, pp.16-22.
[OJ-81]J.C. Orr, N. Shamoon, Proc. Int. Conf. on Carbon, Philadelphia, USA, 1981,14-15.
[RL-05]L. Rahmani, INGSM-6, CD-ROM.
[RP-84]Roeh A.P., "Rover Fuel processing-A Success with Lessons Learned", Westinghouse Idaho presentation to The American Society of Mechanical Engineering, ref. 84-WA/PVP-7, 1984.
[SV-17]たとえば、www.studsvik-inc.com, 2017.
[TJ-08]東条純、炭素 *TANSO* 2008[No.234]234-243.
[TK-94]Tejima K., "Processing Method for Radioactive Graphite Waste", Japanese Patent Document 6-94896/A/, 1994.
[UK-01]Ueda K., et al.," Incineration Processing Method of Radioactive Graphite Waste" Japanese Patent Document 2001-242293, 2001.
[WI-84]I.F. White, et al., Report EUR 9232, 1984.
[WP-17]ウィキペディア、http://ja.wikipedia.org/wiki/, 2017.
[WR-80]R.P. Wichner, F.F. Dyer, ORNL-5597, 1980.
[YA-04]Yarmolenko O.A., et. al., "Development of Technology for High –Level Radwaste Treatment to Ceramic Matrix by Method of Self-Propagating High-Temperature Synthesis",

Proc. Of 7th Int. Conf. "Nuclear Technology Safety 2004: Radioactive Waste Management", St. Petersburg, Russia, 2004.

索　引
（五十音順）

（あ行）

圧縮基準強さ	169
圧縮強さ	67, 147
圧平衡定数	49
安全率	176
一次応力	174, 195
１次はじき出し原子	92, 124
異方性因子	30
ウィグナーエネルギー	131
受入れ検査	170
内スパン	69, 166
運転状態Ⅰ	194
運転状態Ⅱ	194
運転状態Ⅲ	195
運転状態Ⅳ	195
液体排出温度モニター	114
エネルギー解放率	74, 75
エロージョン	226
エンタルピー	49
エントロピー	49
応力	183
応力拡大係数	73
応力拡大係数範囲	85
応力勾配下の強度	176, 199
応力制限	166, 197
応力制限（応力成分）	186
応力制限体系	197, 198
応力成分	178, 186
応力成分の評価	192
応力強さ	167
応力比	84, 203
応力-ひずみ関係	65, 146
応力評価断面	186, 192
応力分類	197
応力分類（構造物）	174
押し出し成形	20
温度制御キャプセル照射装置	100
温度モニター	111

（か行）

回転キャプセル	104
海洋投棄	245
化学スパッタリング	226
化学的性質	48
化学反応領域	51
角振動数	35
核分裂反応	1
核融合反応	3
ガス化反応	48
仮想変位	184
型込め成形	20
硬さ測定温度モニター	115
活性化エネルギー	37, 51
荷電粒子との相互作用	90
ガラス状炭素	24
規格化因子	69
気孔	28, 128
気孔内拡散領域	51
基準強さ	167, 169
吸熱反応	48
共有結合	60, 67
許容応力	167
き裂開口変位	73
き裂進展速度	73, 85
き裂進展特性	85
き裂成長速度	73, 85
金属・合金の融点利用温度モニター	112
空孔	123
空孔対	125
クーロン・モール説	164
クラスター	125
クリープ係数	154, 190
クリープ速度	81
クリープ特性	81
クリープひずみ	189
クリープ変形	81, 189
繰り返し応力下の疲労	82

索引

クロメル・アルメル熱電対	111
結晶化度	27
結晶構造	26
結晶析出相利用温度モニター	115
限界き裂	86
原子炉級準等方性黒鉛	196
原子炉級微粒等方性黒鉛	196
原子炉の運転状態	194
減容処理	240
コア・シースモデル	129
高温ガス炉	10, 11
高温強度	70, 174
光学的異方係数	32
格子間型転位ループ	125
格子間原子	125
格子間原子クラスター	125
格子欠陥	123
格子振動	39, 43
構成方程式	177
剛性マトリックス	185
剛性率	61
構造設計基準	161, 194
構造物の分類	195
高配向性黒鉛	126
高レベル放射性廃棄物	243
黒鉛構造設計基準	194
国際熱核融合実験炉	224

（さ行）

最小主応力	161
最大主応力	161
最大主応力説	162
最大主ひずみ説	162
最大せん断応力	163
最大せん断応力説	162
材料試験炉（JMTR）	99, 100
材料の規定	196
座屈	205
座屈応力	205
座屈破壊	175, 205
酸化重量減	52
酸化反応	49
せん断強さ	204

3点曲げ試験	69
残留放射能	235
軸圧縮荷重の制限	177, 205
自己出力型中性子検出器	104, 108
実効比熱容量	136
質量移行領域	51
修正クーロン・モール説	165, 169
自由電子	43
純せん断応力	177, 204
焼却処理	240
照射クリープ曲線	154
照射クリープ特性	152
照射クリープひずみ	153, 189
照射欠陥	123, 144
照射促進昇華	226
照射損傷	89
照射誘起ひずみ	189
照射量制御キャプセル	102
人造黒鉛	19
浅地中処分	242
浅地中トレンチ処分	242
浅地中ピット処分	242
水蒸気改質	241
水素粒子循環	229
水力ラビット照射装置	105
寸法の制限	205
正規分布	69, 169
静疲労	82
設計基準	167, 194
設計疲れ曲線	177, 203
遷移（1次）クリープ	154, 189
遷移クリープひずみ	82, 189
全応力	175, 195
線形弾性破壊力学	74
せん断弾性係数	179
せん断ひずみエネルギー説	163
全ひずみ	189
全ひずみエネルギー説	163
塑性変形	161
外スパン	69, 166
粗粒異方性黒鉛	65, 147

（た行）

対応応力	82	内部エネルギー	34
体積膨張(スエリング)	128	内部仕事	185
体膨張係数	34, 38	二次応力	174, 195
ダイバータ板	228	2軸引張応力	162
ダイヤモンド	23	2次元軸対象	180
第4世代原子炉	220	2次はじき出し原子	124
多軸強度	72, 168	熱応力因子	209
縦弾性係数	64	熱拡散率	43
単一空孔	124	熱衝撃因子	209
単位マトリックス	182	熱的性質	131
炭化ケイ素温度モニター	116	熱電対	111
弾性構成方程式	178	熱伝導	42, 140
弾性コンプライアンス	60, 178	熱伝導度	42, 141
弾性定数	60	熱ひずみ	189
弾性スティッフネス	61, 178	熱分解	241
弾性ひずみ	189	熱分解炭素	23
弾性ひずみエネルギー	163	熱膨張	38, 140
弾塑性効果	76	熱膨張係数	38, 140
弾塑性破壊靭性値	76	熱膨張係数(照射効果)	140
弾塑性破壊力学	74	膨張差温度モニター	114
蓄積エネルギー	131	熱膨張利用温度モニター	113
地層処分	242	熱容量	33
超音波共振法	63	粘弾性モデル	155, 190
超音波伝播速度法	63		
超高温ガス炉	216	**(は行)**	
調和振動子	34		
直交異方性	179	バーガースベクトル	154
疲れ制限	175	廃棄処理	234
疲れ累積係数	195, 203	廃棄処理技術	240
定圧熱容量	34	廃棄処理方法	234
定常(2次)クリープ	154, 189	配向関数	30
定常クリープひずみ	82, 189	バイメタル温度モニター	113
ディスラプション現象	224	バインダー	20
定積比熱容量	34	破壊靭性	73, 150
転位	144	破壊抵抗	76
転移のピン止め	144, 153	破壊抵抗曲線	76
転位の速度	154	破壊の危険度	199
等価節点力	184	破壊基準	161, 168
動疲労	82	破壊力学特性	72, 149
等方性材料	180	はじき出しエネルギー	91, 124
等方性弾性体	161	はじき出し損傷	92, 124
		はじき出し損傷関数	93
(な行)		バスケット型キャプセル	107
		発熱反応	48

反応速度	49	変位関数	182
ピーク応力	175, 195	ポアソン比	61, 179
微細構造を考慮した破壊モデル	77	ポイント応力	175, 195
		放射線酸化	57
ひずみエネルギー	67, 163	ポテンシャルエネルギー	38, 74
ひずみエネルギー密度	75	ポテンシャルエネルギー曲線	38
ひずみ成分	178, 182		
ピッチ系 C/C 複合材料	216	**(ま行)**	
ピッチ系繊維	216		
引張カットオフ応力	165	マイクロクラック	28, 128
引張基準強さ	169	埋設処分	242
引張強さ	65, 149	埋設廃棄	238
引張破壊ひずみ	162	マイナー則	177, 203
比熱容量	33	膜応力	175, 195
被覆粒子燃料	13	曲げ応力	175, 195
微分散乱断面積	93	無定形炭素	24
表面エネルギー	68	メディアンランク法	166
微粒等方性黒鉛	65, 146	メリットファクター	209
疲労グッドマン線図	84, 203	面心立方構造	27
疲労寿命	85, 202	モードⅠ(開口型)	73
疲労特性	82, 151	モードⅡ(面内せん断型)	73
疲労破壊	202	モードⅢ(面外せん断型)	73
ファンデアワールス力	60, 67		
フィラー	19	**(や行)**	
フォトン	43		
フォノン	43, 142	ヤング率	61, 63
フォノンスペクトル	35	有限要素法	181
フォノン伝導	43	融点	33
フォノンの平均自由行程	44, 142	4点曲げ試験	69
フックの法則	60, 178		
物体力	184	**(ら行)**	
物理スパッタリング	226	乱層構造	24, 27
物理的性質	33	菱面体晶系	27
ペブルベッド型高温ガス炉	13	理論密度	78
フォノン伝播速度	44	冷間等方圧成形	20
プラズマ対向機器	224	炉心黒鉛構造物	196, 198
プラズマディスラプション	226	炉心支持黒鉛構造物	196, 198
プラズマによる損耗	226	六方晶系	26, 27
フルエンスモニタ	108		
フレンケル欠陥	126	**(わ行)**	
ブロック型高温ガス炉	12		
平均自由行程	44, 142	ワイブル係数	68, 166
平面応力	180	ワイブル統計	68, 165
平面ひずみ	180		

ワイブル理論	68, 165
Wigner Energy	131
W-Re 熱電対	111
X 線回折	30

（欧字）

Bacon の配向パラメーター	32
BAF	30
Boltzmann 定数	34, 96
C/C 複合材料	129, 216
CIP	20
CVD	24
Debye のモデル	35
Debye 温度	35
DPA	90, 92
Dulong-Petit の法則	35
Gibbs の自由エネルギー	49
GIF	220
Griffith の式	68
Griffith の破壊条件	68
Griffith-Irwin の式	148
Grüneisen 定数	34, 39
HOPG	23, 126
HTTR	11
ITER	224
J 積分	74
Jenkins の式	67
Kinchin-Pease モデル	93
Maxwell-Kelvin モデル	189
Mrozowski crack	73
NRT モデル	94
OPTAF	32
PAN 系 C/C 複合材料	217
PAN 系繊維	216
PKA の平均エネルギー	91
PKA(Primary Knock-on Atom)	90, 124
Planck 定数	35
Risk of rupture	199
γ 線との相互作用	91
Safety Factor	176
Simmons の理論	156
S-N 曲線	86
SPND	104, 108
Turnaround	128
VHTR	216
von Mises の説	163

著者略歴

奥　達雄

1934年生まれ、1958年　早稲田大学理工学部卒業、1960年　同大学院工学研究科修士課程修了。日本原子力研究所主任研究員室長、原子力安全委員会専門委員、茨城大学工学部教授、放送大学客員教授茨城学習センター所長等を歴任。茨城大学名誉教授、工学博士。専門：原子力構造材料(黒鉛・金属)の構造安全設計に関わる強度・照射効果、材料工学

丸山　忠司

1943年生まれ、1966年　国際基督教大学教養学部卒業、1974年　東京工業大学大学院博士課程修了。東京工業大学原子炉工学研究所助教授、マサチューセッツ工科大学客員研究員、核燃料サイクル開発機構研究主幹、若狭湾エネルギー研究センター主席研究員、福井大学大学院客員教授、東京工業大学特任教授等を歴任。理学博士。専門：原子炉燃料・材料 (黒鉛・セラミックス)の物性、照射挙動評価

石原　正博

1957年生まれ、1983年　茨城大学大学院工学研究科修士課程修了。日本原子力研究所主任研究員、日本原子力研究開発機構研究主席、部長、センター長、副所長等を歴任。現在、福島研究開発拠点楢葉遠隔技術開発センター長。東京工業大学特定教授、福島工業高等専門学校客員教授、工学博士。専門：原子力用耐熱構造材料の強度、照射挙動、構造工学

原子力用炭素・黒鉛材料 －基礎と応用－

2017年12月13日　初版発行		
	著　者	奥　　達雄
		丸山　忠司
		石原　正博

定価(本体価格2,400円+税)

発行所　株式会社　三恵社
〒462-0056 愛知県名古屋市北区中丸町2-24-1
TEL 052 (915) 5211
FAX 052 (915) 5019
URL http://www.sankeisha.com

乱丁・落丁の場合はお取替えいたします。
ISBN978-4-86487-777-0 C3058 ¥2400E